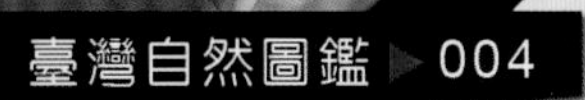

蝴蝶食草圖鑑

林柏昌、林有義　著

晨星出版

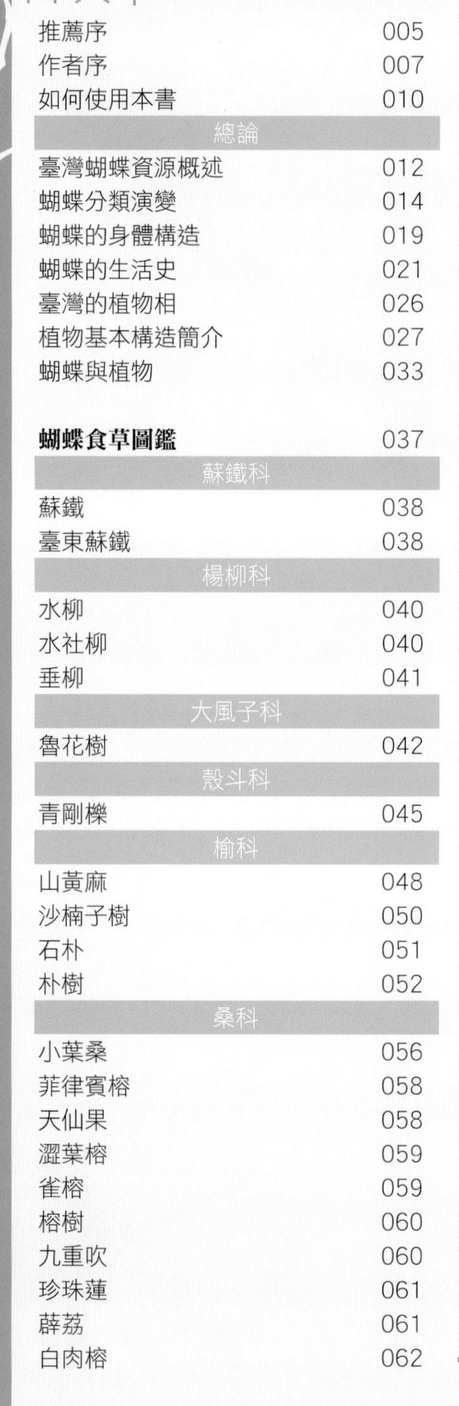

目次 | CONTENTS

推薦序

屈指數來，我和蝶會結緣也超過10年了，從我當初自美國學成歸國時的草創時期，到現在的興盛局面，蝶會的「雙林」林柏昌與林有義先生之用心與付出功不可沒。他們兩位可說是蝶會的最前線，經常帶隊解說，上山下海，使普羅大眾對蝴蝶生態產生濃厚的興趣，可以說，社會大眾今日之所以對蝴蝶生態保育投注極大關心，正是肇因於像柏昌和有義這般人物的付出。

由於經常帶隊在外，柏昌和有義日日與鳥獸蟲魚為伍，他們兩位都培養了一項共同的絕學，那便是生態攝影，他們拍攝的生態照片靈動有神、美不勝收，我的啟蒙恩師——姑姑徐喜美老師說得好：「有的居然可以拍得有表情！」在我而言，要讓昆蟲「有表情」幾乎是不可能的任務，但是他們兩位就是有這樣的本事，不只是昆蟲，他們所拍攝的花草，搖曳生姿，有的彷彿可以從圖片中長出來，委實精采。此外，這兩位「蝶會雙林」其實「武功」各有所長，柏昌先生主攻蝴蝶生態攝影，他的作品已經可以在許多書籍、海報、雜誌及媒體見到，有義先生則對植物十分專精，參加過蝶會活動的人都曉得，只要有義先生出現，解說活動就不只限於蝴蝶，而會附送豐富的植物解說內容。他們兩位雙林合璧，針對蝴蝶的寄主、蜜源植物寫出了這本雅俗共賞的「秘笈」，對想瞭解蝴蝶生態又苦惱於植物不易辨認的朋友們，可以說是一大福音，相信認識他們兩位的朋友無不引領翹盼，希望本書快快出版，先睹為快。

國立臺灣師範大學生命科學系教授

徐堉峰

二〇〇八年三月十日
於臺北

推薦序

蝴蝶因為色彩炫麗又容易親近，一向為多數人所喜愛，但如果想進入蝴蝶的生態世界，則需花費相當的工夫才能一窺堂奧。就常聽到朋友這樣抱怨：「想要深入瞭解蝴蝶卻感覺有些困難，同一物種，天上飛的〔成蟲〕，葉上爬的〔幼蟲〕，枝條掛的〔蛹〕，通通不一樣，認識一種要花好幾倍的工夫，真的不簡單……」，但這也正是蝴蝶有趣的地方。事實上不只如此，如想更進一層樓，認識和蝴蝶關係密切的植物同樣不可或缺。

柏昌進入生態領域相當早，和我一樣專情於蝴蝶，受蝶會學術氣氛的薰陶，知識內涵相當深厚，而拍攝的工夫更是了得，作品中的每隻蝴蝶幾乎栩栩如生，所以常被生態刊物引用；有義則本來就專精於植物，因緣際會認識蝴蝶後更加如魚得水活躍於蝶會。兩位長期擔任蝶會要職，經常接觸蝶友深知初學者所需，共同完成這本圖鑑，希望能幫助蝶友快速進入賞蝶大門。

喜歡自然的朋友步入書店瀏覽各類自然生態書刊時，常常會發覺有關蝴蝶的刊物相當多，但這些刊物內容並非完全雷同，有的著重於辨識，所以只刊了標本照；有的訴求美麗的意境，所以生態照占了很大篇幅；有的編審不夠謹慎，待修正內文還不少。所以儘管書架上蝴蝶書籍琳瑯滿目，初學者總不知該如何挑選一本適合野外實際操演的書籍。很高興看到一本不僅圖片生動精采，內文嚴謹無誤，而在描述植物與蝴蝶生態時更是鉅細靡遺，實在是一本可以細細詳讀又兼具圖鑑功能的好書。

臺灣蝴蝶保育學會理事長

作者序

1990年以前每天的生活都與工作有關，大自然只是提供純休閒的好地方，根本不瞭解什麼是生態？在一次偶然的機會，參加了「宜蘭福山植物園」研習，終於讓我大開眼界，有位解説員帶領我們對著一棵植物講了30分鐘，看他還意猶未盡的樣子，這時我想到臺灣有幾千種植物，要多久才能講完？那動物呢？突然覺得大自然有著無盡的東西可以探索，只因過去忙碌生活而忽略這片大地，一直到現在才感覺大自然真正存在。

2001年加入臺灣蝴蝶保育學會，多年來蝶會給我機會磨練與教導，從看植物而成為追蝶人，過程中深深體會到，要讓生態得以永續下去，要從教育著手，這也正是促使我出版本書的動力與心願。

多年的學習與觀察深深感覺到，蝴蝶愛好者最困擾的地方就是找不到一本有蝴蝶生態説明，又有寄主植物與蜜源介紹的書籍，希望同好能由本書對植物與蝴蝶有系統的説明，得以很快登堂入室。

書中涵蓋了全島中、低海拔常見的植物與蝴蝶，並以圖文相輔詳盡説明246種蝴蝶寄主與蜜源植物（包含其分佈區域、開花月份、特有別與辨識要點），並介紹180種以上相關蝴蝶生態，最後並附上蝴蝶與食草（寄主植物）的對照表，希望讓蝴蝶愛好者得以在最短的時間內獲得最多相關知識。

我對生態從完全陌生到熟悉，在此特別感謝李瑞宗先生、李省三先生、江德賢先生等先進，引領我對植物認識，感謝徐堉峰教授、陳世揚先生、郭祺財先生、黃行七先生、吳善恩先生等先進，引領我對蝴蝶有更深的認識，尚有更多的同好陪我上山下海，還有家人一路相扶，最後謝謝林柏昌先生讓我有機會得以和他共同完成這本書。

臺灣蝴蝶保育學會研調組組長

林育義

作者序

蝴蝶，對許多人而言是美麗且浪漫的舞者，對我則有著很深的情愫，牠是引領我開啟探索自然一扇窗的自然導師，我的生命更因牠的翩翩飛入而增添了絢麗色彩。

筆者自幼即生長在臺北都會叢林裡，從小父母雖常帶著全家出遊走訪山林野地，但卻鮮少認識一草一物，但一顆喜愛自然的種子似乎因此埋藏心裡。就讀高中時，並不瞭解校內有位聞名生態領域的陳維壽老師及一間由他精心蒐藏著數萬件標本的昆蟲館，只單純憑藉著對自然喜好的直覺選擇參與生物社，而後在陳老師及學長用心指導下擔任幹部，開啟了自然探索的生命旅程。

延續這份癡情與豪情，大學時在毫無第三、四類組科系的校內創設了生態社團，經幹部們努力下隨即成為校內排名前幾的大型社團；同一期間，為嘗試將蝴蝶動人的影像化為永恆，我拿著配備不全的相機學習與摸索，至今蝴蝶始終是我專注拍攝的題材；此外，我也參與臺北市立動物園服務隊，在短暫幾年的服務生涯中不僅結識了對我影響深遠的志工朋友，亦親身體驗了導覽解說、義工組織及志願服務之可貴精神，因而在當兵前我陸續加入臺灣蝴蝶保育學會及荒野保護協會這樣的民間保育團體。退伍後至今，很榮幸有機會先後於上述兩團體擔任專職工作，學生時期單純的興趣意外地與工作接軌，那份對蝴蝶的喜愛與狂熱似乎也找到延續的動力與理由。在優質的民間團體中接觸到無數熱心無私且值得尊敬、學習的義工朋友，我獲得的不僅是蝴蝶知能，還有生態保育、待人處事的道理。若非蝴蝶，我的身心靈或許不會如此富足與踏實！

在工作實務上，個人累積了許多編撰蝴蝶相關手冊與文宣製品的經驗，縱使自認很認真於野地進行攝影記錄與資料蒐集工作，然而都僅止於興趣與隨性，未曾想過有朝一日與出版社合作出版。臺灣近年無論是公部門、出版社或個人的出版發行，蝴蝶相關書籍著作實已琳瑯滿目且選擇眾多，但個人實務經驗上總覺得欠缺一本針對蝴蝶與植物有較多著墨介紹的書籍，事實上自己也期盼這樣書籍的問世許久。因緣際會下獲得晨星出版社的邀約編撰，個人才疏學淺但勇於嘗試，縱使籌畫、攝影、撰稿等過程力求精緻、正確與完美，但不免有疏漏謬誤之處，而受限編輯版面的遺珠之憾亦在所難免，期盼各界先進賢達不吝給予批評指教。

本書介紹以低、中海拔常見或具特色物種為主，嘗試以植物為主體引導讀者初窺與其相關蝶種之形態外貌、生態習性、利用模式及生態故事。其中，蝴蝶幼生期攝食寄主植物名錄之彙整過程著實讓人傷神，筆者翻閱眾多文獻書籍與資料，再加上筆者與友人的親身實務經驗而彙整呈現，其所記載絕大多數寄主植物是正確可靠，然少部分則有待日後野地驗證。筆者綜合許多資料，將主觀認定無誤的資料做呈現，以為拋磚引玉之參考。可以確認的是，隨著越來越多專業或業餘蝴蝶研究者的參與，基礎生態資料將更趨健全，而這也是本書出版的最終期望。

本書得以順利完成，要感謝的朋友無數。首先，要感謝成功高中昆蟲館陳維壽老師、國立臺灣師範大學生命科學系徐堉峰教授、臺北教育大學環教中心陳建志主任的啟蒙與指導。本書的另位作者林有義先生，因接觸植物而進入探索蝴蝶的殿堂，其歷程與筆者正巧相反，要感謝他欣然接受筆者的邀請，借重他對植物的專長讓本書內容更為紮實。臺灣蝴蝶保育學會眾多熱心蝶友的訊息交流與相互扶持一直是筆者成長與學習的泉源，要特別感謝陳光亮、陳世揚、徐渙之、陳王時、夏經明、吳文德、吳善恩、詹家龍、黃芯榆、林為青、吳梅東、侯宗憲、張貴鳳、葉淑蓮、陳俊在、陳威光、李苑慈、胡文華、王祈水、鄭菀菁、吳淑燕、洪素年、張淯蒼、呂晟智、林葆琛、蔡岳霖、廖金山、封岳、簡雅惠、陳盈君、康涵琇等朋友。另外，也要感謝羅錦文、王守民、陳麗玲、葉弘德、藍振峰、歐韋君、陳益志、莊水木、余有終等朋友，不時慷慨分享蝴蝶第一手資訊。陳燦榮、陳麗玲、鄭進庭、呂晟智則支援了幾張精美圖片，彌補筆者拍攝不足之缺憾。民享環境生態調查有限公司許裕苗的費心協助企畫聯繫，讓本書最終得以精彩呈現。最後，若沒有父母、家人的支持與包容，我的蝴蝶探索旅程不會走得順遂，尤其本書歷經籌畫構思而準備執筆之際，正巧為愛女芷涵的呱呱落地，初為人父的喜悅與摸索讓撰稿進度多少受到影響，但在愛妻文君的細心打點家務與鼓勵下，本書總算得以寬心地完成。

臺灣蝴蝶保育學會秘書長

林有昌

如何使用本書

本書收錄約160種蝴蝶食草（寄主植物）及86種蜜源植物，藉由認識植物切入，進而瞭解攝食該種植物的蝴蝶與其所產生的連結互動。

科名側欄

提供該種植物所屬科名以便物種查索。

表示植物為臺灣原生種

表示植物為臺灣特有種

表示植物為外來歸化種

表示植物為人為栽培種

檢索書眉

將植物分為木本、灌木、藤本及草本作為簡單檢索。

喬木

灌木

藤本

草本

植物性狀簡介

包括植物生長環境、葉形、花色、花序及果實外觀等特徵說明。

近緣種食草（寄主植物）列舉簡介。

花期

將該植物的開花時間以色塊標示。

莧科

野莧菜 *Amaranthus viridis* L.

科　名｜莧科Amaranthaceae　屬　名｜莧屬
別　名｜野莧、山荇菜
攝食蝶種｜臺灣小灰蝶

花序　葉序

▲野莧菜全株近光滑無刺，單葉互生具長柄，花為淡綠色細小的穗狀花序。

植物性狀簡介

野莧菜為一年生草本植物，原產地與刺莧一樣，是來自於熱帶美洲，廣泛生長在全臺廢耕地、破壞地、平野開闊地及道路兩旁。全株近光滑無刺，單葉互生具長柄，葉闊三角形，全緣略有波狀。花淡綠色細小，單性或雜性花，雌雄同株，穗狀花序，雄蕊與花被片數皆為3枚，果實是由薄膜狀果皮將種子包住的球形胞果，成熟後不會開裂。

刺莧

刺莧是一年生草本植物。莖直立有稜，葉柄基部兩側有2個尖銳的刺，單葉互生，長橢圓形。

花期 1 2 3 4 5 6 7 8 9 10 11 12

84

一般人經常可在野外見到翩翩飛舞的各種蝴蝶，但大多數人卻不容易觀察到蝴蝶幼生時期的形態模樣，藉由本書的介紹，今後您將可以透過對植物認識，進而瞭解蝴蝶的一生。

葉序

以簡單圖示表示該植物葉的排列方式。

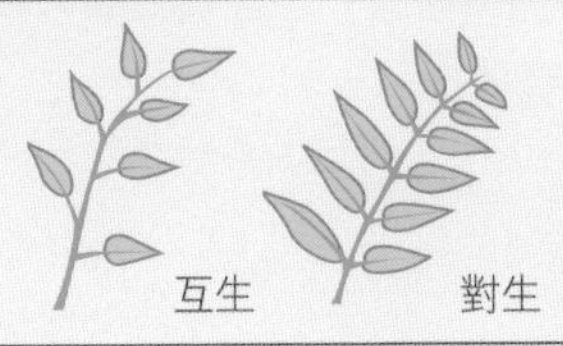

蝴蝶生態啟示錄

藉由文字描述輔以圖片詳盡描述蝴蝶生態史，圖片涵蓋卵、幼蟲、蛹至成蝶的樣貌。

蝴蝶生態啟示錄

臺灣小灰蝶是廣泛分布於歐洲、亞洲、非洲、澳洲的泛世界性蝶種，在臺灣主要分布於臺中、花蓮以南的低海拔平原環境，亦包含蘭嶼、綠島及澎湖等離島地區。本種在臺灣中、南部地區，與沖繩小灰蝶、微小灰蝶及迷你小灰蝶棲地相重疊，彼此體型微小且外觀相似，因此觀察辨識時需多加留意。

本種雖稱「臺灣小灰蝶」，但並非屬臺灣特有種。由於其幼蟲常攝食野莧與刺莧等莧科植物，因此又名「莧藍灰蝶」。此外本種尚有攝食蓼科節花路蓼、蒺藜科蒺藜的紀錄。上述前三種植物雖廣泛分布於全島低海拔地區，然而臺灣小灰蝶於北臺灣卻鮮少有觀察紀錄。

莧科

▲成蝶常現蹤於寄主植物附近，雌蝶將卵單枚產於葉背或花序上。

▲成蝶外觀與沖繩小灰蝶相似，本種前翅腹面亞外緣黑色斑點與邊緣處呈明顯色彩對比。

▲幼蟲外觀具綠色或紅褐色的保護色，主要攝食花與葉片的下表皮組織。

▲成熟的幼蟲選擇於寄主植物植株或地表隱蔽處化蛹。

85

花序

以簡單圖示表示該植物花序。

單生花序
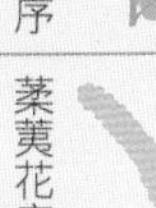

繖形花序
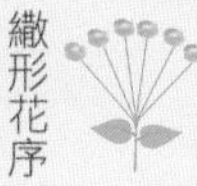

葇荑花序

頭狀花序

穗狀花序

隱頭花序

總狀花序

聚繖花序

圓錐花序

複聚繖花序

繖房花序

複繖形花序
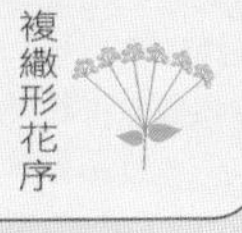

臺灣蝴蝶資源概述

全世界蝴蝶約有18000種，臺灣目前已知的蝴蝶種類則有428種，扣除近50種的疑問種、滅絕種與偶發種（即所謂迷蝶），真正在臺灣定居的蝴蝶約有380種左右，其中蘊含了50種屬臺灣獨有的特有種，這數字與其他國家相較之下，土地面積僅36000平方公里的臺灣，其單位面積所蘊含的蝴蝶種類及特有種比例數字十分耀眼，「蝴蝶王國」的美稱可說是實至名歸。

▲黑鳳蝶是臺灣平地常見的蝶種，其分布與亞洲大陸是共通的。

為什麼臺灣會有那麼多種類及特有種蝴蝶呢？簡單歸納以下幾點原因：

1.特殊地理位置

臺灣地理位置位於亞洲大陸邊緣，與大陸之間雖有海洋隔離，但距離不算遙遠，其特殊的地理位置使得分布於亞洲大陸溫寒帶、亞熱帶及熱帶的蝶種容易與臺灣地區的蝶種產生交流，造成臺灣低海拔平地、山區多數蝶種與大陸、日本地區種類相似。

2.冰河期的發生

多次冰河期形成的路橋使臺灣與大陸陸塊相連得以生物交流，冰河期結束後，原本自北方南遷的溫帶、寒帶蝶種必須遷返北方或氣溫較低的高山地區，而處在低緯度的臺灣高山環境便成為這些冰河孑遺生物最佳的避難所，甚至長年因地理隔離而分化為特有種。

▶曙鳳蝶不僅是保育類蝴蝶，也是臺灣特有的物種。大部分的鳳蝶都是以蛹的形態度過冬天，但曙鳳蝶卻以幼蟲過冬。據研究推斷，曙鳳蝶的祖先原來應是生活於熱帶環境，後來受到冰河時期影響，漸漸產生對溫帶環境的適應。

3.季風氣候影響

臺灣氣候深受季風及洋流影響，夏、秋亦受西南太平洋之熱帶氣旋（颱風）影響，蝴蝶可藉由風力進入臺灣。臺灣位居東亞島弧中央處，鄰近區域的日本、琉球、菲律賓物種可藉此移入造成偶發性的迷蝶，甚至定居於此。

◀臺灣與日本的青斑蝶屬於同一個亞種，透過青斑蝶的標放研究得知臺灣與日本間的季節移動情形。

4.人為因素

近年新增的新紀錄蝶種多隨人類活動、經濟、寵物飼養……等諸多因素而入侵，譬如：香蕉弄蝶（1986，九如）、串珠環蝶（1997，基隆）、鳳眼方環蝶（1998，基隆）。

▲串珠環蝶為1997年於基隆海門天險首次紀錄的入侵外來種。

在得天獨厚的地理位置與多樣地形、氣候條件下，臺灣孕育了超過4000種的維管束植物，豐富的植物資源讓蝴蝶幼蟲在寄主植物的選擇上更為多樣化，使蝴蝶在演化及適應上更為寬廣。

臺灣島境內蝴蝶資源，呈現著南北各區的多樣特色，中部地區地處南北交界且山脈林立，是臺灣蝴蝶資源最為豐富的地區，南投埔里鎮的蝴蝶種類就超過200種，往昔更因蓬勃的蝴蝶加工產業而有「蝴蝶鎮」、「蝴蝶村」之譽。

民國70年代後，蝴蝶加工產業逐漸沒落，取而代之的是人們漫無止境的山林開發與超限利用。許多蝴蝶因為歷經民國50、60年代大規模的商業採集劫難，所以發生難以適應棲地環境的劇烈改變，而逐漸減少或消逝的問題。目前除了5種大眾較為熟悉關注的保育類蝴蝶外，大紫斑蝶、臺灣燕小灰蝶、馬拉巴綠蛺蝶、楊氏淺色小豹蛺蝶都已相當罕見，甚至可能消失。

蝴蝶分類演變

蝴蝶在分類上屬鱗翅目昆蟲，顧名思義這類昆蟲翅膀與身軀具有鱗粉與鱗毛構造，口器為吸管形式。目前已知的鱗翅目在世界上已超過14萬種，種類數僅次於鞘翅目（即俗稱的甲蟲），可說是演化上繁盛的動物類群。

在蝴蝶分類上，過去國人遵循日籍學者白水隆博士於西元1960年所著「原色臺灣蝶類大圖鑑」的分類方式，依形態差異將蝴蝶分為鳳蝶科、粉蝶科、弄蝶科、小灰蝶科、小灰蛺蝶科、斑蝶科、蛇目蝶科、蛺蝶科、環紋蝶科與長鬚蝶科等十個科別，該方式有助於一般大眾對於蝴蝶形態特徵及生態行為的基礎認識，因此至今仍被廣泛採用。

臺灣蝴蝶的分類

※本圖表蝶種數據參考徐堉峰（2006）臺灣蝶圖鑑第三卷。

隨著支序系統科學的進步而衍生出分類學革命，英人史克博（Scoble）於1992年著有「鱗翅目一形式，功能與多樣性」，將蝶類依其親緣關係與單系性分為三總科：弄蝶總科、喜蝶總科及真蝶總科，真蝶總科被細分為鳳蝶科、粉蝶科、蛺蝶科與灰蝶科，其中並將國人傳統慣用的蛺蝶、斑蝶、蛇目蝶、環紋蝶與長鬚蝶合併於蛺蝶科，而傳統的小灰蝶與小灰蛺蝶也合併於灰蝶科，因此國內蝴蝶分類調整為弄蝶科、鳳蝶科、粉蝶科、蛺蝶科及灰蝶科5個科。這其中較大變革為蛺蝶科分類位階調整，而蛺蝶科成員有著如下的外部形態特徵：成蟲觸角節的腹面有2條縱溝、前足特化萎縮不能步行、蛹屬垂蛹形式。

▲鞘翅目昆蟲目前已知近40萬種，是地球上最優勢的生物類群。（高砂鋸鍬形蟲）

真蝶總科

鳳蝶科

鳳蝶亞科（共41種）

蛺蝶科

喙蝶亞科（2種）

線蝶亞科（35種）

斑蝶亞科（28種）

蛺蝶亞科（21種）

閃蛺蝶亞科（11種）

摩爾浮蝶亞科（3種）

毒蝶亞科（9種）

絹蛺蝶亞科（1種）

眼蝶亞科（45種）

螯蛺蝶亞科（2種）

絲蛺蝶亞科（2種）

以下我們即針對臺灣所產的5個科別蝴蝶形態與生態進行簡單介紹：

1. 弄蝶科

弄蝶多數屬於小型蝴蝶，臺灣已紀錄67種。外型上，弄蝶觸角末端呈鉤狀，且基部左右分離很遠而與其他蝶類有顯著差異；體型上，其身體較為厚實有如一般認知的蛾類；習性上，許多弄蝶停棲時除一般蝴蝶常見的閉闔或展翅姿態外，還有前後翅傾斜特定角度宛如戰鬥機姿態，其飛行時振翅頻率迅速，當牠訪花吸蜜與覓食時容易接近觀察。弄蝶幼蟲寄主植物多數以單子葉植物為主，少數以雙子葉植物為食，幼蟲會將寄主植物吐絲製作「蟲巢」躲藏其中。蛹型態屬帶蛹。

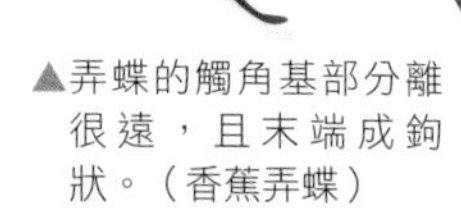

▲弄蝶的觸角基部分離很遠，且末端成鉤狀。（香蕉弄蝶）

◀弄蝶幼蟲會折葉製作蟲巢。（竹紅弄蝶）

2. 鳳蝶科

鳳蝶屬中、大型的蝴蝶，臺灣已紀錄41種。鳳蝶翅膀外觀上以黑色為底色，摻雜著白色、紅色、綠色、黃色斑紋，成蝶偏好吸食花蜜及水分，訪花時常不停地振翅及移動，由於後翅少了一根臀脈而露出身體腹部。鳳蝶幼蟲具有獨特的「臭角」，當其受到驚嚇時會由頭胸交接處翻出，由於臭角具有特殊鮮豔色彩及忌避物質，故能藉此達到嚇阻捕食性及寄生性天敵侵犯的功用。鳳蝶幼蟲寄主植物主要有芸香科、樟科、木蘭科、馬兜鈴科等植物。蛹型態屬帶蛹。

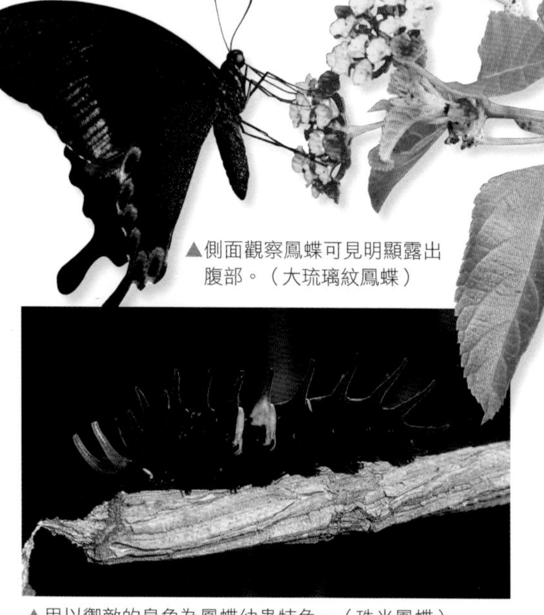

▲側面觀察鳳蝶可見明顯露出腹部。（大琉璃紋鳳蝶）

▲用以禦敵的臭角為鳳蝶幼蟲特色。（珠光鳳蝶）

3. 粉蝶科

粉蝶在體型上屬中、小型的蝴蝶，臺灣已紀錄38種。多數粉蝶以黃色或白色為翅膀底色，摻雜些許的黑、紅、白、黃色斑點，腳末端的爪呈二分叉。成蝶在食物挑選上，粉蝶與鳳蝶相當，皆喜歡吸食花蜜及水分，但粉蝶訪花時不會如鳳蝶般不停地擺動翅膀。幼蟲大多呈現綠色的保護色，以豆科、十字花科、山柑科等植物為寄主植物。蛹型態屬帶蛹。

▲黃色或白色相互搭配為粉蝶的主要色調。（斑粉蝶）

▶粉蝶的幼蟲多以綠色為主，體表布有許多細毛。（荷氏黃蝶）

4. 灰蝶科

小灰蝶屬小型蝴蝶，臺灣已紀錄123種，占臺灣蝴蝶總數極高比例。形態上小灰蝶觸角多具有白色圈紋，後翅肛角處具有0～3條的尾狀突起及醒目假眼；生活習性活潑且喜愛吸食花蜜、水分，常在花朵上觀察到牠。由於小灰蝶種類繁多，其幼蟲生活史因種類而異，有些幼蟲啃食植物葉片、花苞、花朵、果實，少數為捕食介殼蟲、蚜蟲的葷食主義者，更有趣的是許多小灰蝶幼蟲與螞蟻之間有奧秘的生態關係。

▲多數灰蝶因三、四齡幼蟲具「喜蟻器」而與螞蟻存在共生關係。（東陞蘇鐵小灰蝶）

▶許多灰蝶透過擺動後翅顯眼的假頭假觸角欺敵。（白波紋小灰蝶）

5. 蛺蝶科

蛺蝶是一群形態、生態極為多樣的蝴蝶，臺灣已紀錄159種，成員包含了舊有分類的長鬚蝶、斑蝶、蛺蝶、環紋蝶、蛇目蝶種類，其形態上共通特徵為：成蟲觸角節的腹面有兩條縱溝、前腳特化萎縮因而外觀看似兩對腳。蛹型態屬垂蛹。

▲外觀看似只有兩對腳是蛺蝶的共通特徵。（紅星斑蛺蝶）

◀蛺蝶的蛹屬頭部朝下倒吊的垂蛹型態。（鳳眼方環蝶）

大部分的蛺蝶科以斑蝶、蛺蝶及眼蝶三個演化支發展。

斑蝶

斑蝶在臺灣已紀錄28種，成蝶喜好訪花吸蜜，尤其偏好吸食菊科、紫草科植物；因幼蟲以桑科榕屬、盤龍木屬與有毒的夾竹桃科植物為食，幼蟲色彩鮮豔以展現警告意味，成蟲飛行姿態緩慢。

眼蝶

眼蝶又稱蛇目蝶，多數為中、小型蝴蝶，臺灣已紀錄45種，翅膀底色多數為暗褐色，並具有眼狀紋排列，因外觀具極佳保護色，加上許多種類偏好活動於較陰暗環境或於晨昏時刻活動，因而容易被人們所忽略；絕大多數蛇目蝶鍾情於腐果或樹液，多數波紋蛇目蝶則偏好訪花吸蜜，幼蟲寄主植物以禾本科植物為主。

蛺蝶

蛺蝶在臺灣已紀錄81種，過去國人慣用的廣義蛺蝶現今分類分屬於毒蝶亞科、蛺蝶亞科、線蛺蝶亞科、絲蛺蝶亞科、絹蛺蝶亞科、閃蛺蝶亞科及螯蛺蝶亞科，其形態隨著習性及種類有極大差別，其中不乏外觀模仿斑蝶、腹面翅膀如枯葉般具隱蔽效果、翅膀外緣破碎的種類；習性上，多數雄蝶具明顯領域性，常駐守於稜線、枝頭或明顯位置，並主動驅趕侵入領空的蝴蝶或昆蟲；成蝶食性包羅萬象，除了花蜜外，還包括了水分、樹液、腐果、尿液、糞便、屍骸等。

蝴蝶的身體構造

1.成蟲的身體構造

蝴蝶成蟲分為頭部、胸部與腹部三大部分，每部分構造、功能皆不同，藉以適應生活環境。

頭部：有觸角、口器、複眼和下唇鬚。一對細長的觸角是蝴蝶重要的感覺器官，其末端膨大呈棍棒狀。

口器：蝴蝶的攝食器官，由小顎外葉特化延長嵌合而成捲曲狀的中空長管，以適合吸食液態食物。

複眼：為視覺器官，用來尋找食物。下唇鬚位於口器吸管兩邊，用來保護口器，同時也有感覺器官輔助嗅覺功能。

胸部：由前胸、中胸與後胸節所組成，三對腳和二對翅膀由此長出。

翅膀：蝴蝶的飛行運動器官，翅膀除半透明的翅膜為主體外，還有強化翅膀結構的翅脈，蝴蝶翅脈上的差異也是蝴蝶分類參考依據之一。

腳：蝴蝶成蟲的腳屬步行腳，具短距離的移動、攀附及嗅覺功能，蛺蝶科種類因前腳特化萎縮於前胸，外觀看起來好像只有四隻腳。

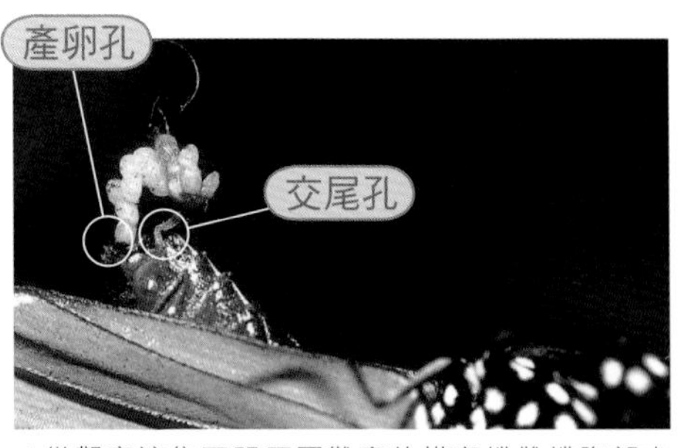

▲從觀察這隻不明原因難產的樺斑蝶雌蝶腹部末端，可見產卵孔與交尾孔的位置。

腹部：腹部外觀上有氣孔和生殖器官，較頭部、胸部柔軟。蝴蝶藉由分布於腹部體節側面的氣孔進行氣體交換。生殖器官位於腹部倒數第一、二節位置，雄蝶與雌蝶外觀略有差異，雄蝶僅一個開口並具有明顯的把握器；雌蝶則有兩個開口，分別是交尾功能的交尾孔及最末端兼具產卵、排泄功能的產卵孔。交尾器不僅可供雄雌性別辨別，也是昆蟲分類鑑定的重要依據。

2.幼蟲的身體構造

蝴蝶型態及外觀雖因種類略有差異，但構造與功能大致相同。頭部之後共有十三個體節，其中包含三節的胸部與十節的腹部。

頭部：頭部堅硬，藉由一對大顎來咀嚼食物，無法消化的纖維則成卵形粒狀糞便排出。下唇部特化為吐絲器用來吐絲，幼蟲行走時頭部會左右8字形擺動並吐出細絲黏著葉片上，供幼蟲穩固之用。幼蟲雖無複眼，但兩側各有六個側單眼藉以辨別光線明暗。

胸部：三節胸部之各體節有一對具有五節關節的胸足（或稱真足），其末端具有單爪。

腹部：腹部有十節，並具有五對僅幼蟲階段才有的腹足（或稱原足或偽足），分布於腹部第三～六及第十腹節處，腹足柔軟並於末端具有吸盤及原足鉤構造，藉此讓幼蟲於移動或停棲時更加穩固。第一胸部體節與第一～八腹部體節側面，各有一對氣孔，以進行氣體交換。

▶幼蟲型態示意圖。（無尾鳳蝶）

蝴蝶的生活史

蝴蝶的一生包含卵、幼蟲、蛹與成蟲四個樣貌迥異的階段，一般平地常見的蝴蝶種類其幼生期與蛹的階段約1至2個月時間不等，屬於一年多世代蝶種。有些蝴蝶則屬一年一世代，其整個生活史過程需長達1年時間，而成蝶僅於特定季節才能觀察到，譬如：寬尾鳳蝶、大紫蛺蝶、銀蛇目蝶、蓬萊烏小灰蝶……等。

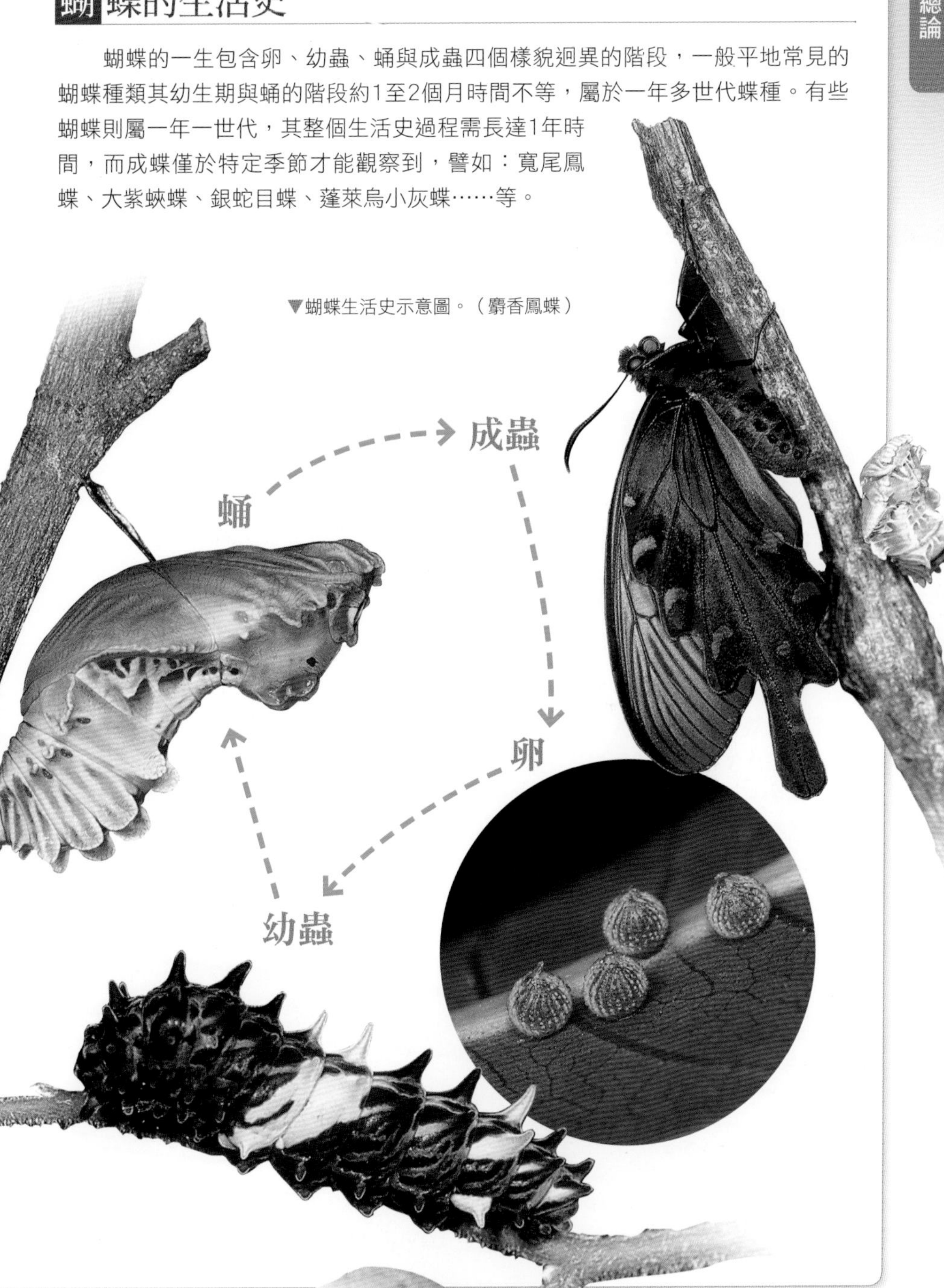

▼蝴蝶生活史示意圖。（麝香鳳蝶）

1.卵期

雌蝶在飛行時藉由視覺尋找幼蟲的寄主植物，並以觸角、前腳觸碰植物確認無誤後，才將腹部彎曲伸至適當位置，將卵單獨或群聚產於葉面、葉背、花苞、果實、嫩芽或鄰近他處。當蝴蝶交配時，雄蝶會將內藏精子的精莢傳送到雌蝶，精子則儲藏於雌蝶體內貯精囊內，並於雌蝶產卵時才分泌出與卵子受精。卵頂部有一微細的小孔稱為「精孔」，以便精子進入卵子受精，精孔同時也提供幼蟲胚胎發育所需的空氣和濕度。卵的外觀、大小、顏色和花紋都不相同，我們可藉由卵的外觀，來判別蝴蝶的種類。

▲雌蝶產卵時會將腹部彎曲伸至適當位置，停頓剎那後產下卵粒。（玉帶鳳蝶）

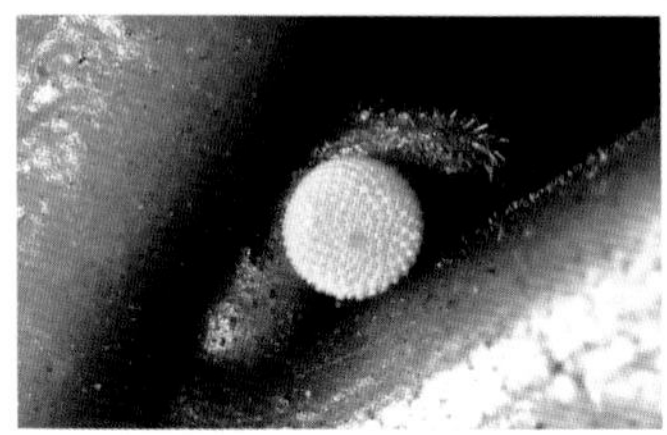
▲灰蝶的卵頂部有明顯的精孔。（埔里波紋小灰蝶）

◀部分蝴蝶的卵以群聚方式集中產下。（臺灣黃蝶）

2.幼蟲期

剛從卵孵化出來的蟲體，稱為一齡幼蟲或初齡幼蟲，發育成長中的幼蟲會不停地攝食，隨著幼蟲的長大，舊表皮無法容納增大的身軀，因此必須經過蛻皮，以將老舊表皮更換為較大的新表皮。此時，幼蟲在表皮裂開前會在葉面或枝條吐絲，建造固定的絲座，然後利用肌肉收縮的力量使其表皮自背部裂開，再由頭部蛻到尾部。剛蛻皮的幼蟲，在新表皮和口器尚未硬化前是無法進食的。每次蛻皮之間稱為「齡期」，一般蝴蝶幼蟲齡期約為四～六齡不等，其成長達化蛹前的最後老熟階段稱為終齡幼蟲。終齡幼蟲會選擇隱密地點化蛹，有時是遠離寄主植物的其他植株、落葉間或其他物體。

▶幼蟲蛻皮後殘留的頭殼大小，是研究幼生期齡期的依據。（鳳眼方環蝶）

◀許多剛孵化的一齡幼蟲將卵殼啃食殆盡。（小紋青斑蝶）

▲肉食性的棋石小灰蝶幼蟲主要棲息於竹葉上捕食蚜蟲。

蝴蝶幼蟲大多以被子植物為食，少數則攝食裸子植物與蕨類植物，部分小灰蝶則與螞蟻共生或捕食介殼蟲、蚜蟲、螞蟻，屬肉食性。自然界中有不少動物都和螞蟻有著共生關係，這些動物統稱為「喜蟻動物」。

灰蝶科中的翠灰蝶亞科與藍灰蝶亞科幼蟲都為植食性，幼蟲身上的喜蟻器相當發達，牠會藉由分泌蜜露供螞蟻取食以獲得保護，降低遭受寄生性天敵的侵犯，而這類灰蝶幼蟲即便在沒有螞蟻保護的情況下仍可存活，稱為「巢外的非絕對性共生」。

此外，有些灰蝶幼蟲部分或全部時間需在螞蟻巢中渡過，稱為「巢內絕對性共生」，臺灣目前已知有淡青雀斑小灰蝶與白雀斑小灰蝶兩種。更特別的是，臺灣尚有兩種肉食性的蝴蝶幼蟲，棋石小灰蝶又稱蚜灰蝶，幼蟲主要捕食竹葉上的蚜蟲，成蟲則偏好吸食蚜蟲分泌物；另一種白紋黑小灰蝶，幼蟲則捕食介殼蟲。

▲幼蟲選擇合適地點處吐絲建構絲座，等待最後一次蛻變成蛹。（黃裳鳳蝶）

幼蟲階段是蝴蝶一生中最危險的階段，無數的捕食性與寄生性天敵環伺四周，蝴蝶為了避免遭受侵襲而演化出千奇百怪的保命絕活，那有趣又充滿驚奇的呈現將是您觀察蝴蝶時的另一番趣味。多數人對於幼蟲是敬而遠之，相信當您深入接觸後將深深為之著迷！

▲黃星鳳蝶的蛹為帶蛹，模樣有如折斷的枝條。

▼石牆蝶的蛹為垂蛹，模樣有如捲曲的枯葉。

3. 蛹期

蝴蝶的蛹並不會吐絲結繭，屬裸蛹的型態，依型態可區分為帶蛹（或稱縊蛹或懸蛹）與垂蛹（或稱吊蛹）兩種，在臺灣除了蛺蝶科種類外，蛹均屬帶蛹的形式。幼蟲時期的細胞在蛹體內崩解，提供養分讓成蟲細胞成長，此時幼蟲時期大部分組織會重新發育為成蟲構造，其中翅膀、生殖器及口器變化特別明顯。由於這段期間蛹無法移動，頂多只有腹部進行小幅度扭動，因而蛹體必須具備極佳的偽裝保護。一般常見的情況為藉由形狀與色彩融入自然環境裡，或是偽裝成綠葉、枯枝、果實。

蛹是幼蟲發育至成蟲的過渡時期。當成蟲細胞發育完成，成蟲即推開蛹殼羽化，其身體必須通過蛹的小孔擠壓，才能將體內的血淋巴沿翅脈血淋巴管注入，並藉由重力作用使翅撐開與伸展，當翅膀完全舒展開後仍須靜待一段時間，待翅膀轉為堅硬後始可展翅飛翔，開始其美艷多采的生活。

在大自然裡，蝴蝶大多利用清晨或夜晚進行羽化。

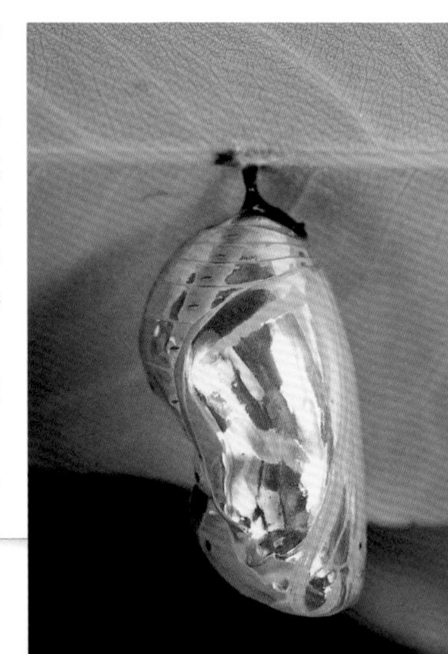

▶圓翅紫斑蝶的垂蛹外觀如鏡面般閃亮耀眼。

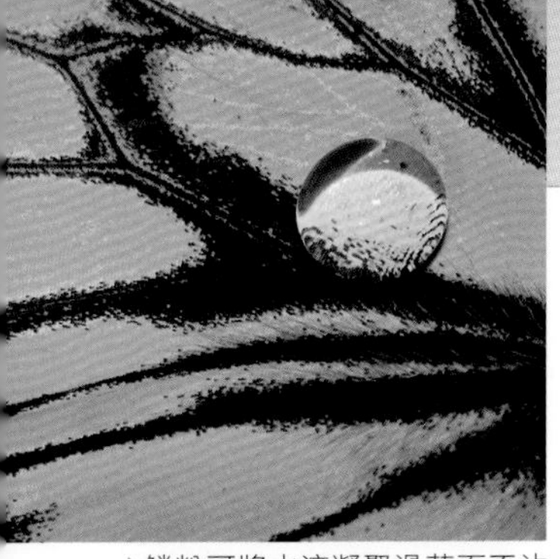

▲鱗粉可將水滴凝聚滑落而不沾濕翅膀。（斑粉蝶）

▲大玉帶黑蔭蝶於雄蝶後翅表面特殊的發香鱗毛。

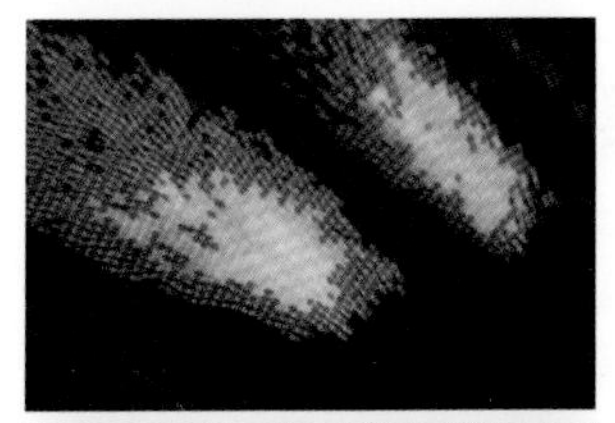

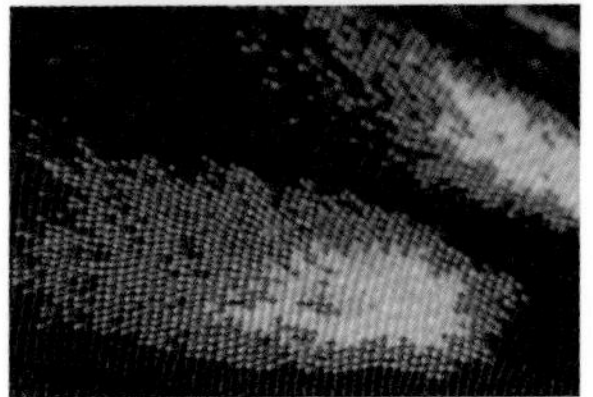

▲隨不同角度而呈現不同色彩的物理色鱗粉。（端紫斑蝶）

4. 成蟲期

蝴蝶美麗的色彩是來自於附著於翅膀上的鱗粉所給予的，鱗粉則是構成翅膜細胞向外分泌伸展的衍成物，若鱗粉上顏色來源與平常所看見物種的顏色相同，其色彩是由化學成分所產生，稱為化學色或色素色鱗粉；另一種鱗粉顏色則是經由光線產生干涉、繞射等作用，而產生的金屬光澤及螢光，稱為物理色或構造色鱗粉。鱗粉的色彩能與環境融合，形成最佳保護色或警戒花紋，鱗粉尚具有增加蝴蝶飛行能力、異性求偶、吸收太陽熱量增加體溫、遭捕捉脫落逃生……等功能。

▲溪畔濕地有機會見到成群雄蝶吸水畫面。（寬青帶鳳蝶）

舉凡成蟲常見的覓食、領域、追逐、求偶、交尾、產卵等生態行為，都與繁衍息息相關，成蟲所攝取的食物則常因種類、性別略有不同。多數種類的雄蝶會去濕地吸水以獲取礦物質，並將吸取的礦物質與精子同放在精莢裏，於與雌蝶交尾時傳送至雌蝶體內。蝴蝶覓食的選擇也隨著種類略有差異，鳳蝶、粉蝶、斑蝶偏好訪花吸蜜，多數蛺蝶與眼蝶（蛇目蝶）則偏好樹液與腐果，甚至吸食屍骸、排遺。

蝴蝶大部分時間在休息，其次是位移性飛翔，與其他生物發生交互作用時間反而較少，許多蝴蝶喜歡在森林邊緣處遮陰及陽光兼具處活動，並常順著登山步道、林道或溪谷飛行。

◀雌性粉蝶高舉腹部的拒絕求偶行為。（臺灣紋白蝶）

▶埔里紅弄蝶雄蝶展翅曝曬並據守展現著領域行為。

臺灣的植物相

臺灣全島面積約36000平方公里，山地面積約占2／3，海拔超過3000公尺以上高山有258座之多，由於垂直海拔落差極大，因而造就了河川短、斜率大現象。

氣候上則有水平與垂直的變化，北迴歸線以北為亞熱帶氣候，冬溫夏熱；北迴歸線以南則屬熱帶氣候，夏熱冬暖，四季無冬。臺灣的雨量充沛全年平均達2500公厘，溪谷縱橫，對於臺灣植物的形成及多樣性有極為深遠的影響，再加上臺灣是個有著海洋隔絕的海島，其歷經板塊推擠的造山運動而形成，每座山年輕又陡峭而形成島嶼中的島嶼，因而創造出較多的微生態環境。

簡而言之，臺灣島能夠在最短的距離、最少的面積內孕育出最多的生態環境變化，例如從臺北亞熱帶的地區出發，只要300多公里便可到達熱帶地區的高雄，若想去高山寒原或溫帶地區，欣賞北半球才有的針葉林植物，只要到達臺中，再沿著中橫公路到達合歡山即可。

臺灣因海島及高山的隔離機制，又位在舊熱帶植物區與大陸、東亞植物區之交匯地帶，得以蘊育出種類繁多，特有的植物資源，臺灣原生維管束植物超過4000種，其中1／4是特有種，得以豐富了整個臺灣的植物相。

◀烏來杜鵑是臺灣特有種植物。

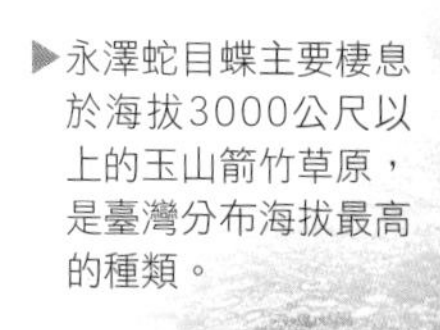

▶永澤蛇目蝶主要棲息於海拔3000公尺以上的玉山箭竹草原，是臺灣分布海拔最高的種類。

植物基本構造簡介

植物的基本構造主要有根、莖、葉、花、果實及種子，根能吸收水分和礦物質，莖則可以運輸水分和養分，葉能行光合作用，合成養分，故根、莖和葉是植物的營養器官。花是枝條及葉的變形構造，花授粉後，不但能形成種子，也能促成果實的發育，果實不僅能保護種子，也是傳播種子的有效工具，故花、果實和種子是植物的生殖器官。

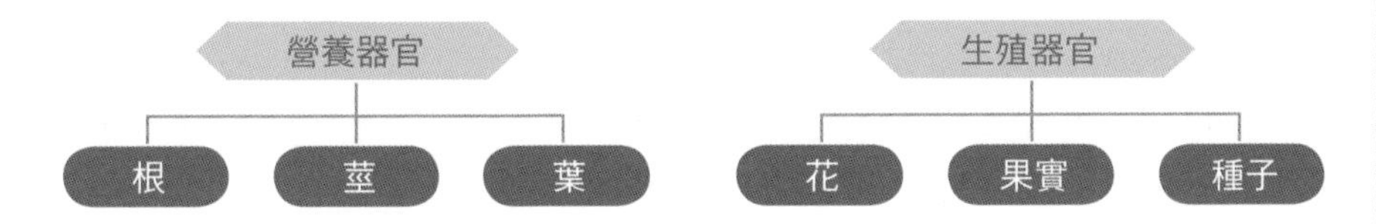

1. 莖

植物地上部分的主體，是植物主要的支撐器官，可用來辨別植物的特徵，其維管束構造是韌皮部在外，木質部在內，兩者之間有形成層。木質部內有導管，用來輸送水分，韌皮部內有篩管，用來輸送養分，而形成層則是有良好的組織再生能力，莖依其外形可分為：

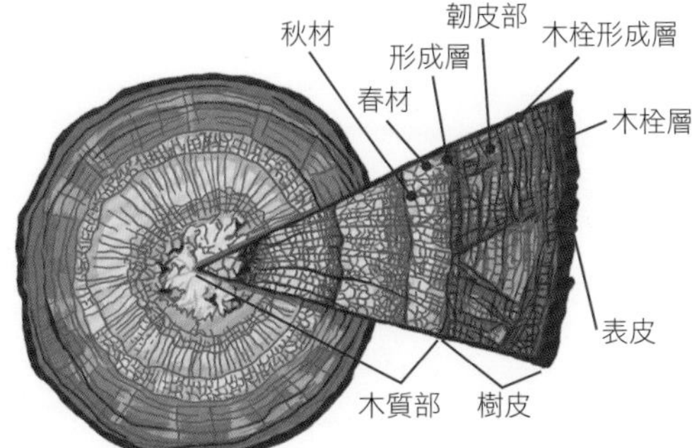

▲莖的主要構造有木質部、韌皮部與形成層。

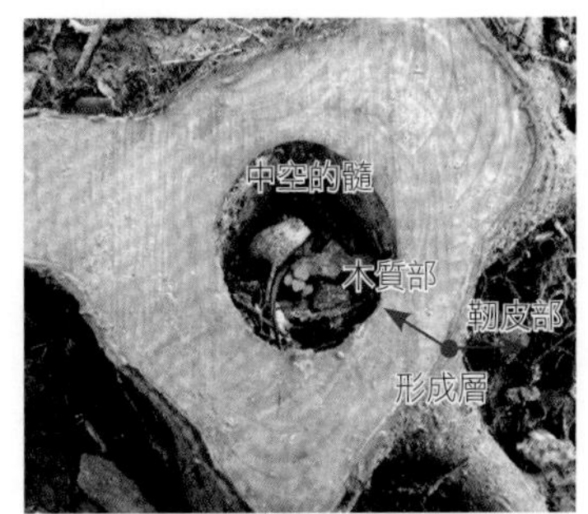

▲老化的木質部會掉落成空心。

2. 葉

植物行光合作用的器官，為枝條上的附屬物，位在芽點的旁側。葉通常由葉片、葉柄和托葉三部分組成，托葉為小型葉，位於葉柄基部，能保護幼芽。單葉是較原始的葉片，其邊緣形狀有全緣、淺裂(未達1／2葉寬)、中裂(達1／2葉寬)、深裂及裂到有小葉柄而成複葉，所以複葉是由單葉所形成的，複葉可分為羽狀複葉與掌狀複葉。葉在枝條上的排列方式稱為葉序，其方式有下列幾種：

▲臺灣懸鉤子的完全葉包含葉片、葉柄及托葉。

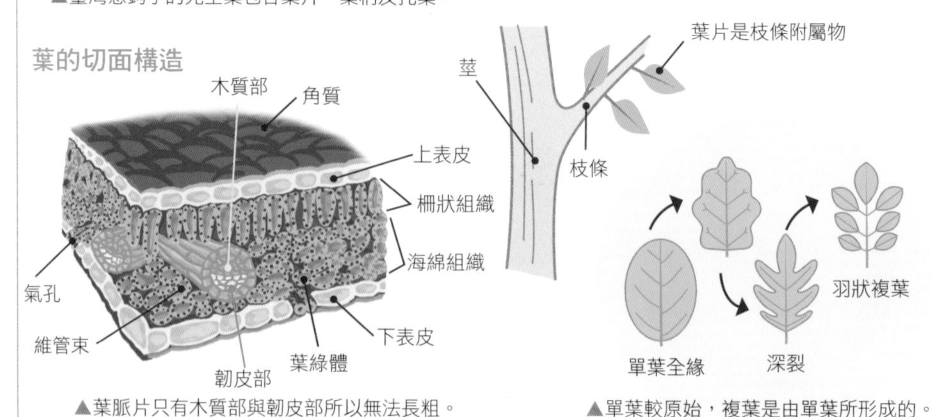

▲葉脈片只有木質部與韌皮部所以無法長粗。

▲單葉較原始，複葉是由單葉所形成的。

3.花

短縮枝條及葉變形的構造。花的形態與構造，不易受到生長環境的影響，是辨別植物最重要的器官。

花萼	萼片數枚合稱，通常為綠色，有保護作用
花冠	花瓣數片合成，通常色彩鮮豔
花瓣	構成花冠的成員，分為合瓣花與離瓣花
雄蕊	由花絲和花藥構成
雌蕊	完全的雌蕊由子房、花柱和柱頭構成
花托	花柄頂端膨大，花各部分著生在上面

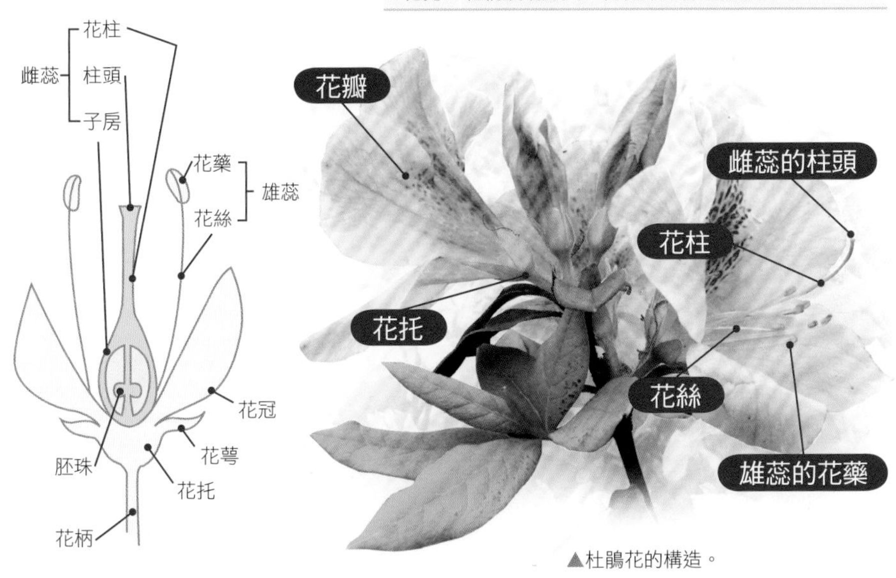

▲杜鵑花的構造。

柱頭3裂的雌花

雄蕊多數的雄花

花的性別

兩性花：一花朵上同時擁有雄蕊與雌蕊。

單性花：

(1)雌雄同株：雄花和雌花同時生長在一株植物上。

(2)雌雄異株：雄花和雌花各自生長在不同的植株上。

◀蓖麻是雌雄同株的單性花。

花序：花排列於花軸上的次序，主要分為無限花序與有限花序兩種。

(1)無限花序：開花順序由下往上，由外往內，常為互生。

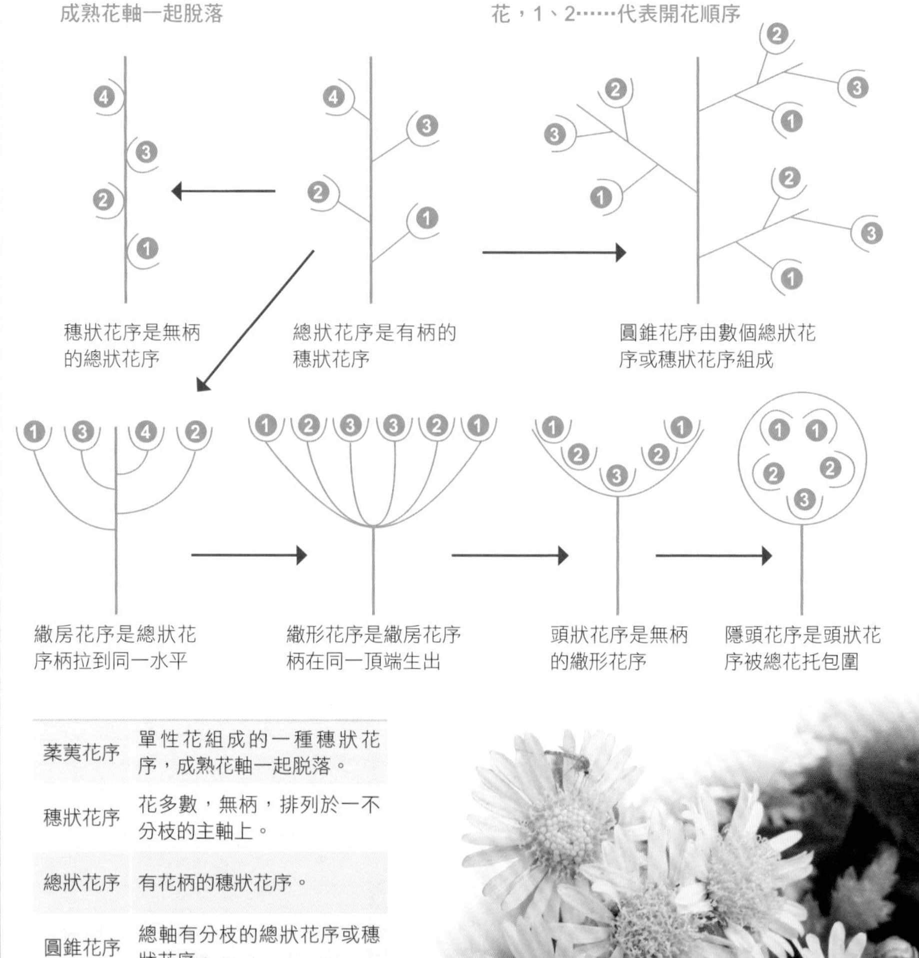

葇荑花序	單性花組成的一種穗狀花序，成熟花軸一起脫落。
穗狀花序	花多數，無柄，排列於一不分枝的主軸上。
總狀花序	有花柄的穗狀花序。
圓錐花序	總軸有分枝的總狀花序或穗狀花序。
繖房花序	總狀花序中各花朵的柄拉到同一水平位置。
繖形花序	共同從花序柄的頂端生出，形如張開的傘。
頭狀花序	花多數無柄密集而生，形成一頭狀體。
隱頭花序	花聚生於肉質中空的總花托內，同時被包圍。

▶油菊的頭狀花序是無花柄，開花順序是由外往內。

(2)有限花序：開花順序由上往下，由內往外，常為對生。

聚繖花序	花軸頂端長1朵花，其下一對分支各長1朵花，3朵花為一個單元。若由多個聚繖花序組成，則稱為複聚繖花序。
單生花序	花多數，無柄，排列於一不分枝的主軸上。

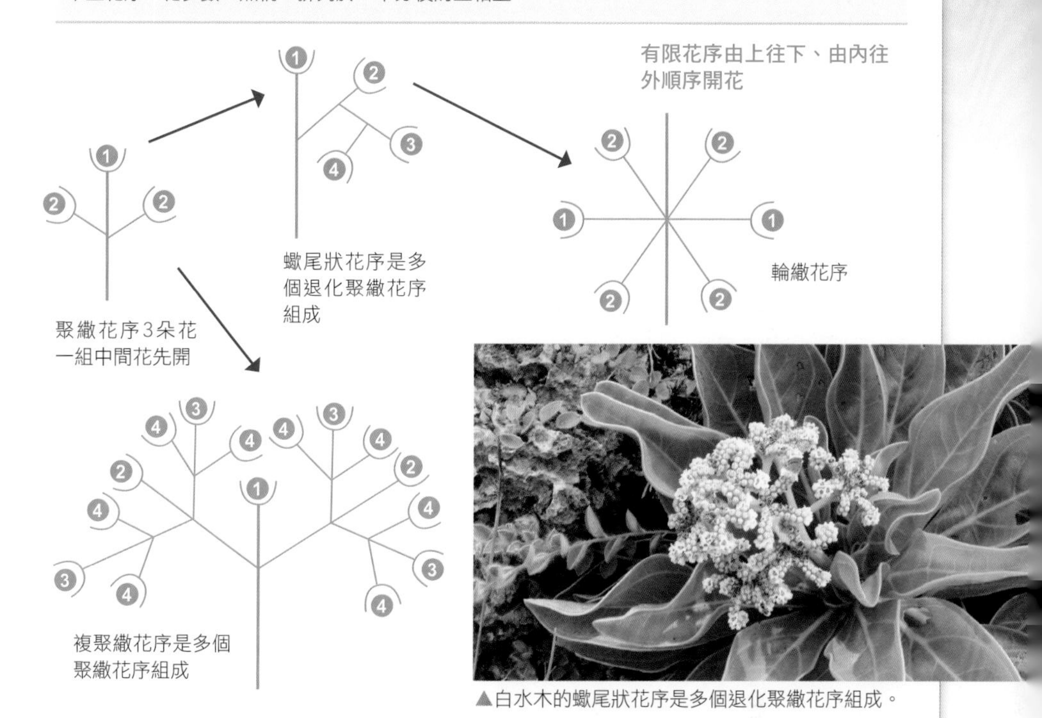

▲白水木的蠍尾狀花序是多個退化聚繖花序組成。

4.果實

植物開花胚珠受精後，由子房發育形成的。構成雌蕊的葉片稱為心皮，心皮邊緣會長出胚珠，當胚珠授粉後變成種子（果實），若產生種子的心皮是平展，稱為裸子植物，若種子是被心皮所包圍起來，稱為被子植物。一個果實如由一個心皮所構成，稱為一心皮或單心皮，例如豆科的水黃皮是由一心皮所構成，也是最簡單的果實，果實若依果肉可分為：

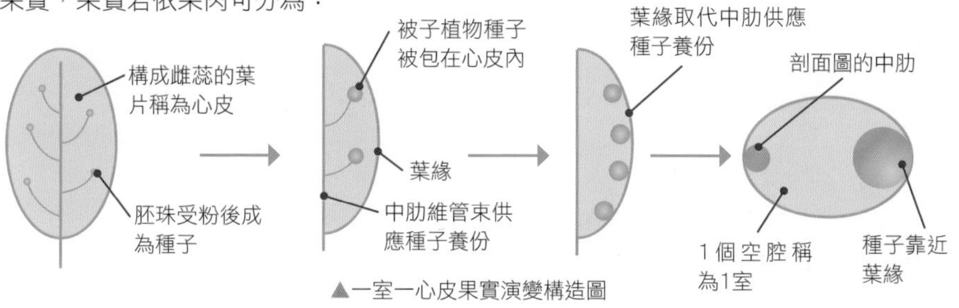

▲一室一心皮果實演變構造圖

(1)乾果：果實成熟後，果皮乾燥，以下是常見種：

莢果：單一心皮，果皮兩縫開裂，如水黃皮、銀合歡。

▲銀合歡的莢果是單心皮，果皮兩邊開裂。

蒴果：二至多心皮，果皮多種方式開裂，如：大頭茶、山芙蓉。

蓇葖果：單一心皮，果皮單縫開裂，如：山刈葉、馬利筋(尖尾鳳)、臺灣牛彌菜。

▲馬利筋的蓇葖果是單心皮，果皮單邊開裂。

堅果：單一心皮，果皮堅硬不開裂，如：青剛櫟、健子櫟。

▼青剛櫟的堅果是單心皮，果皮不開裂。

翅果：一或二心皮，果皮扁平不開裂，如：尖葉槭。

瘦果：單一心皮，果皮與種皮分離不開裂，如：青苧麻。

聚合果：由一朵花內的許多離生心皮形成，如：小葉桑、構樹。

▶構樹的聚合果是由一朵花內的許多離生心皮形成。

(2)肉果：果實成熟後，果皮肉質多汁，以下是常見種：

漿果：多心皮，果皮柔軟，果肉多汁，如：柑橘類、印度茄。

▲金桔的漿果是多心皮，果皮肉多汁。

核果：單一心皮，外果皮薄，中果多汁，內果皮堅硬，如：山胡椒、樹杞。

▲九節木的核果是單心皮，內果皮堅硬。

蝴蝶與植物

▲成群的臺灣黃蝶幼蟲常將小棵的寄主植物葉片啃食殆盡。

1.蝴蝶幼蟲對植物的利用

蝴蝶幼蟲主要攝食植物的葉子，每種蝴蝶幼蟲會取食一種或數種特定的植物，而稱該種植物為蝴蝶幼蟲的「寄主植物」或「食草」。雌蝶具有與生俱來的本能，能透過視覺與嗅覺於野地尋找合適的寄主植物，並在幼蟲攝食的特定部位上產卵，待幼蟲孵化後即有食物可食。

隨著種類差異，雌蝶有多種產卵形式，有的以集中方式將卵大量產下，例如：臺灣黃蝶、環紋蝶、臺灣小紫蛺蝶……等。多數則將卵分散產於不同葉子、植株上，但在寄主植物選擇有限的情況下，雌蝶有時也會在同一植物上產下過多的卵，而使得幼蟲將寄主葉子啃食殆盡。

◀水黃皮葉子幾乎被沖繩絨毛弄蝶幼蟲吃光。

在自然環境中不同種類蝴蝶幼蟲，選擇利用寄主植物的方式也不同，大多數幼蟲會取食低矮嫩葉，因為嫩葉含氮量較多，營養成分高，在低矮處取食，較不會受到氣候、天敵、地形等因素影響。有些幼蟲則捨棄植物葉片，改以取食植物生殖器官（花苞、花朵或果實），如琉璃波紋小灰蝶取食豆科植物的花苞，綠底小灰蝶會取食山黃梔的果實。

此外，許多幼蟲有著特殊的避敵方式，以水金京、毛玉葉金花等茜草科植物葉片為食的單帶蛺蝶，幼齡幼蟲偏好選擇葉片凸出部位開始進食，在留下葉片中肋後並吐絲將糞便延著中肋前端處黏著伸長，形成所謂的「糞橋」，藉此躲避天敵。終齡幼蟲則一身青綠色並全身帶著棘刺轉換不同的防禦策略。

▲埔里琉璃小灰蝶雖野地十分常見，但幼生期觀察紀錄卻不多。

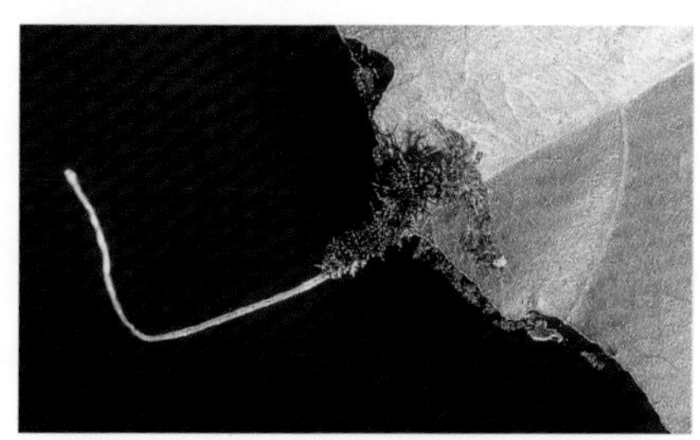

▲單帶蛺蝶四齡以前幼蟲會在寄主植物葉緣處搭建自己的糞便形成糞橋以隱蔽其中。

觀察蝴蝶幼生期的樂趣及重要性不亞於成蝶，隨著學者專家及民間愛蝶人士的增加，蝴蝶寄主植物的探討更日趨完備，但尚有一些蝴蝶生態之謎未解。姬波紋小灰蝶是一種體型微小且普遍易見的蝶種，每年秋天為大量發生，這普遍的蝶種直到最近才由師大生科系徐堉峰教授解開像謎一樣的幼生期，原來姬波紋小灰蝶雌蝶具有高度特化的鏟狀產卵器，其利用腹部插入植物花苞間細縫後產下卵粒，然後分泌透明膠狀物質將卵封埋隱藏，一般人憑藉肉眼從外面是不易察覺的，而已知的寄主植物也非常多樣，有虎耳草科的鼠刺、豆科的毛胡枝子、菊花木、疏花魚籐、金合歡、美洲含羞草及小實孔雀豆……等。人們對於蝴蝶幼生期生態有了基本認識，將可實際落實生態保育、環境教育、學術研究、資源調查之應用。

▼單帶蛺蝶幼蟲取食稀有的風箱樹為特殊觀察紀錄。

▶野地常見的姬波紋小灰蝶，其幼蟲生態直到近年來的研究才有較清楚的瞭解。

蝴蝶的一生與植物息息相關，寄主植物更是決定蝴蝶種類能否生存下去的重要因子，平常路邊不起眼的雜草也是眾多蛇目蝶及弄蝶幼蟲的寄主植物。一種植物區域的消失，可能造成一種甚至數種蝴蝶的區域滅絕，人們的作為怎能不謹慎？

2.蝴蝶成蟲對植物的利用

「蝶戀花」是一般人對蝴蝶的印象，事實上多數的蝴蝶也喜歡翩翩飛舞遊訪於花叢間。有些蝴蝶特別喜愛的某些植物花朵，稱為蝴蝶的「蜜源植物」。由於蝴蝶在自然界裡扮演著傳花授粉的重要角色，花朵利用蜜汁、蜜腺吸引蝴蝶以口器探入花冠，以便蝴蝶在吸食過程中可沾到花粉、碰觸柱頭，而達到授粉的目的。

▶紫花鳳仙花將花蜜深藏花距中，藉此讓訪花昆蟲深探並協助授粉。（阿里山黑弄蝶）

▲馬利筋吸引昆蟲訪花吸蜜後，利用載粉器讓腳鉤住帶離，然後以花粉塊協助授粉。（小紫斑蝶）

怎樣的花朵具備蜜源植物條件呢？首先，我們可探討蝴蝶成蟲的吸管式口器與蜜源植物的花部構造，因為並非所有花蜜或美艷的花朵都能夠獲得蝴蝶的青睞，例如野牡丹的花朵大又鮮豔，但卻鮮少有蝴蝶會去吸食，反觀牛膝的花小又不起眼，卻能吸引灰蝶與斑蝶的造訪。

歸納起來，蜜源植物的花有以下特點：

(1)花蜜不能太多

每朵花的花蜜不能太多，以便讓蝴蝶能拜訪更多朵花，協助植物達到授粉目的。例如四季開花的馬櫻丹，花小量多、花序平展，是很好的蜜源植物。

▲馬櫻丹花小量多，為蝴蝶的蜜源植物選擇。（左：大鳳蝶、右：無尾白紋鳳蝶）

(2)容易停棲

花形或花序要能讓蝴蝶容易停棲或移動，同時也方便蝴蝶口器的吸食，例如野當歸、冇骨消平展的花序，總能吸引小型蝴蝶留戀其中；鳳仙花有宛如專門為款待蝴蝶而設計的長長花距。

(3)花色顯著

花的顏色要能夠吸引蝴蝶，畢竟成蝶是利用複眼來尋找食物，因此花朵色彩需要明顯易見。

▶野當歸平展的頭狀花序能方便蝴蝶與昆蟲停下來覓食。（紫單帶蛺蝶）

(4)含有植物鹼

某些花蜜含有特別的「植物鹼」（如菊科澤蘭屬植物、紫草科白水木與狗尾草），特別吸引斑蝶訪花吸蜜，研究者將這種食性偏好稱為「嗜植物鹼性」。這樣的情景於每年5～6月，當澤蘭於陽明山大屯山、七星山等地區開花時，吸引著成千上萬的各種斑蝶訪花吸蜜，形成蝶舞群聚的盛況。

▲每年5～6月間大屯山盛開的澤蘭總吸引成千上萬的斑蝶訪花。

蝴蝶對蜜源植物的選擇只是喜好的先後次序而非專一，其牽涉環境所能供給的蜜源植物種類、多寡之選擇，筆者曾在陽明山菁山露營場所觀察時發現，在同一地區有南美蟛蜞菊、大花咸豐草、臺灣澤蘭、澤蘭、冇骨消……等常見蜜源植物，其中最吸引蝴蝶的是南美蟛蜞菊，其次才是大花咸豐草、冇骨消；在龜山島所做的觀察得知，臺灣樹參、海州常山、大青、大花咸豐草同時開花時，臺灣樹參的花蜜最受到蝴蝶青睞。

▲生長在海濱的白水木其乾枯的葉片及果實可吸引無數斑蝶吸食。

關於蝴蝶蜜源植物、四季原生蜜源植物多樣性及棲地營造主題，本書於最末列舉供讀者參考，以讓讀者走訪野地時，能夠欣賞到蝴蝶依不同季節時序遊訪原生蜜源植物間的自然律動，不僅增添樂趣並體會自然真諦。

▲許多人為栽培的園藝植物雖整年開花又能引蝶，但與原生植物造成棲地與授粉的競爭，對生態永續並無助益。（訪非洲鳳仙花的大鳳蝶）

▶羅氏鹽膚木是秋天非常重要的原生種蜜源植物。（琉球紫蛺蝶、恆春小灰蝶）

蝴蝶 食草圖鑑

蘇鐵 *Cycas revoluta* Thunb.

科　名｜蘇鐵科 Cycadaceae　　屬　名｜蘇鐵屬

別　名｜鐵樹、鳳尾蕉

攝食蝶種｜東陸蘇鐵小灰蝶、臺灣琉璃小灰蝶

葉序

▲蘇鐵為雌雄異株的植物，於每年的夏季時開花，其雄株花序呈圓柱形。

▶蘇鐵圓柱型雄花。

植物性狀簡介

蘇鐵是常綠木本，樹幹粗圓單一直立，常被誤以為是棕櫚科植物，為造景、盆栽常用的樹種。葉子叢生在莖的頂端，小葉線形，厚革質，葉緣明顯反捲，前端刺尖。單性花，雌雄異株，雄花序為圓柱形，雌花序為圓球形，種子橢圓或扁形，成熟時為紅褐色，密生短絨毛。

臺東蘇鐵

臺東蘇鐵為臺灣特有種，它與蘇鐵最主要的差異就是其葉緣扁平不反捲。

花期｜1｜2｜3｜4｜**5**｜**6**｜**7**｜**8**｜9｜10｜11｜12

蝴蝶生態啟示錄

西元1976年以前，人們對於東陸蘇鐵小灰蝶的認識呈一片空白，後來因一篇農業病蟲害研究的發表而為世人所知，但牠卻像謎一樣讓蝴蝶研究者僅留下極少數紀錄。

到了1988年時，臺東紅葉村的臺東蘇鐵保護區內發現大量個體棲息其中，這是因為東陸蘇鐵小灰蝶幼蟲僅以蘇鐵的嫩葉或嫩芽為食，再加上臺灣僅一種原生蘇鐵侷限分布在偏遠的東臺灣地區，因而可說多數族群個體受困於臺東紅葉山區。

有趣的是，就在牠被人們正式發表後，這罕見的蝴蝶卻開始四處可見，歸咎其原因應與1990年後，大量外來的蘇鐵廣泛被人們應用於園藝造景，加上其一年抽芽多次的特性，讓東陸蘇鐵小灰蝶幼蟲有了充足的食源而分布於臺灣全島，如今已成為都市綠地常見的蝴蝶種類。

▲東陸蘇鐵小灰蝶將卵產於嫩葉新芽上，成蝶於自然山野不算常見，主要出沒於人為種植的蘇鐵區域。

▲東陸蘇鐵小灰蝶幼蟲色彩多變化，密度較低時色彩較淺，幼蟲密度較高時則常見紅色型幼蟲，圖中的終齡幼蟲吸引螞蟻伴隨保護。

▲幼蟲將蘇鐵新葉啃食得千瘡百孔的景象，但本種危害程度不如近年入侵的蘇鐵白輪盾介殼蟲嚴重。

▶多數幼蟲鑽進蘇鐵莖幹中隱蔽的海綿狀組織化蛹。

◀於蘇鐵葉下化蛹卻遭寄生的殘骸。

水柳 *Salix warburgii* O.Seemen

特有種

科　名｜楊柳科Salicaceae　　屬　名｜柳屬

別　名｜河柳、水柳仔

攝食蝶種｜臺灣黃斑蛺蝶、紅擬豹斑蝶

花序　葉序

▲水柳雄花與中肋凸起的葉子。

▶水柳雄花為葇荑花序。

植物性狀簡介

水柳是落葉性喬木，生長在田野、河流、池塘，為臺灣特有種，是重要的護堤植物。水柳樹皮呈灰色，單葉互生，披針形，葉緣細鋸齒，葉柄前端有腺體狀突起，花黃綠色，單性花，雌雄異株，葇荑花序，開花時會同時長出新葉，果實為紡錘形的蒴果，成熟後開裂，其種子帶有柔毛，會隨風飄散。

花期 1 2 3 4 5 6 7 8 9 10 11 12

水社柳

水社柳屬野地罕見之稀有植物，它是落葉性喬木，主要生長於低海拔濕地環境，相較於水柳之葉面及葉背中肋均凸起，本種僅於葉背中肋凸起。

垂柳 *Salix babylonica* L.

栽培種

科　名	楊柳科Salicaceae	屬　名	柳屬
別　名	楊柳、柳		
攝食蝶種	臺灣黃斑蛺蝶、紅擬豹斑蝶		

花序

▲垂柳葉子呈披針形，葉背粉白。

植物性狀簡介

垂柳是半落葉性喬木，因其紅褐色柔軟下垂的枝條而得名。垂柳樹形優雅，耐濕、耐旱及生長迅速的特性，常被用來當做庭園造景及河川、水池邊美化的樹種。單葉互生，葉緣細鋸齒，線狀披針形，葉背粉白，花淡綠色，單性花，雌雄異株，葇荑花序，果實為蒴果，二邊開裂。

▶臺灣黃斑蛺蝶前翅淺黃色的斑塊，十分顯目且容易辨認。

花期 1 2 3 **4** **5** 6 7 8 9 10 11 12

魯花樹 *Scolopia oldhamii* Hance

科　名｜大風子科Flacourtiaceae　屬　名｜魯花樹屬

別　名｜有刺赤蘭

攝食蝶種｜臺灣黃斑蛺蝶、紅擬豹斑蝶

花序　葉序

▲魯花樹的葉子為羽狀脈，中肋兩面凸起。　▶魯花樹的花呈白色或淡黃色。

植物性狀簡介

魯花樹是常綠喬木，生長在海岸到低海拔叢林地區。樹幹及枝條上常有銳刺，單葉互生，葉形變化很大，細鋸齒或全緣。花白色到淡黃色，總狀花序頂生或腋生，花瓣與萼片數相同，雄蕊多數且較花冠長，果實為球形漿果，成熟時為紅黑色。

▶魯花樹因小枝條與樹幹經常有銳刺，故又名「有刺赤蘭」。

花期｜1 2 3 4 5 6 7 8 **9** **10** 11 12

蝴蝶生態啟示錄

多數蝴蝶的幼蟲謹慎沉著不常移動，但臺灣黃斑蛺蝶的幼蟲顯得活潑好動許多，牠們常在寄主植物上四處遊走，受到驚擾時還會吐絲表演垂降特技。楊柳科植物雖本種也能攝食，但野地觀察中較偏好利用魯花樹，由於魯花樹葉片既硬且厚，因此幼蟲僅攝食鮮嫩的新葉，並選擇於老熟的葉片下化蛹。

紅擬豹斑蝶於自然山野並不常見，西元1955年以前僅有一筆紀錄，之後分布則逐漸擴及全島低地，屬境外移入的歸化種。成蝶偏好活動於開闊向陽的人工環境，並經常出沒徘徊於濕地或都會綠地水池旁的楊柳科植物附近，雄蝶則會占據於此展現其霸氣雄風。

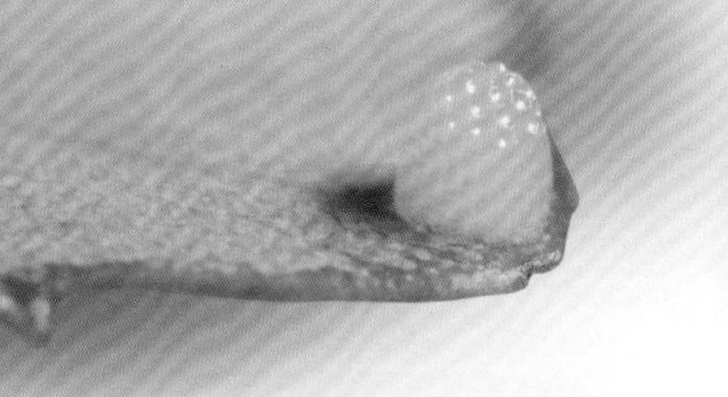

▲臺灣黃斑蛺蝶偏好將卵單枚產於嫩葉處。

▲臺灣黃斑蛺蝶蛹的紅色突起明顯較長。

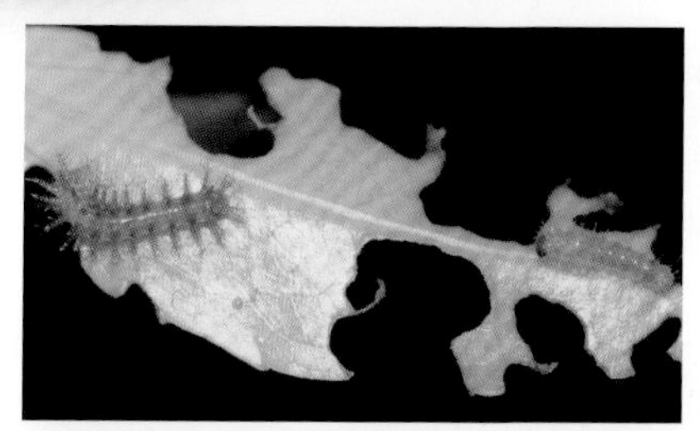

▲本種幼蟲主要攝食嫩葉。（一齡及二齡蟲）

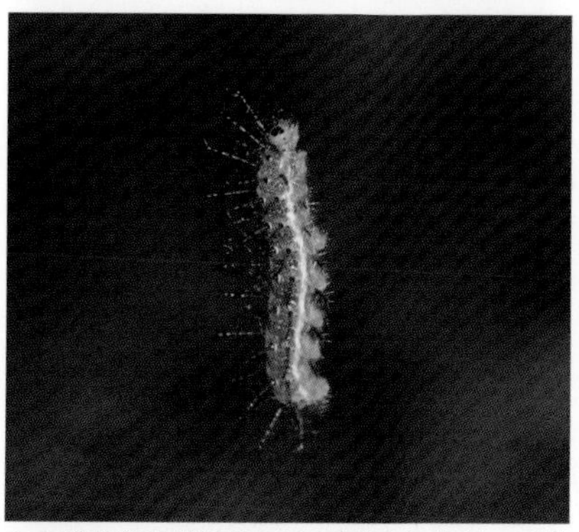

▲臺灣黃斑蛺蝶幼蟲渾身長滿黑色棘刺，受驚擾常會吐絲垂降。

▲臺灣黃斑蛺蝶與紅擬豹斑蝶幼蟲的蛹型態相似，前者幼蟲頭部左右有彷佛戴著墨鏡的黑色斑塊。

紅擬豹斑蝶

▲紅擬豹斑蝶雌蝶於水社柳嫩葉上產卵。

▲紅擬豹斑蝶終齡幼蟲背部有黑色線條且棘刺顏色較淺。

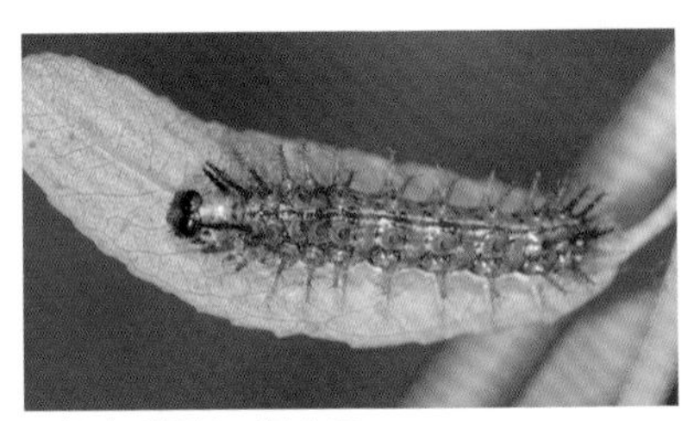

▲攝食垂柳的四齡幼蟲。

▲紅擬豹斑蝶化蛹前的終齡幼蟲體色轉淺。

▲即將羽化的紅擬豹斑蝶蛹。

青剛櫟 *Quercus glauca* Thunb. *ex* Murray

原生種

科　名｜殼斗科Fagaceae　　屬　名｜櫟屬

別　名｜白校鑽

攝食蝶種｜朝倉小灰蝶、紫小灰蝶、紅小灰蝶、姬白小灰蝶、白小灰蝶、江崎綠小灰蝶、臺灣綠小灰蝶、達邦琉璃小灰蝶、雄紅三線蝶、臺灣綠蛺蝶、窄帶綠蛺蝶、雌黑黃斑蛺蝶

花序　葉序

▲青剛櫟的葉片可供給10餘種蝴蝶的幼蟲攝食。

植物性狀簡介

青剛櫟是常綠喬木，生長在低海拔地區的森林中，尤其在山脊或稜線上，是相當優勢的樹種。單葉互生，革質的葉子，前端漸尖，上半部銳鋸齒緣，葉背灰白色。花黃綠色，單性花，雌雄同株，雄花如瀑布般下垂的穗狀花序，雌花單生，果實為長橢圓形的堅果，殼斗杯狀有7～10個環狀鱗片。

▲青剛櫟的堅果。

花期｜1 2 **3** **4** 5 6 7 8 9 10 11 12

蝴蝶生態啟示錄

紫小灰蝶主要棲息於森林，一年四季可見並以成蝶型態越冬，由於微小的幼蟲無法攝食青剛櫟革質的硬葉，因而雌蝶將卵產於新芽附近，好讓孵化幼蟲攝食柔軟的嫩葉。春季是青剛櫟主要的萌芽季節，越冬後雌蝶則利用這期間產卵繁衍。

紫小灰蝶

▲紫小灰蝶雄雌的背翅均呈現深藍色的金屬色澤。

▲紫小灰蝶幼蟲躲藏並攝食於略為反捲的嫩葉處。

▲紫小灰蝶有吐絲將葉片捲折的習性。

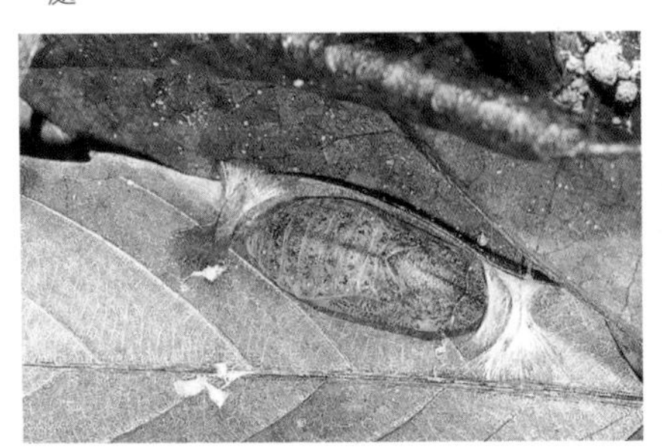

▲選擇於落葉、樹幹或老葉上化蛹。

▲老熟的終齡幼蟲體色轉為淺粉紅色。

臺灣綠蛺蝶則採迴異的生存策略，雌蝶將卵聚產於青剛櫟老葉葉背，幼蟲孵化出來即躲藏於葉背處，三齡幼蟲後多停棲於葉表處攝食老葉，屬一年一世代的牠以幼蟲緩慢成長的方式來渡過冬天，幼蟲可超過十個齡期，每年的5至8月分為成蝶最容易觀察的季節，秋季也可觀察到零星殘破的雌蝶個體。

臺灣綠蛺蝶

▶春夏季節前往森林相較完整的山區不難觀察到臺灣綠蛺蝶美麗的身影。

◀臺灣綠蛺蝶幼蟲白天平貼於葉表中肋處，傍晚入夜後才攝食。

▲臺灣綠蛺蝶移動時才容易觀察其身形，牠在受到驚擾會昂舉起側身的棘刺禦敵。

▲臺灣綠蛺蝶碩大耀眼的蛹。

▲青剛櫟的樹液是許多昆蟲的美食，圖中為吸引了雌黑黃斑蛺蝶（右）與大紫蛺蝶（左）到訪。

榆科

山黃麻 *Trema orientalis* (L.) Bl.

科　名｜榆科Ulmaceae　　屬　名｜山黃麻屬

別　名｜麻布樹、山油麻

攝食蝶種｜姬雙尾蝶、臺灣三線蝶、琉球三線蝶、墾丁小灰蝶、臺灣黑星小灰蝶、平山小灰蝶

花序　葉序

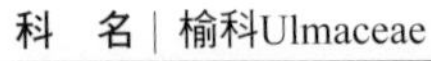

植物性狀簡介

山黃麻是常綠喬木，生長在平野、低海拔地區之開闊地及次生林中，幾乎只要有陽光、空地之處都可見其蹤影。山黃麻側枝平展如傘狀樹形，樹皮呈灰褐色有皮孔，單葉互生，葉基部歪斜心形，3或5出脈，葉緣細鋸齒，小枝與葉背表面密生絨毛。花黃綠色，單性或雜性花，聚繖花序腋生，果實為橢圓形的核果，成熟時為黑色。

▶山黃麻為雜性花腋生，葉基3或5出脈歪斜。

花期｜1 2 **3 4 5 6** 7 8 9 10 11 12

◀臺灣三線蝶翅膀表面的白色線條特別細，但雌蝶條紋卻較寬，因而容易與相似種混淆。（雄蝶參見第125頁）

蝴蝶生態啟示錄

山黃麻的葉片最容易觀察到的蝶種是臺灣三線蝶，翅膀上狹窄的白色斑紋組合為其特色。雌蝶多數將卵產於老葉的葉尖處，由於微小且呈綠色保護色，若不留心仔細觀察不易察覺。

幼蟲孵化後由葉片尖端開始攝食，達終齡幼蟲以前體色呈深褐色，停棲於葉片中肋位置，並吐絲以中肋停棲點周圍略破碎的枯乾葉片為掩護，這樣有趣的避敵模式也是環蛺蝶屬幼生期的特殊習性。

終齡幼蟲因食量已大，並無特定的蟲座形式，此時部分個體體色偏綠，胸背兩對一大一小的突起棘刺更為明顯。臺灣三線蝶幼蟲食性繁雜，除榆科的山黃麻及石朴，還跨科攝食水黃皮、菊花木、刺杜密、杜虹花、使君子……等植物，牠對環境有良好的適應力，屬於低海拔山區及都會地帶常見的蝶種。

▲於野棉花葉片尖端製造蟲座的臺灣三線蝶幼齡蟲。

▲直接大量攝食葉片的終齡幼蟲，樣貌與幼齡階段略有差異。

▲於山黃麻葉下準備化蛹的幼蟲。

▲蛹身頭部與翅基處有尖銳突起。（於山黃麻葉下的淺色型蛹）

▲攝食朴樹並於葉下化蛹的褐色型蛹。

沙楠子樹 *Celtis biondii* Pamp.

原生種

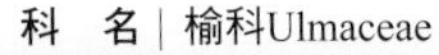

科　名｜榆科Ulmaceae　　屬　名｜朴屬

攝食蝶種｜豹紋蝶、長鬚蝶、白蛺蝶、國姓小紫蛺蝶、紅星斑蛺蝶

花序　葉序

▲沙楠子葉片基部微歪，葉先端呈長尾狀。

▶白蛺蝶幼蟲自二齡過後，頭部即長有一對硬角，硬角隨著齡期增長更趨明顯。幼蟲腹部背面有一對明顯斑點，冬季採幼蟲形態於枯葉上越冬。

植物性狀簡介

沙楠子樹是落葉性喬木，生長在臺灣中、南部低海拔的林緣、岩石、溪邊。沙楠子樹分枝下垂，單葉互生，紙質，葉兩面都有伏毛，葉先端長尾狀，尾尖兩側有時會有明顯的粗鋸齒，葉基微歪或不歪斜，核果橢圓形，果實通常會2顆著生在一起。

▲白蛺蝶（圖右）與國姓小紫蛺蝶（圖左）分布呈局部普遍，成蝶偏好吸食樹液與腐果，幼蟲均以沙楠子葉片為食。

▶白蛺蝶雌蝶將卵單顆產於葉表面上，造型酷似包子的受精卵在孵化前可見深色受精斑。

花期 1 2 3 **4** **5** 6 7 8 9 10 11 12

石朴 *Celtis formosana* Hayata

原生種

科　名｜榆科Ulmaceae　　屬　名｜朴屬

別　名｜臺灣朴樹

攝食蝶種｜臺灣琉璃小灰蝶、臺灣小紫蛺蝶、紅星斑蛺蝶、豹紋蝶、姬雙尾蝶、緋蛺蝶、長鬚蝶、泰雅三線蝶、臺灣小紫蛺蝶、臺灣三線蝶

花序　葉序

▲葉基3或5出脈且明顯歪斜。

植物性狀簡介

石朴是落葉性喬木，為生長在低海拔或次森林地區常見的陽性樹種。樹皮粗糙呈灰白色，枝條多變化呈彎曲狀，單葉互生，葉背表面光滑，側脈清楚，前端銳尖或漸尖，葉基3或5出脈，明顯歪斜。花淡黃色，雜性花，雌雄同株，雄花總狀或圓錐花序，雌花單生，無花瓣，果實為球形核果，成熟時為橘黃色。

▶紅星斑蛺蝶外觀擬態斑蝶，但後翅外緣有4枚明顯的紅色斑紋容易區別。圖中一雌蝶正徘徊於石朴樹葉及枝條間上準備產卵。

花期 1 2 3 4 5 6 7 8 9 10 11 12

朴樹 *Celtis sinensis* Pers.

科　名｜榆科Ulmaceae　　屬　名｜朴屬

別　名｜沙朴、朴子樹

攝食蝶種｜大紫蛺蝶、豹紋蝶、長鬚蝶、紅星斑蛺蝶、蓬萊小紫蛺蝶、緋蛺蝶、臺灣小紫蛺蝶、臺灣三線蝶

花序　葉序

▲葉基3或5出脈，葉背有紅褐色毛。

植物性狀簡介

朴樹是落葉性喬木，生長於低至中海拔及海岸地區。小枝暗褐色，密被毛，成熟後漸光滑，單葉互生，葉背表面具有長柔毛及紅褐色短毛，前端銳尖，葉基3或5出脈。花淡黃色，雜性花，雌雄同株，雄花總狀或圓錐花序，雌花單生，無花瓣，果實為球形核果，成熟時為橘黃色。

▶大紫蛺蝶屬一級瀕臨絕種保育類野生動物，屬於一年一世代的牠成蝶主要出沒於5至6月分，雌蝶僅利用大棵的朴樹產卵，幼蟲緩慢攝食葉片成長，冬季期間五齡幼蟲由樹上移至落葉堆渡冬。

花期｜1 2 3 4 5 6 7 8 9 10 11 12

蝴蝶生態啟示錄

石朴與朴樹是全島低海拔山區非常容易觀察到的植物，目前已知除了近10種蝴蝶幼蟲攝食其葉片外，我們還很容易觀察到將葉片捲折成搖籃，並產卵於其中的黑點捲葉象鼻蟲，以及有著美麗色彩的紅紋豔金花蟲。

以低海拔山區而言，石朴及朴樹葉片上最容易觀察到幼生期的蝴蝶種類是豹紋蝶、紅星斑蛺蝶、臺灣小紫蛺蝶、臺灣三線蝶及臺灣琉璃小灰蝶這五種。豹紋蝶、紅星斑蛺蝶及臺灣小紫蛺蝶的一齡幼蟲頭殼渾圓，外貌並不奇特，但在經蛻皮達二齡幼蟲時，幼蟲頭部即露出一對顯眼且威武的犄角，當遇到干擾時，幼蟲會昂舉起頭胸部，並將犄角朝外以防禦抵抗。

豹紋蝶

▲豹紋蝶雖屬小型蛺蝶，但色彩搶眼且容易辨識，成蝶常緩慢飛行於森林邊緣或略遮陰環境。

▲豹紋蝶偏好將卵產於寄主植物的幼苗葉背處，卵呈圓球形並有縱條刻紋，受精卵在孵化前可見橙色受精斑。

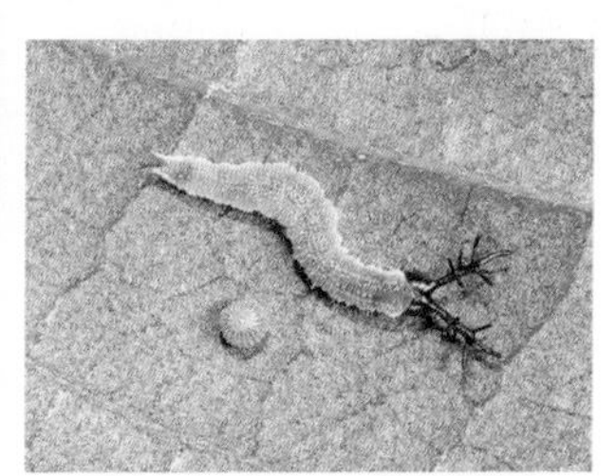

▲豹紋蝶自二齡幼蟲起，頭部開始長有一對貌似鹿角般的犄角，犄角呈分岔狀。幼蟲偏好停棲於葉片下表面位置。

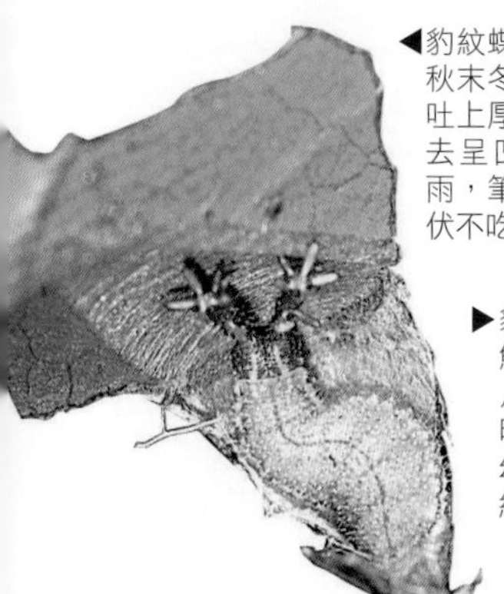

◀豹紋蝶以三齡幼蟲形態渡冬，秋末冬初的季節越冬蟲將葉片吐上厚實的越冬絲座，側面看去呈凹縫供其躲藏及遮風避雨，筆者曾觀察其越冬期間蟄伏不吃不動可長達約110天。

▶豹紋蝶的蛹外觀宛如一片鮮綠的葉片，在每年3、4月的早春季節，走訪山徑時只要特別翻翻寄主植物幼苗的葉片，很容易發現終齡幼蟲及蛹。

臺灣小紫蛺蝶

▲臺灣小紫蛺蝶較常出沒於森林環境，成蝶偏好吸食樹液、腐果，是少數雄雌外觀有著顯著差異的蝴蝶。

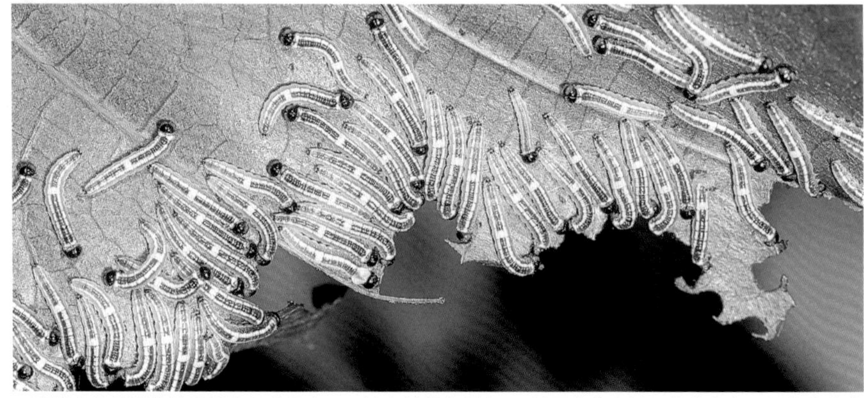

▲臺灣小紫蛺蝶雌蝶習慣將卵成堆產下，筆者曾觀察到有120餘顆的卵產於石朴枝條上。孵化的幼齡蟲採群聚方式棲身於葉片下表面，且不會刻意挑食嫩葉。（一齡幼蟲）

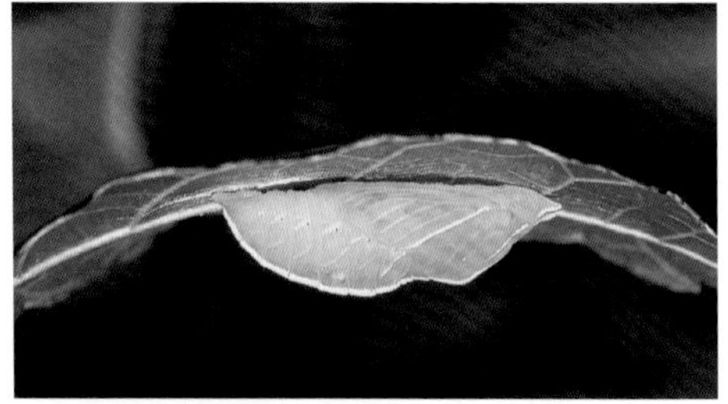

▲臺灣小紫蛺蝶幼蟲生性活潑好動，蛹的形狀雖不像葉片，但仍具有極佳的保護色。

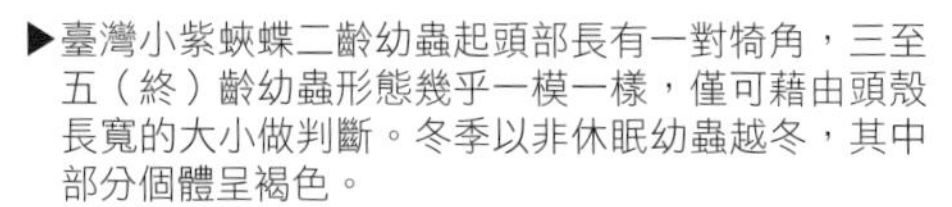

▶臺灣小紫蛺蝶二齡幼蟲起頭部長有一對犄角，三至五（終）齡幼蟲形態幾乎一模一樣，僅可藉由頭殼長寬的大小做判斷。冬季以非休眠幼蟲越冬，其中部分個體呈褐色。

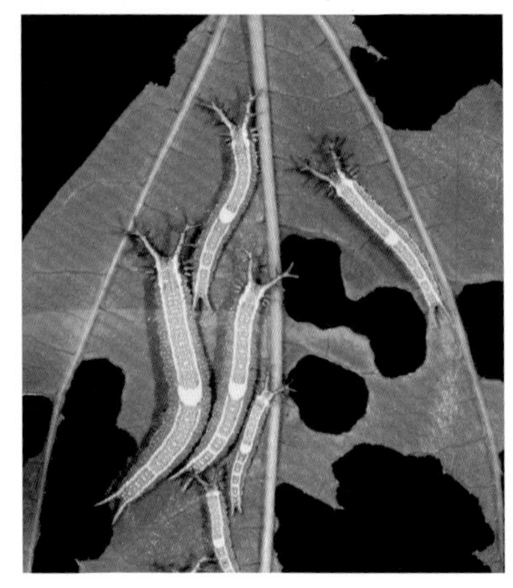

紅星斑蛺蝶

◀紅星斑蛺蝶一齡幼蟲青綠的體表散布白色斑點，頭部不具角突可與二齡幼蟲區別。

▲紅星斑蛺蝶幼蟲偏好停棲於葉片表面處，白天通常靜靜地平貼著甚少活動，受到干擾採昂舉頭部犄角的防禦姿態。冬季以幼蟲形態停棲於葉片或枝條處緩慢成長渡冬。

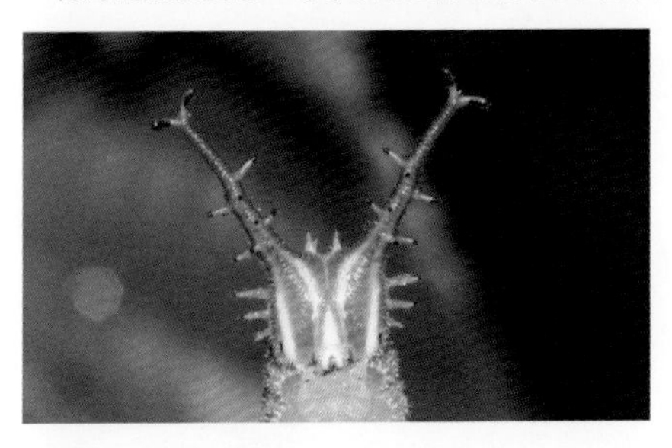

◀近觀紅星斑蛺蝶終齡幼蟲頭部的樣貌，頗為逗趣可愛。圖為受到干擾採昂舉頭部犄角防禦抵抗的姿態。

▶紅星斑蛺蝶的蛹與葉片相似，具有極佳的保護作用。身處野地您是否能察覺呢？

長鬚蝶

▲長鬚蝶以擁有發達的下唇鬚而得名，側面看似長了長長的鼻子。由於其體型小且擁有很好的保護色，常被一般人們所忽略。成蝶偏好於濕地上吸水，亦會訪花吸蜜。

▲長鬚蝶幼蟲一身青綠，側邊有一淺黃色線條，躲藏在綠葉中具有良好的保護效果。

▶於葉片下方化蛹的長鬚蝶。

小葉桑 *Morus australis* Poir.

原生種

科名	桑科Moraceae
屬名	桑屬
別名	桑樹、蠶仔葉樹
攝食蝶種	黃領蛺蝶

花序　葉序

▲小葉桑葉緣有鋸齒，葉形變化大，具凹裂。

植物性狀簡介

小葉桑是落葉性中型喬木或灌木，生長在低、中海拔地區，是非常普遍的樹種。小葉桑枝條光滑，分枝多，具有乳汁。單葉互生，葉面有點粗糙，兩面近光滑，葉緣鋸齒、不規則凹裂或不裂，前端尾尖。花黃綠色，單性花，雌雄同株或異珠、葇荑花序腋生，果實為長橢圓形的聚合果，成熟時呈紅色至黑色。

▶在野地要尋找黃領蛺蝶可別苦守於花叢間，不妨尋找路邊的動物排遺或死屍，那兒才是「對味」的環境，只要您能忍受，通常牠都不太理會您貼身近距離觀察。

花期 1 2 3 4 5 6 7 8 9 10 11 12

蝴蝶生態啟示錄

桑葉是很多人所熟悉的植物，孩童時飼養蠶寶寶都知道要餵食桑葉，而桑樹成熟的果實（桑椹）更是解饞的野味。在臺灣，幼蟲攝食小葉桑的蝴蝶僅有黃領蛺蝶一種，且牠為單食性，僅攝食這單一植物。

黃領蛺蝶廣泛分布於臺灣全島，一般野地並非罕見，只是屬於一年一世代的牠，成蝶在3～5月分才看得到蹤影，因此賞蝶者必須把握住早春的時序。

黃領蛺蝶的成蝶幾乎不訪花吸蜜，而是特別偏好吸食動物的排遺及屍骸。其外觀模仿斑蝶以及前胸處一圈橘紅色的絨毛，是很有個性的蝴蝶種類。

▲黃領蛺蝶雌蝶偏好選擇略為陰暗潮濕的小葉桑產卵，並將卵產於葉下表面處，其卵的造型猶如一個小布丁。

▶黃領蛺蝶一齡幼蟲通常由葉尖處開始攝食，並留下末端處作為停棲的空間。

▲體型漸大的幼蟲吐絲將葉片邊緣略作反捲，除攝食外多躲藏於反捲的蟲巢裡頭，這樣的特質通常在5～7月分期間容易觀察到。

◀黃領蛺蝶的蛹貌似一顆小果實，有綠色及褐色兩種色彩。蛹期甚長，必須渡過夏季、秋季、冬季，至隔年的早春才羽化成蝶。

桑科

菲律賓榕 *Ficus ampelas* Burm.f.

科　名｜桑科Moraceae　　屬　名｜榕樹屬

別　名｜金氏榕

攝食蝶種｜端紫斑蝶、圓翅紫斑蝶、石牆蝶

花序　葉序

▲菲律賓榕的葉子兩面粗糙，基出3脈歪斜，果實的柄較短，為隱花果。

植物性狀簡介

菲律賓榕是常綠喬木，為生長在低、中海拔闊葉林的臺灣原生樹種，在菲律賓也有分布。單葉互生，葉形較狹長，兩面粗糙，基出3脈，基部稍微歪斜，在葉基兩側脈較接近葉緣的地方，有白色乳汁。單性花，雌雄異株，隱頭花序腋生，果實為隱花果，成熟時為橙紅色。

花期｜1 2 3 4 **5 6 7 8 9** 10 11 12

天仙果

天仙果是端紫斑蝶及石牆蝶的寄主植物，為常綠小灌木，生長在低海拔闊葉樹林中，喜歡有點陰濕的環境。其小枝條有柔毛，單葉互生，葉全緣或上部呈不規則缺齒或淺波狀，葉面有白色泌水孔，托葉早落留有環形托葉痕，並有白色乳汁。

澀葉榕 *Ficus irisana* Elmer

原生種

科　名｜桑科Moraceae　　屬　名｜榕樹屬

別　名｜糙葉榕

攝食蝶種｜端紫斑蝶、圓翅紫斑蝶、石牆蝶

花序　葉序

▲澀葉榕葉基3出脈，基部歪斜不對稱，幼株葉形變化大，觸摸質感非常粗糙。

植物性狀簡介

澀葉榕是常綠喬木，用手觸摸葉子兩面，感覺極為粗糙而得名。單葉互生，基出3脈，基部呈不對稱的歪斜，葉形較寬，有白色乳汁。單性花，雌雄異株，隱花果成熟時為紅色，球徑約0.8～1.2公分，果柄長約0.8～1.5公分。澀葉榕與菲律賓榕的區別在於：澀葉榕的葉子極為粗糙，基部歪斜，球果大、果柄長，多分布於中、南部。

花期｜1 2 3 4 5 6 **7 8 9 10** 11 12

雀榕

雀榕是圓翅紫斑蝶、石牆蝶的寄主植物，屬落葉大喬木，枝條柔軟，為纏繞植物的高手。當樹幹長滿了成熟淡紅色的隱花果，是鳥兒的最愛，因而又名鳥榕。雀榕每年落葉1～3次，單葉互生，柄長，葉基3出脈，合生的白色托葉，內包著紅褐色的新葉，脫落後留有環狀托葉痕，有白色乳汁。單性花，雌雄同株。

榕樹 *Ficus microcarpa* L.f. var. *microcarpa*

原生種

桑科

科　名｜桑科Moraceae　屬　名｜榕樹屬

別　名｜正榕

攝食蝶種｜端紫斑蝶、圓翅紫斑蝶、石牆蝶、琉球紫蛺蝶

花序　葉序

▲普遍易見的榕樹有著明顯下垂的氣生根，樹形常隨環境而改變，結實纍纍的果實為隱頭果。

植物性狀簡介

榕樹是常綠大喬木，生長於低、中海拔地區，分布廣泛，為常見樹種。榕樹具有下垂的氣生根，觸地後可形成樹幹，單葉互生，葉光滑全緣，葉脈不明顯，托葉合生，脫落後留有環形托葉痕，有白色乳汁。單性花，雌雄同株，隱頭花序內有雄花、蟲癭花與雌花，果實為隱花果腋生，成熟時為黃色或紫紅色。

花期｜1 2 3 4 5 6 7 8 9 10 11 12

九重吹

九重吹又名九丁榕，為端紫斑蝶的寄主植物。它是常綠中喬木，生長在低海拔闊葉林中，因其枝葉繁密，抗風性強而得名，為觀察板根的最佳樹種。單葉互生，葉基3出脈，側脈在葉背特別明顯凸起，托葉膜質化有毛，脫落後會留有環形托葉痕，其乳汁透明。

珍珠蓮 *Ficus sarmentosa* B. Ham. *ex* J. E. Sm. var. *nipponica* (Fr.& Sav.) Corner

科　名｜桑科Moracea　　屬　名｜榕樹屬

別　名｜阿里山珍珠蓮

攝食蝶種｜端紫斑蝶、圓翅紫斑蝶、石牆蝶

花序　葉序

▲珍珠蓮屬攀緣性藤本，葉基3出脈，新長出的嫩葉呈紅褐色，為蝴蝶主要利用的部分。

植物性狀簡介

珍珠蓮是常綠攀緣性藤本，生長於低、中海拔闊葉林中。單葉互生，葉革質，長橢圓形或披針形，尾漸尖，基出3脈，葉背側脈凸起明顯。單性花，雌雄異株，隱花果前端有小凸起，果柄近無，球徑1～1.5公分，成熟果實為綠色或暗紅色。珍珠蓮與薜荔的區別在於：珍珠蓮葉尾漸尖，果實小無柄。

花期 1 2 3 4 5 6 7 8 9 10 11 12

薜荔

薜荔是端紫斑蝶、圓翅紫斑蝶、石牆蝶的寄主植物，屬常綠攀緣性藤本，低海拔地區到處可見，為爬藤綠化常用的物種。葉革質，柄短，呈卵形或橢圓形。

白肉榕 *Ficus virgata* Reinw. & Bl.

原生種

科　名｜桑科Moraceae
屬　名｜榕樹屬
別　名｜島榕
攝食蝶種｜端紫斑蝶、圓翅紫斑蝶、石牆蝶

花序　葉序

▲白肉榕葉基明顯歪斜，側脈清楚。

植物性狀簡介

白肉榕是常綠灌木或喬木，生長在低、中海拔地區及蘭嶼、綠島等地，是非常優勢的樹種。白肉榕小枝光滑，托葉合生，脫落後留有環形托葉痕，單葉互生，葉脈清楚，並有白色乳汁，又其葉基部明顯歪斜形狀如同臺灣島，故稱為島榕。單性花，雌雄異株，隱頭花序，果實為球形的隱花果，成熟時為紅褐色。

▶端紫斑蝶是紫斑蝶種類中雄雌外觀差異最大者，其廣泛分布臺灣全島各地。（雌蝶）

花期 | 1 | 2 | 3 | 4 | 5 | 6 | 7 | 8 | 9 | 10 | 11 | 12

蝴蝶生態啟示錄

桑科榕屬植物廣泛分布於臺灣中、低海拔地區，許多種類更是人們生活周遭普遍易見，其共同特徵為：樹葉或枝條攀折後有乳汁、枝條具環狀托葉遺痕、花果呈隱頭花序的隱頭果（或稱無花果）。幼生期利用桑科榕屬植物的蝶種有端紫斑蝶、圓翅紫斑蝶、石牆蝶三種，各種蝴蝶有其偏好利用的榕樹種類，其中又以石牆蝶對榕樹利用最為廣泛，目前已紀錄其幼生可利用十四種桑科榕屬植物；端紫斑蝶除攝食桑科榕屬植物，幼蟲還會利用細梗絡石、隱鱗藤、大錦蘭、小錦蘭、舌瓣花、爬森藤……等夾竹桃科植物，為紫斑蝶中幼生期食性最廣泛種。

對於入門者而言，要在一棵枝葉茂密的榕屬植物上尋找到蝶卵或幼蟲彷彿大海撈針般，然而這三種蝴蝶的雌蟲偏好將卵產於嫩葉處，幼齡幼蟲僅攝食鮮嫩的嫩葉，其中石牆蝶更停棲於自製的特殊蟲座上。春天是許多桑科榕屬植物萌芽長葉的時序，渡冬的紫斑蝶也陸續北返，正是野地裡探詢這三種蝴蝶幼生期的最佳季節呢！

端紫斑蝶

▶端紫斑蝶為紫斑蝶中幼生期食性最廣的種類，圖為停棲於隱鱗藤葉背處的三齡幼蟲。

▲端紫斑蝶前翅膀表面的紫藍色金屬色澤集中於翅端位置，並摻雜著發達的白色斑點。（雄蝶）

▲端紫斑蝶終齡幼蟲肉棘基部為紅褐色，俯視其背部黑色條紋不如圓翅紫斑蝶細密且粗細趨於一致。

▲端紫斑蝶蛹體腹部背面的凹凸弧度較大。

▶老熟的紫斑蝶幼蟲遭遇騷擾會將前半身拱起把頭部深藏保護，有時甚至掉落地面蜷曲著。

圓翅紫斑蝶

▶圓翅紫斑蝶體型碩大，相較於其他紫斑蝶其翅膀底色較深且翅形渾圓。

▶圓翅紫斑蝶的卵呈砲彈型，外表並有許多刻痕。雌蝶偏好將卵產於嫩葉或新芽處。

▲剛孵化的一齡幼蟲體色為鮮黃色，與許多榕樹的嫩葉色彩相近。

▲二齡幼蟲後形態色彩有著較大差異，條紋的警戒色彩與肉棘逐漸成形。

▲圓翅紫斑蝶終齡幼蟲肉棘末端常為捲曲模樣。

▲兩種攝食桑科榕屬植物的紫斑蝶蛹均呈耀眼的金屬色澤，具警示的意味。

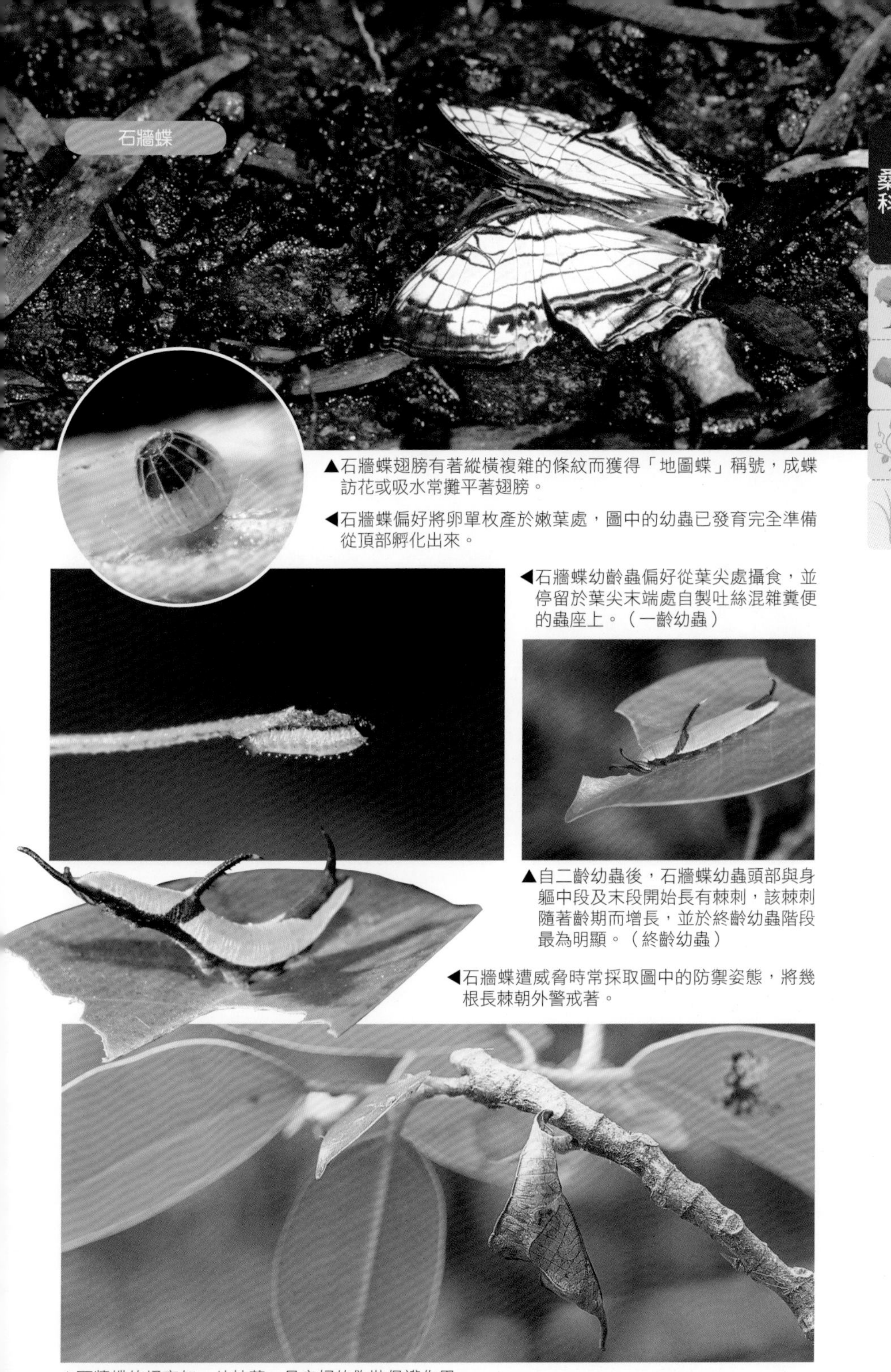

▲石牆蝶翅膀有著縱橫複雜的條紋而獲得「地圖蝶」稱號，成蝶訪花或吸水常攤平著翅膀。

◀石牆蝶偏好將卵單枚產於嫩葉處，圖中的幼蟲已發育完全準備從頂部孵化出來。

◀石牆蝶幼齡蟲偏好從葉尖處攝食，並停留於葉尖末端處自製吐絲混雜糞便的蟲座上。（一齡幼蟲）

▲自二齡幼蟲後，石牆蝶幼蟲頭部與身軀中段及末段開始長有棘刺，該棘刺隨著齡期而增長，並於終齡幼蟲階段最為明顯。（終齡幼蟲）

◀石牆蝶遭威脅時常採取圖中的防禦姿態，將幾根長棘朝外警戒著。

▲石牆蝶的蛹宛如一片枯葉，具良好的偽裝保護作用。

盤龍木 *Trophis scandens* (Lour.) Hooker & Arnott

原生種

科　名｜桑科Moraceae　　屬　名｜盤龍木屬

別　名｜牛筋藤、馬來藤

攝食蝶種｜小紫斑蝶

花序　葉序

▲盤龍木莖條粗糙，葉背側脈凸起明顯，常見其盤據於低海拔森林中。

植物性狀簡介

盤龍木是攀緣藤本，生長在低海拔的森林中。莖粗糙木質化，單葉互生，葉片非常粗糙，葉背呈綠色，側脈特別明顯凸起，沒有環形托葉痕。花淡綠色，單性花，雌雄異株，雄花為穗狀花序腋生，雌花為頭狀花序，果實為瘦果，1～4個聚集在一起，並有肉質花被，成熟時為紅色。

▶小紫斑蝶前翅表面中央處並無白色斑點，在光線角度照射下呈現湛藍的金屬色彩。

花期｜1 2 3 4 5 6 7 8 9 10 11 12

蝴蝶生態啟示錄

小紫斑蝶為臺灣產紫斑蝶屬中體型最小的一種，廣泛分布於臺灣全島中、低海拔地區，冬季期間多數棲息於高雄、屏東等地區的「紫蝶幽谷」內，為組成越冬型蝴蝶谷要角之一。小紫斑蝶成蝶習性與其他斑蝶亞科成員相似，飛行緩慢且偏好訪花吸蜜，越冬期間則常見於濕地上吸水。

本種幼生期屬單食性，僅以桑科盤龍木屬的盤龍木為食，該植物在臺灣產僅一屬一種。雌蝶偏好將卵單枚產於盤龍木翠綠的嫩芽或新葉處，幼蟲則攝食嫩葉或新葉，幼蟲期短暫約10餘天左右，成熟的終齡幼蟲選擇於茂密的寄主植物或鄰近植物枝葉及隱蔽處化蛹。

◀雌蝶偏好將卵單枚產於盤龍木嫩葉處。

▲雌蝶將卵產於盤龍木嫩葉處，孵化後的一齡幼蟲即可直接攝食而成長，此時外觀尚無明顯的肉棘。

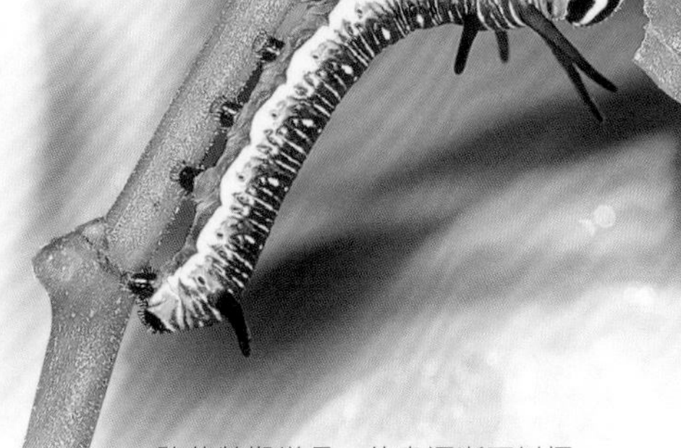

▲隨著齡期增長，幼蟲逐漸可以攝食非完全鮮嫩的翠綠葉片。（四齡幼蟲）

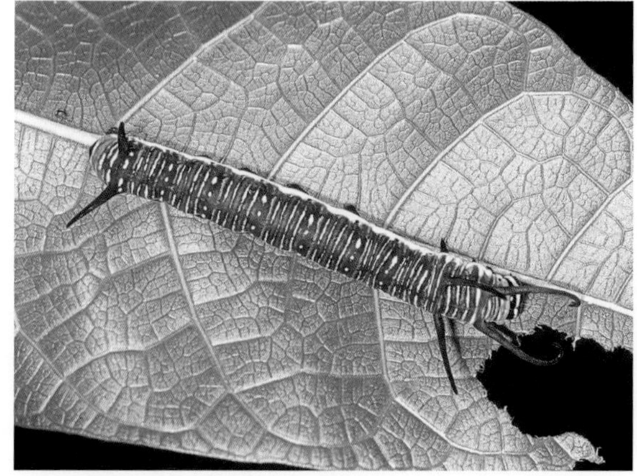

▲小紫斑蝶終齡幼蟲外觀並不鮮豔，有別於攝食桑科榕屬的紫斑蝶，本種胸部只有兩對肉棘。

▲小紫斑蝶蛹體呈現金屬色澤，宛如一面鏡子。

葎草 *Humulus scandens* (Lour.) Merr.

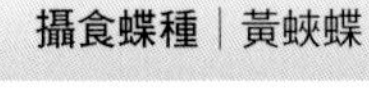

原生種

科　名｜大麻科Cannabaceae　　屬　名｜葎草屬

別　名｜勒草、山苦瓜

攝食蝶種｜黃蛺蝶

▲葎草掌狀深裂葉形，兩面都有短剛毛，雄花為總狀花序。

植物性狀簡介

葎草是生長迅速整株都有逆刺的蔓性草本，在低海拔荒野地區到處可見。蔓性纏繞的莖，粗糙並有倒鉤刺，單葉對生，掌狀形呈3～7裂，粗鋸齒緣，葉兩面有短剛毛，葉柄有小逆刺。花黃綠色，單性花，雌雄異株，雄花為總狀花序，雌花為穗狀花序，果實為扁球形瘦果。

▶黃蛺蝶翅膀兩面差異甚大，成蝶常現蹤於寄主植物附近，圖中成蝶所停棲的植物正是葎草。

花期｜1｜2｜3｜4｜5｜6｜7｜8｜9｜10｜11｜12

蝴蝶生態啟示錄

葎草為大麻科植物，臺灣產一屬一種，其特性為生長快速，常見於向陽荒地或道路旁，為民間習俗的藥用植物。人們可將其葉片黏貼於衣服上作為胸章，但摘取時需留意其莖葉密生的鉤刺。

▲黃蛺蝶雌蝶除將卵單獨產於葎草的莖、葉處，也常產於鄰近非寄主植物的枝葉或花穗上。卵呈綠色，表面有明顯的稜線條紋。

葎草是黃蛺蝶的唯一寄主植物，因此黃蛺蝶的分布與其息息相關，在成片蔓生的葎草植群中，想要探尋黃蛺蝶幼生期的形態並不是容易，因此建議您不妨先找尋是否有幼蟲所製作的傘狀斗笠蟲巢跡象，或許較容易有所收穫。

▲剛孵化的一齡幼蟲直接攝食葎草，體表散生細毛，外觀並不顯眼。

▲三齡幼蟲已會製作蟲巢，其將葎草葉下葉基處的主葉脈咬斷後，吐絲將其製作成傘狀斗笠蟲巢。

▲蜷縮躲藏於蟲巢下方的終齡幼蟲。

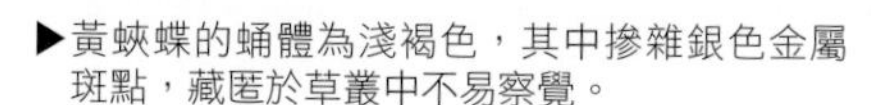

▶黃蛺蝶的蛹體為淺褐色，其中摻雜銀色金屬斑點，藏匿於草叢中不易察覺。

青苧麻 *Boehmeria nivea* (L.) Gaudich.var. *tenacissima* (Gaudich.) Miq.

栽培種 原生種

科　名｜蕁麻科Urticaceae　　屬　名｜苧麻屬

別　名｜山苧麻、苧麻

攝食蝶種｜細蝶、黃三線蝶、紅蛺蝶

花序  葉序

▲青苧麻葉背有白色絨毛，雌雄同株，屬腋生的圓錐花序。

植物性狀簡介

青苧麻是直立或攀緣灌木，生長在低、中海拔森林邊緣，各地平野普遍栽植，為重要纖維來源。青苧麻全株都長密毛，單葉互生，葉柄長，基出3脈，闊卵形，葉緣鈍齒狀，葉背有白色絨毛。單性花，雌雄同株，圓錐花序腋生，雄花呈黃白色，雄蕊4枚，雌花淡綠色，果實為球形瘦果包於花被中。

花期｜1 2 3 4 5 **6 7 8 9** 10 11 12

糯米團

糯米團是蔓性莖略木質化的多年生草本，繁殖擴展能力強，低到中海拔較為潮濕的地方隨處可見。糯米團上最容易觀察到細蝶幼生期。

水麻 *Debregeasia orientalis* C.j.Chen

原生種

科　名｜蕁麻科Urticaceae　　屬　名｜水麻屬

別　名｜柳莓

攝食蝶種｜細蝶、黃三線蝶、姬黃三線蝶、泰雅三線蝶

花序　葉序

▲水麻常分布於潮濕環境，葉背灰白色並有凸起的3出脈，瘦果集合成球形。

植物性狀簡介

水麻是常綠灌木至小喬木，生長在低到高海拔地區，是潮濕地指標性植物。單葉互生，披針形，葉緣細鋸齒，葉面有波狀皺紋，葉背有灰白色絨毛及凸起的3出脈。花淡黃色，單性花，雌雄異株，頭狀花序腋生，作聚繖狀排列，果實為集合成球形的瘦果，成熟時為橙黃色。

花期 1 2 3 4 5 6 7 8 9 10 11 12

冷清草

冷清草是姬黃三線蝶的寄主植物，其屬常綠亞灌木，在中、低海拔地區陰濕環境下極易成群生長，是潮濕地指標性植物。

密花苧麻 *Boehmeria densiflora* Hook. & Arn.

科　名	蕁麻科Urticaceae	屬　名	苧麻屬
別　名	木苧麻、水柳頭		
攝食蝶種	細蝶、黃三線蝶		

花序　葉序

▲密花苧麻葉披針形，開花期間那長長的穗狀花序容易辨認。

植物性狀簡介

密花苧麻是常綠灌木至小喬木，生長在低到中海拔地區，不論乾旱地、潮濕地都能適應的常見種。密花苧麻整株有毛，分枝很多，單葉對生，葉柄長，葉披針形大小不一，基出3脈，葉緣細鋸齒。花淡紅褐色，單性花，雌雄異株，穗狀花序腋生，雌花序略長於雄花序，雄花的雄蕊4枚，果實為扁平狀有毛的瘦果。

▶紅蛺蝶廣泛分布於臺灣低海拔至3000公尺以上的高山，外型與姬紅蛺蝶略微相似，其體型較大且後翅表面斑紋較為單調。

花期	1	2	**3**	**4**	**5**	6	7	8	9	10	11	12

水雞油 *Pouzolzia elegans* Wedd.

原生種

科　名｜蕁麻科Urticaceae　　屬　名｜霧水葛屬

攝食蝶種｜細蝶、黃三線蝶、姬黃三線蝶、泰雅三線蝶

花序　葉序

▲水雞油葉面長滿了糙毛，葉緣鋸齒明顯，常見於潮濕環境。

植物性狀簡介

水雞油是落葉小灌木，生長在低、中海拔向陽地區、溪岸邊。水雞油紅褐色叢生的小枝條，長滿了粗糙毛，單葉互生，葉緣粗鋸齒，葉前端尖，兩面有短毛，主脈3條清楚。花淡紅色，單性花，雌雄同株，圓錐花序腋生，雄花花被筒狀，雄蕊4枚，雌花柱頭絲狀，果實為瘦果。

▶飛行緩慢的細蝶常大量出現於寄主植物附近。雌蝶產卵時耐心地成群產於葉下表面。

花期｜1｜2｜3｜4｜5｜6｜7｜8｜9｜10｜11｜12

蝴蝶生態啟示錄

蕁麻科植物種類繁多且分布廣泛，多數種類生長於陰暗潮濕的環境。幼生期攝食蕁麻科植物的蝶種為細蝶、紅蛺蝶、黃三線蝶、姬黃三線蝶四種，其各有偏好利用之植物，除本書所列舉植物種類外，尚有闊葉樓梯草、長梗紫麻、赤車使者、咬人貓被其利用。

紅蛺蝶

▲紅蛺蝶雌蝶偏好將卵單枚產於青苧麻嫩葉附近的葉序表面上，卵呈綠色隱蔽色彩佳。

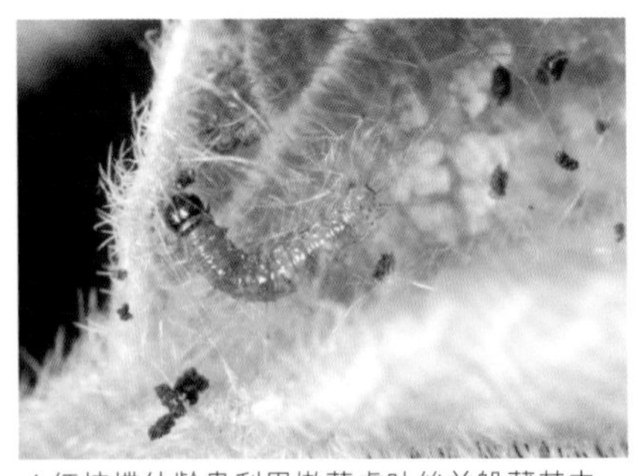

▲紅蛺蝶幼齡蟲利用嫩葉處吐絲並躲藏其中。（一齡幼蟲）

▲紅蛺蝶幼蟲會將青苧麻葉片加工製成蟲巢躲藏其中。

▲紅蛺蝶終齡幼蟲渾身長滿短棘刺，模樣駭人。

◀紅蛺蝶的蛹雖具保護色，但幼蟲依舊會將葉片縫合製作成一個巢室然後化蛹於其中。

青苧麻為野地常見且容易辨識的種類，也是入門者最容易在葉上發現幼蟲的植物，循著水餃模樣般蟲巢可以發現紅蛺蝶幼蟲躲藏其中（偶爾黃三線蝶幼蟲也會如法炮製），色彩鮮豔而群聚的細蝶幼蟲就更容易察覺了。有別於上述三種蝴蝶幼蟲偏好利用開闊向陽或森林邊緣的寄主植物，姬黃三線蝶則明顯偏好較陰暗潮濕環境的寄主植物。

細蝶

▲於青苧麻葉背多達200枚的細蝶卵群。

▲剛孵化的細蝶一齡幼蟲群體刮食青苧麻葉片。

▲細蝶終齡幼蟲多已分散各處，此時常可見到鄰近寄主植物被大量啃食殆盡的場景。

▲於寄主植物附近進入前蛹階段的細蝶終齡幼蟲。

▲化蛹前多數離開寄主植物，並常見利用芒草葉背處化蛹。

黃三線蝶

▶黃三線蝶與姬黃三線蝶翅膀表面略微相似，但腹翅色彩斑紋差異甚大。

▲將卵單枚產於青苧麻葉或莖部位置，近年亦可見米黃色群聚之型態。

▲近年臺灣已發現卵及幼生期群聚的黃三線蝶，其成蝶樣貌亦略有差異，疑似已有外來種入侵情況。（四齡幼蟲）

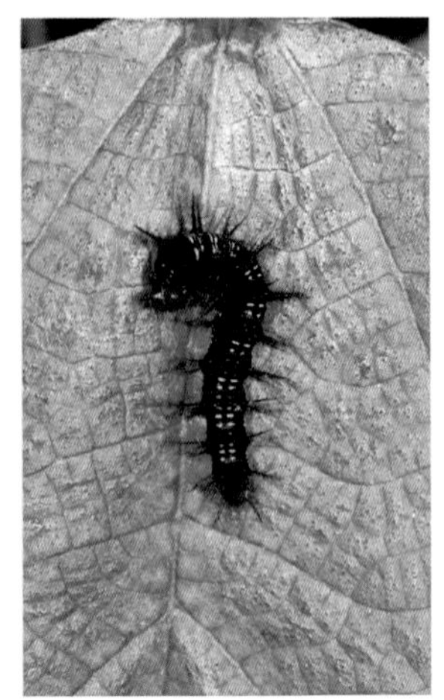

▲黃三線蝶終齡幼蟲偶爾也會將青苧麻葉片製作蟲巢躲藏其中。

▲黃三線蝶選擇於寄主植物枝條間化蛹。

姬黃三線蝶

◀姬黃三線蝶腹翅散布黑色斑點，後翅亞外緣處並有5個圈狀斑紋。

▲攝食冷清草葉片的姬黃三線蝶形態雖與黃三線蝶相似，但色彩豐富許多。

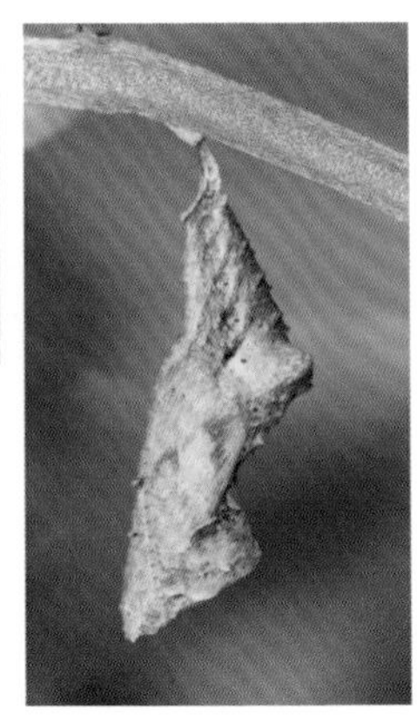

▶具絕佳保護色及偽裝的蛹。

大葉桑寄生 *Scurrula liquidambaricola* (Hayata) Danser

科　名｜桑寄生科Loranthaceae　屬　名｜大葉楓寄生屬

別　名｜大葉楓寄生

攝食蝶種｜紅肩粉蝶、紅紋粉蝶、褐底青小灰蝶、花蓮青小灰蝶、閃電蝶

花序 

葉序 

▲大葉桑寄生常攀附於其他植物體上，是低、中海拔森林中最常見的半寄生植物，紫紅色的繖形花序上有紅褐色短毛。

植物性狀簡介

大葉桑寄生是常綠小灌木，生長在低、中海拔森林中，為常見的一種半寄生植物。葉芽及嫩枝條有褐色絨毛，單葉對生革質，葉面中肋凸起，葉背綠色側脈不明顯。花紫紅色，繖形花序，有紅褐色短毛，花瓣筒狀先端4裂反捲，花柱與花冠近等長，果實為長橢圓形，內有綠色黏腋。寄生在楊柳科、柏科、金縷梅科、大戟科、茶科、樟科、薔薇科、桑科及其他科植物體上。

▶紅肩粉蝶廣泛分布於全島低、中海拔具寄主植物分布的自然山野，成蝶偏好訪花吸蜜，為美麗且易於辨識的蝶種。

蝴蝶生態啟示錄

大葉桑寄生常攀附於其他植物體上，除透過根部吸取植物養分成長外，也會利用葉片行光合作用製造養分，因而稱為半寄生植物。它常占據枝頭爭取陽光，花開時吸引綠啄花鳥、紅胸啄花鳥等鳥類覓食協助授粉，熟果果皮內則具有黏稠物質，讓攝食鳥兒排泄時可於植物枝幹間塗抹藉此達播種目的。

臺灣目前已知桑寄生科植物共有五屬十五種，大葉桑寄生是其中較普遍易見的種類，尤其當遭植物寄生而枝幹稀疏、光禿時，人們容易觀察到球狀的植株。幼生期攝食大葉桑寄生的蝴蝶多屬不普遍蝶種，其中僅紅肩粉蝶數量較多且廣泛分布全臺低、中海拔山區，雌蝶將卵粒成堆產於葉片表面處，幼生期外觀長有長毛且群聚，模樣頗為駭人，羽化成蝶卻是美艷動人。

閃電蝶

▼數量稀少的閃電蝶野地並不常見，是許多賞蝶者探尋的夢想。（鄭進庭攝）

▲閃電蝶幼蟲扁平體側密布棘刺，平貼於葉片時近乎融入環境中，其一至三齡幼蟲體色屬淺黃色。（圖左為二齡幼蟲，右為三齡幼蟲）

▲閃電蝶四齡幼蟲起體色轉綠，終齡幼蟲於背中央具有7個淺紅色斑塊，體側的羽狀棘刺端具紫黑色斑紋。（鄭進庭攝）

紅肩粉蝶

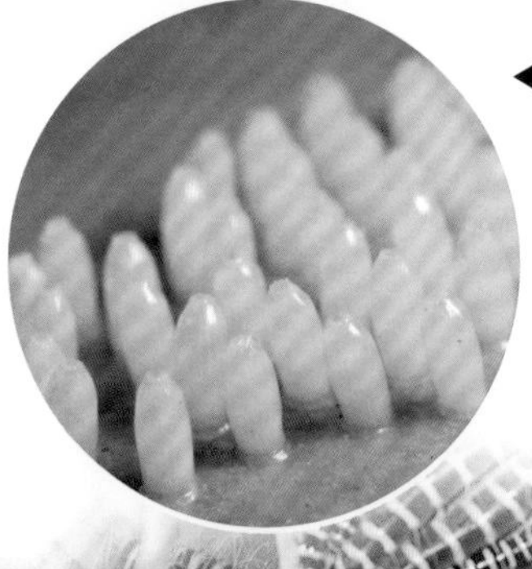

◀紅肩粉蝶偏好將卵成群產於葉片表面處，數量可多達近百枚。

▼紅肩粉蝶幼蟲體色呈紅褐色，並有明顯的黃色條紋與長毛。

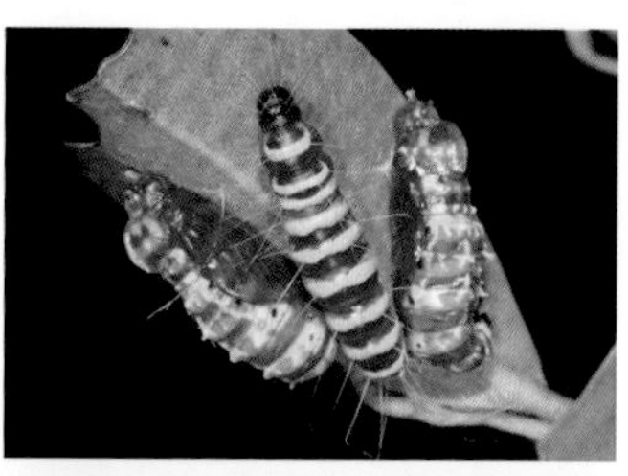

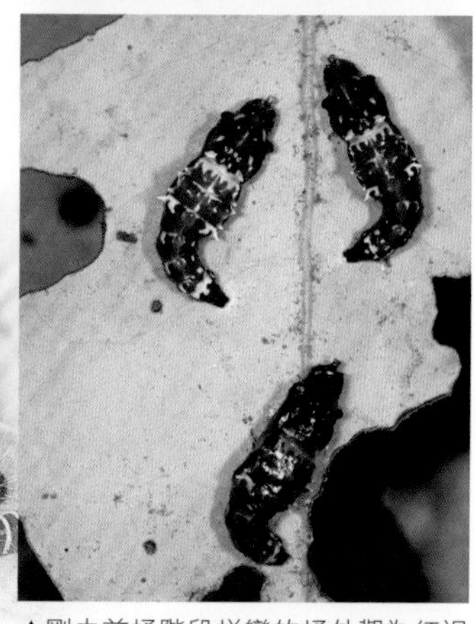

▲剛由前蛹階段蛻變的蛹外觀為紅褐色，然後逐漸轉深，最後變成具金屬色澤的黑色，樣貌略似遭寄生的蝶蛹。

紅紋粉蝶

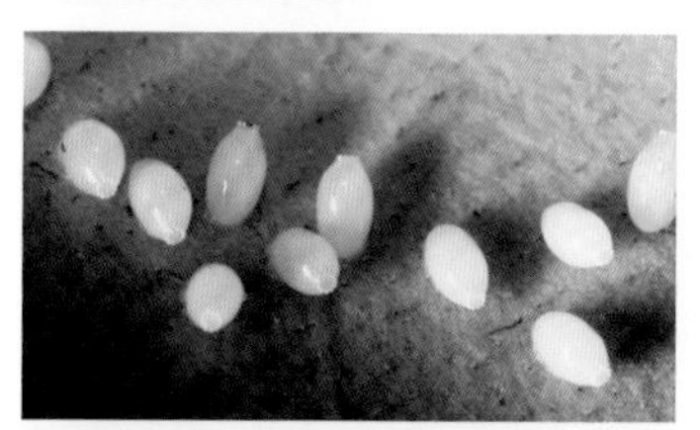

▲紅紋粉蝶偏好將卵成群產於葉背處，卵常東倒西歪獨具特色。

▲紅紋粉蝶幼蟲有著黑色的頭殼，身軀及體表長毛為黃綠色。

▲躲藏葉背處的紅紋粉蝶一齡與二齡幼蟲。

▶紅紋粉蝶與紅肩粉蝶同為豔粉蝶屬蝴蝶，色彩鮮豔搶眼，其中前者主要分布於中、南臺灣地區。

馬齒莧 *ortulaca oleracea* L.

原生種

科　名｜馬齒莧科Portulacaceae　屬　名｜馬齒莧屬

別　名｜豬母乳、豬母草

攝食蝶種｜雌紅紫蛺蝶

花序 

葉序 

▲馬齒莧莖光滑圓形多分枝，單葉對生或互生，經常匍匐在地上。

植物性狀簡介

馬齒莧是一年生肉質草本，生長在低海拔向陽地區，是非常易見的耐旱野草。莖光滑圓形多分枝，經常匍匐在地上，單葉對生或互生，厚厚的葉片呈倒卵形，全緣無柄，在葉基處有短毛。花黃色，單生花或3～5朵簇生在頂端成頭狀或總狀花序，花瓣5片，萼片有2。果實為圓錐形的蓋裂蒴果，成熟時果實上半部會像蓋子一樣打開。

▶雌紅紫蛺蝶雌蝶型態與樺斑蝶極為相似，相較於樺斑蝶牠野地並不常見。

花期 1 2 3 **4 5 6 7 8 9 10** 11 12

蝴蝶生態啟示錄

馬齒莧廣泛分布於低海拔向陽環境，從它那厚厚的肉質葉片，可以猜想到其對環境的耐旱程度。

在臺灣本島的幻蛺蝶屬蝴蝶中，主要為雌紅紫蛺蝶與琉球紫蛺蝶二種，其雄雌外觀略有差異，且雌蝶擬態有毒斑蝶，其中，雌紅紫蛺蝶雌蝶外觀與樺斑蝶十分神似，飛行姿態更是一眼難辨，為「貝氏擬態」的經典代表。

雌紅紫蛺蝶主要分布於臺灣全島低海拔山區，雄蝶常見於山頂稜線區域訪花吸蜜，或停棲於地表及較低的枝頭上展現領域駐守、追逐行為；雌蝶數量較為罕見，筆者較常在長有馬齒莧的環境中觀察到其前來產卵。

▲雌紅紫蛺蝶雄雌外觀差異甚大，圖中的雄蝶正占據顯眼位置展現曝曬及領域行為。

▶除利用馬齒莧外，雌蝶也會將卵單枚產於車前草葉背處。

▼雌紅紫蛺蝶幼蟲頭殼為橘紅色，並有一對短突角，黑色的身軀長有許多短棘刺。

火炭母草 *Polygonum chinense* Linn

科　名｜蓼科Polygonaceae　　屬　名｜蓼屬

別　名｜冷飯藤、秤飯藤

攝食蝶種｜紅邊黃小灰蝶

▲火炭母草常見於野地步道旁，有時葉表具有倒V斑紋而容易辨識。

植物性狀簡介

火炭母草是蔓性草本，生長在低、中海拔荒野地區、步道旁、破壞地，是極為常見的陽性植物。莖節處常膨大，單葉互生，葉面中肋常為紫紅色，有時具倒V形斑紋，葉鞘管狀，前端斜形，無緣毛。花被5片米白色，頭狀花序，分枝呈圓錐狀，果實為瘦果，成熟後為黑色，包在肉質透明的花被中。

▶紅邊黃小灰蝶停棲合翅時雄雌外觀相似難辨，當其展翅時可藉由翅表迥異的色彩區分，雄蝶黑褐色彩中泛著藍紫色金屬色澤，雌蝶則僅於前翅有橙紅色斑塊。（雄蝶）

花期	1	2	3	4	5	6	7	8	9	10	11	12

蝴蝶生態啟示錄

小灰蝶是蝴蝶家族裡的小不點，廣泛分布於臺灣全島中、低海拔地區，臺灣目前發現種類已超過120種。相較於多數樣貌差異不大的小灰蝶種類，紅邊黃小灰蝶鮮豔醒目的外觀讓人過目不忘。

野地普遍易見的火炭母草是紅邊黃小灰蝶幼蟲重要的寄主植物，此外也曾有在酸模屬植物產卵紀錄。本種雌蝶偏好將卵單枚產於步道邊緣或森林底層略遮陰的植株葉片上，剛孵化的幼齡蟲採取刮食方式攝食葉片，口器發達的終齡幼蟲則直接將葉片啃咬得千瘡百孔，不過從筆者在野地實際觀察得知，有時這樣的食痕元凶可能是葉蜂及金花蟲的傑作。

▶外表鮮豔的紅邊黃小灰蝶總讓賞蝶者印象深刻，其外表與名稱相符合更讓人容易熟記。

▲微觀紅邊黃小灰蝶卵的造型與多數小灰蝶扁圓形的模樣不甚相同，在分類學上牠屬於一個獨立的亞科成員。

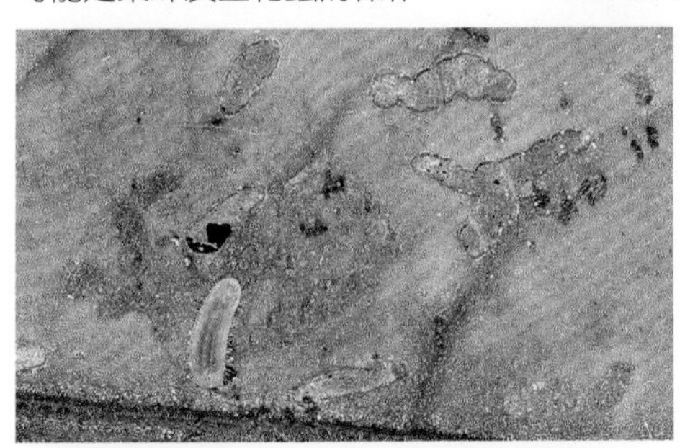

▲孵化的一齡與二齡幼蟲將葉片刮食後潛藏其中，形成良好的保護作用。

▲不倒翁造型的綠色蛹，於外表摻雜著褐色斑紋。

▲體型漸大的幼蟲直接攝食葉片，縱使有時停棲於葉表面也因具絕佳保護色彩不易被察覺。（終齡幼蟲）

野莧菜 *Amaranthus viridis* L.

歸化種

科　名｜莧科Amaranthaceae　　屬　名｜莧屬

別　名｜野莧、山荇菜

攝食蝶種｜臺灣小灰蝶

▲野莧菜全株近光滑無刺，單葉互生具長柄，花為淡綠色細小的穗狀花序。

植物性狀簡介

野莧菜為一年生草本植物，原產地與刺莧一樣，是來自於熱帶美洲，廣泛生長在全臺廢耕地、破壞地、平野開闊地及道路兩旁。全株近光滑無刺，單葉互生具長柄，葉闊三角形，全緣略有波狀。花淡綠色細小，單性或雜性花，雌雄同株，穗狀花序，雄蕊與花被片數皆為3枚，果實是由薄膜狀果皮將種子包住的球形胞果，成熟後不會開裂。

刺莧

刺莧是一年生草本植物。莖直立有稜，葉柄基部兩側有2個尖銳的刺，單葉互生，長橢圓形。

蝴蝶生態啟示錄

臺灣小灰蝶是廣泛分布於歐洲、亞洲、非洲、澳洲的泛世界性蝶種，在臺灣主要分布於臺中、花蓮以南的低海拔平原環境，亦包含蘭嶼、綠島及澎湖等離島地區。本種在臺灣中、南部地區，與沖繩小灰蝶、微小灰蝶及迷你小灰蝶棲地相重疊，彼此體型微小且外觀相似，因此觀察辨識時需多加留意。

本種雖稱「臺灣小灰蝶」，但並非屬臺灣特有種。由於其幼蟲常攝食野莧與刺莧等莧科植物，因此又名「莧藍灰蝶」。此外本種尚有攝食蓼科節花路蓼、蒺藜科蒺藜的紀錄。上述前三種植物雖廣泛分布於全島低海拔地區，然而臺灣小灰蝶於北臺灣卻鮮少有觀察紀錄。

▲成蝶常現蹤於寄主植物附近，雌蝶將卵單枚產於葉背或花序上。

▲成蝶外觀與沖繩小灰蝶相似，本種前翅腹面亞外緣黑色斑點與邊緣處呈明顯色彩對比。

▲幼蟲外觀具綠色或紅褐色的保護色，主要攝食花與葉片的下表皮組織。

▲成熟的幼蟲選擇於寄主植物植株或地表隱蔽處化蛹。

烏心石 *Michelia formosana* (Kanehira) Masamune

科　名｜木蘭科Magnoliaceae　　屬　名｜烏心石屬

別　名｜臺灣含笑、烏提

攝食蝶種｜青斑鳳蝶、綠斑鳳蝶

花序　葉序

▲烏心石因材心堅硬如石且顏色很深而得名，常作為建築、機械構造材、家具、砧板之用途。

植物性狀簡介

烏心石是常綠大喬木，生長在低、中海拔闊葉林中，為闊葉一級木。單葉互生，托葉包著葉芽，脫落後留下環形托葉痕，幼芽有銹色密毛，葉背側脈不明顯。花白色，單生於葉腋，花被片多數有香味，雄蕊多數，螺旋狀排列，雌蕊有柄，由多數的離生心皮所組成，果實為蓇葖果，聚生在果柄上，並有許多凸起的斑點。

▶除木蘭科植物外，綠斑鳳蝶幼蟲還會攝食恆春哥納香、番荔枝、鷹爪花等番荔枝科植物，圖中雌蝶正產卵於烏心石上。

花期 1 2 3 4 5 6 7 8 9 10 11 12

含笑花 *Michelia fuscata*

栽培種

科　名｜木蘭科Magnoliaceae　屬　名｜烏心石屬
別　名｜含笑
攝食蝶種｜青斑鳳蝶、綠斑鳳蝶

花序　葉序

▲含笑花單葉互生葉脈不明顯，有環形托葉痕，幼枝芽苞都有褐色短毛。

植物性狀簡介

含笑花是常綠灌木，引進栽培種，為庭園觀賞香花植物。樹皮灰褐色，多分枝，單葉互生，全緣，葉脈不明顯，有環形托葉痕，幼枝、芽苞都有褐色短毛。花黃白色，單生於葉腋，花被6片，花苞橢圓球狀，芳香，雄蕊多數，螺旋狀排列，雌蕊由多數的離生心皮所組成，果實為蓇葖果，不常見。

▶綠斑鳳蝶主要分布於海拔500～600公尺以下山區及墾地，目前以新竹為分布北界。牠飛行移動敏捷，訪花吸蜜的停留時間鮮少超過3秒鐘，堪稱鳳蝶中的飛毛腿。

花期｜1 2 3 4 5 6 7 8 9 10 11 12

白玉蘭 *Michelia alba* Dc.

科　名｜木蘭科Magnoliaceae　屬　名｜烏心石屬

別　名｜玉蘭花、白蘭花

攝食蝶種｜青斑鳳蝶、綠斑鳳蝶

花序　葉序

▲白玉蘭與含笑花兩者因花開散發香味，是人們熟悉且常見的庭園景觀植物。

植物性狀簡介

白玉蘭是常綠喬木，引進栽培種，為庭園觀賞香花植物。單葉互生，有環形托葉痕，全緣波浪狀，葉脈明顯，幼枝及芽綠色。單生花腋出，乳白色，萼片有3，形狀如花瓣，花瓣6～12片，芳香，雄蕊多數，螺旋狀排列，雌蕊由多數的離生心皮所組成，果實為褐綠色的蓇葖果，不常見。

▶青斑鳳蝶飛行迅速，翅膀散布著藍色斑紋。

花期：1 2 3 4 **5 6 7 8 9 10** 11 12

蝴蝶生態啟示錄

在都會公園綠地及居家環境裡，人們因喜愛含笑花與玉蘭花淡淡的飄香氣味而種植，青斑鳳蝶與綠斑鳳蝶幼蟲則恰巧以其葉片為食，因而常成為意外造訪的嬌客。其實，廣泛分布於全島低、中海拔山區的烏心石，才是牠們原生的寄主植物，且透過人為飼養的觀察過程後發現，攝食烏心石的幼蟲順利羽化成功機率是較高的。

青斑鳳蝶與綠斑鳳蝶兩者均屬小型鳳蝶，振翅迅速且飛行能力佳，訪花吸蜜時仍舊不改其匆忙本色。雌蝶偏好將卵單獨產於寄主植物新芽或嫩葉背面處，卵呈白色的球形。幼齡幼蟲階段顏色呈黑褐色，隨著蛻皮增長，色彩逐漸變淺，終齡幼蟲則一身翠綠具良好保護色。蛹常見為綠色，但青斑鳳蝶隨環境差異，偶見褐色型的蛹。

青斑鳳蝶

▶雌蝶選擇烏心石葉背處產下之卵粒。

▼青斑鳳蝶四齡幼蟲以前外觀呈黑褐色，主要停棲於葉片表面位置。

▶青斑鳳蝶終齡幼蟲體色轉綠形成保護色，於後胸左右側面各有一黃色圓圈，其內有黑色突起看似大眼睛。

▲青斑鳳蝶的蛹外觀與青帶鳳蝶相似，從側面觀察本種胸部突起的角度略成90度直角。

綠斑鳳蝶

▲剛由卵孵化的綠斑鳳蝶一齡幼蟲會將卵哨食殆盡。

▲幼蟲偏好停棲葉表處，一、二齡幼蟲型態雖相似，但前者腹部體表具淺色棘刺。（一齡幼蟲）

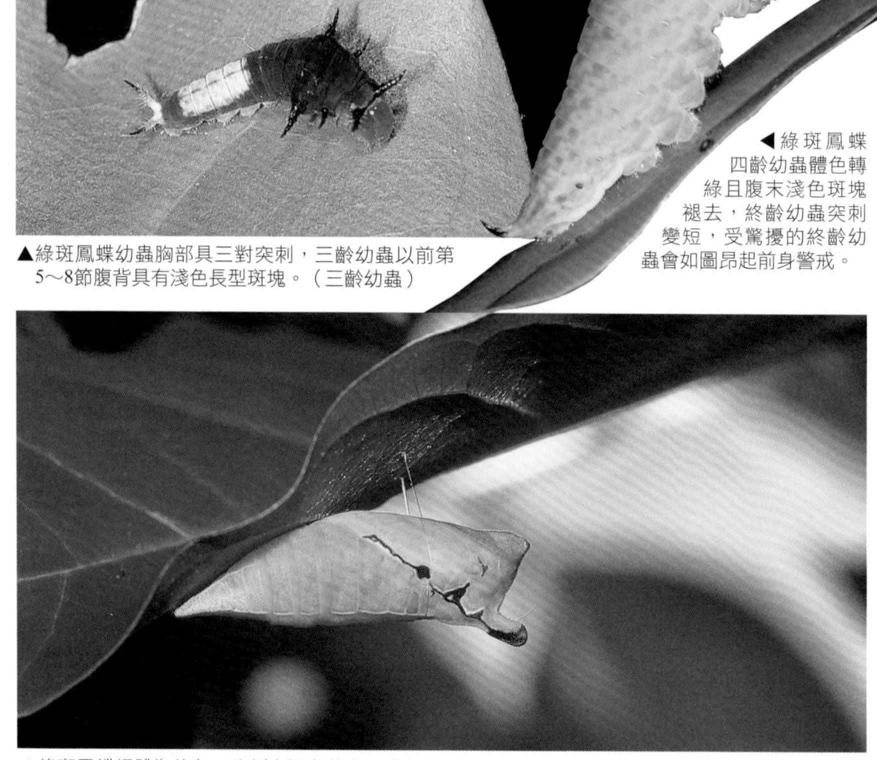

▲綠斑鳳蝶幼蟲胸部具三對突刺，三齡幼蟲以前第5～8節腹背具有淺色長型斑塊。（三齡幼蟲）

◀綠斑鳳蝶四齡幼蟲體色轉綠且腹末淺色斑塊褪去，終齡幼蟲突刺變短，受驚擾的終齡幼蟲會如圖昂起前身警戒。

▲綠斑鳳蝶蛹體為綠色，胸側有褐色的斑駁裝飾。

樟樹 *Cinnamomum camphora* (L.) Presl

原生種

科　名｜樟科Lauraceae　　屬　名｜樟屬

別　名｜樟、栳樟

攝食蝶種｜臺灣鳳蝶、玉帶鳳蝶、青帶鳳蝶、寬青帶鳳蝶、黃星鳳蝶、斑鳳蝶、埔里三線蝶、大黑星弄蝶

花序

葉序

▲樟樹葉片屬單葉互生，離基3出脈，側脈腋處有凹陷，花很小呈黃綠色。

植物性狀簡介

樟樹是常綠大喬木，生長在低海拔地區，全株有樟腦氣味，是臺灣的鄉土樹種。樟樹樹皮呈灰褐色，有縱向細裂紋，單葉互生，全緣，葉背灰白色，離基3出脈，側脈腋處有凹陷。花黃綠色，花序圓錐狀，花被6片，雄蕊共12枚，內含3輪可孕雄蕊9枚及退化雄蕊3枚，果實為球形漿果，成熟時為黑紫色。

花期｜1 2 3 4 5 6 7 8 9 10 11 12

土肉桂

土肉桂是斑鳳蝶、青帶鳳蝶、寬青帶鳳蝶及升天鳳蝶的寄主植物，為常綠中喬木，生長在低、中海拔闊葉林中，整株都有肉桂的芳香。小枝圓細光滑，芽無鱗片但有白色短毛，單葉互生或近對生，離基3出脈。

大香葉樹 *Lindera megaphylla* Hemsl.

科　名｜樟科Lauraceae　　屬　名｜釣樟屬

別　名｜大葉釣樟、黑殼楠

攝食蝶種｜黃星鳳蝶、大黑星弄蝶

花序　葉序

▲大香葉樹又名大葉釣樟，單葉互生，葉柄長，葉片很大且於長橢圓葉形中間處最寬。

植物性狀簡介

大香葉樹是落葉喬木，生長在北、中部低、中海拔森林中。樹幹灰黑色，小枝條光滑，單葉互生，葉柄長，長橢圓葉形中間最寬，羽狀脈明顯，葉背灰白色。單性花，雌雄異株，繖形花序腋生，總苞片4，雄花淡紅色的花絲很發達，花被6片，可孕雄蕊9枚。果實為球形核果，成熟時由綠轉紫黑色。

花期　1 2 3 4 5 6 7 8 9 10 11 12

山胡椒

山胡椒是落葉小喬木，生長在低到中、高海拔開墾破壞地或崩塌裸露地區。整株搓揉有刺激的辛辣味，因此原住民多利用其為香料，單葉互生，中肋紫色，羽狀脈略凸起。

豬腳楠 *Machilus thunbergii* Sieb. & Zucc.

原生種

科　名｜樟科Lauraceae　　屬　名｜楨楠屬

別　名｜紅楠、鼻涕楠

攝食蝶種｜斑鳳蝶、青帶鳳蝶、寬青帶鳳蝶、埔里三線蝶、大黑星弄蝶

花序

葉序

▲每到春季時序，紅楠紅色的葉苞、花苞挺立顯眼，外觀略似紅燒豬腳，而又有「豬腳楠」的別名。

植物性狀簡介

豬腳楠是常綠大喬木，生長在低、中海拔林緣或次生林中。單葉互生，弧形羽狀脈，葉面油綠，葉背粉綠至稍白，芽苞與嫩葉皆為紅色。花淡黃色，圓錐花序，花序光滑無毛，花被6片，雄蕊共12枚，內含可孕雄蕊9枚及退化雄蕊3枚，果實為球形漿果，基部並留有反捲的花被，成熟時為黑紫色。豬腳楠葉面油亮，葉背粉綠，花序無毛，這是與香楠最大不同的地方。

▶埔里三線蝶為臺灣特有種，雌蝶偏好將卵產於葉尖處，是唯一幼生期以樟科植物為食的環蛺蝶屬蝴蝶。

花期｜1 2 3 4 5 6 7 8 9 10 11 12

香楠 *Machilus zuihoensis* Hayata

科 名｜樟科Lauraceae 屬 名｜楨楠屬

別 名｜瑞芳楠

攝食蝶種｜斑鳳蝶、寬青帶鳳蝶、青帶鳳蝶、大黑星弄蝶

花序 葉序

▲香楠與紅楠外觀相似，但葉面較不油亮，葉背灰綠，芽苞與嫩葉為淡褐色。

植物性狀簡介

香楠是常綠喬木，生長在中、低海拔闊葉林中。單葉互生，弧形羽狀脈，葉面不油亮，葉背灰綠，芽苞與嫩葉為淡褐色。花淡黃色，圓錐花序，花序有毛，花被6片，兩面都有毛，雄蕊共12枚，內含可孕雄蕊9枚及退化雄蕊3枚，果實為球形漿果，基部並留有反捲的花被，成熟時為黑紫色。香楠葉面不油亮，葉背灰綠，花序有毛，這是與豬腳楠最大不同的地方。

▶青帶鳳蝶體型不大但飛行迅速，幼蟲攝食多種樟科植物，是都會綠地環境中有機會見到的蝶種。

花期 1 2 3 4 5 6 7 8 9 10 11 12

蝴蝶生態啟示錄

樟科植物種類繁多，目前已知有12屬57種，多為常綠木本植物，且葉片揉捏後具有芳香氣味。一般經常利用樟科植物的蝴蝶幼蟲，有黃星鳳蝶、斑鳳蝶、臺灣鳳蝶、青帶鳳蝶、寬青帶鳳蝶、埔里三線蝶、大黑星弄蝶，此外，一級保育類的寬尾鳳蝶也是以樟科中的臺灣檫樹為食。

樟樹是最容易觀察的樟科植物，無論是居家環境的公園綠地，或是行道樹、校園及郊野均容易觀察得到，我們可在該植物上觀察到不同科的蝶種，是如何在時間及空間利用上各取所需，例如：斑鳳蝶與黃星鳳蝶屬一年一世代蝶種，一整年僅於3至6月分可以觀察到幼蟲，兩種幼生期分別採取單獨與群聚的不同生存策略，但都以蛹期渡過漫長的夏、秋、冬季，於隔年早春陸續羽化為成蝶。

青帶鳳蝶

▲雌蝶偏好將卵單枚產於樟科植物嫩葉處。

▲青帶鳳蝶的幼齡幼蟲體色黑褐色並停棲於葉表處。（一齡幼蟲）

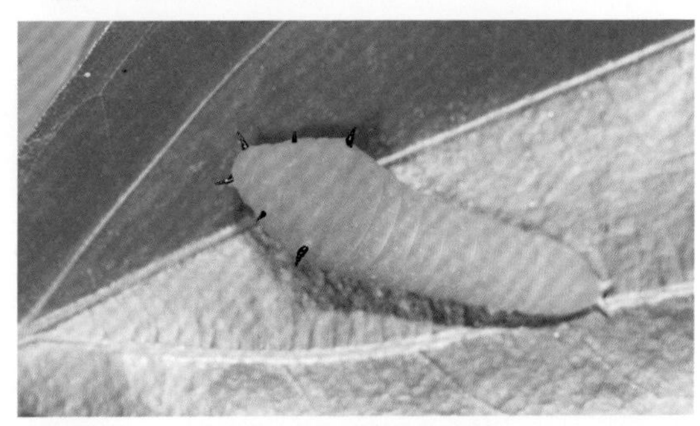

▲青帶鳳蝶四齡幼蟲於胸部有三對黑色短刺。

▲青帶鳳蝶終齡幼蟲於胸背處有一條明顯的黃色線條。

▲青帶鳳蝶的蛹隨環境差異有綠色或黃褐色區別，蛹體具有類似葉脈條紋。

臺灣鳳蝶

▲臺灣鳳蝶幼蟲為鳳蝶科裡少見跨科攝食植物的種類。（蛹圖見第177頁）

▶臺灣鳳蝶為臺灣特有種，雄雌外觀有顯著差異，於林相良好環境較常見到。（雌蝶，雄蝶見第174頁）

斑鳳蝶

▲斑鳳蝶外貌酷似青斑蝶，成蝶主要現蹤於3至5月分的春季，雄蝶偏好於山頂稜線或明顯的樹梢領域飛行，偶爾則展翅停棲。

▼斑鳳蝶以蛹階段渡過漫長的8、9個月時間，外觀偽裝成小樹枝。

▲斑鳳蝶雌蝶將卵單獨產於寄主植物之新葉或嫩葉上，四齡幼蟲形態偽裝如鳥糞，終齡幼蟲則色彩鮮豔並有明顯的肉突。（終齡幼蟲）

黃星鳳蝶

▶黃星鳳蝶是臺灣最小型的鳳蝶，成蝶主要出現於3至5月分的春季，後翅肛角處黃色斑點為其特徵。

▲黃星鳳蝶幼生期主要出現於春季，一、二齡幼蟲體色呈淺褐色，群聚停棲於葉表面處。（二齡幼蟲）

▶黃星鳳蝶將卵成堆產於寄主植物葉背位置，卵微小但晶瑩剔透。

▲黃星鳳蝶於終齡幼蟲體色轉為綠色，此時幼蟲已分散單獨生活。

▲黃星鳳蝶三齡幼蟲體色轉黑褐色，幼蟲將頭部朝外群聚，受干擾全體會伸出短小的臭角防禦。

▼黃星鳳蝶蛹外觀酷似斷掉的樹枝，部分個體還會摻雜似青苔斑蚊於其表面，其渡過漫長的夏、秋、冬季，於隔年早春羽化。

大黑星弄蝶

▶大黑星弄蝶的卵表面附著雌蝶腹部鱗毛。

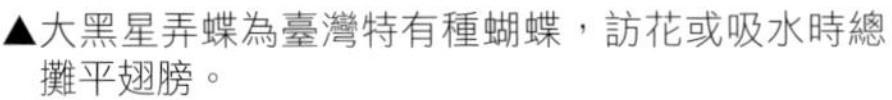
▲大黑星弄蝶為臺灣特有種蝴蝶，訪花或吸水時總攤平翅膀。

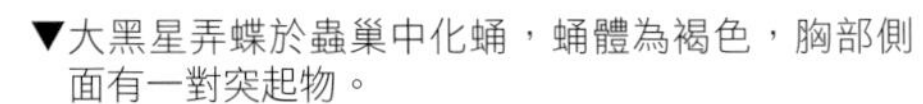
▼大黑星弄蝶於蟲巢中化蛹，蛹體為褐色，胸部側面有一對突起物。

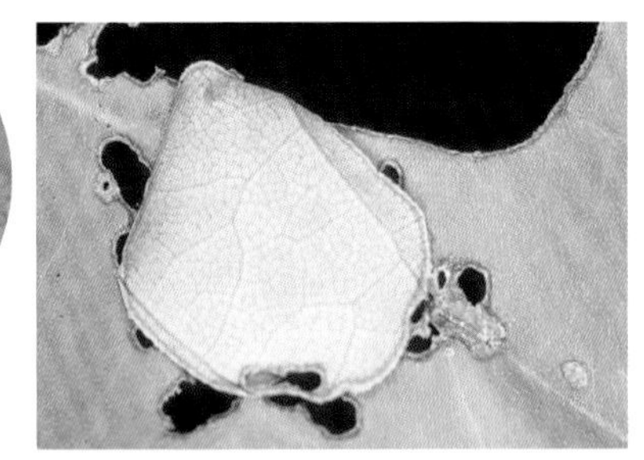

▲卵孵化後幼蟲並不將卵殼吃光，而會立即為自己蓋蟲巢躲藏。本種幼齡蟲巢會從葉片中央挖一個洞製作。

▲幼蟲偏好倒吊於蟲巢中，幼齡幼蟲身軀為黃色。

▲伴隨成長幼蟲會製作更大的蟲巢，其終齡幼蟲體色雪白，黑褐色頭部表面密布淺褐色突起物，頗為有趣。

▲終齡幼蟲利用兩片葉子製作蟲巢模樣。

異葉馬兜鈴 *Aristolochia heterophylla* Hemsl.

原生種

科 名｜馬兜鈴科Aristolochiaceae　屬 名｜馬兜鈴屬

別 名｜臺灣馬兜鈴

攝食蝶種｜麝香鳳蝶、臺灣麝香鳳蝶、大紅紋鳳蝶、紅紋鳳蝶、黃裳鳳蝶

▲異葉馬兜鈴又名臺灣馬兜鈴，廣泛分布於臺灣全島，葉形變化甚大。

植物性狀簡介

異葉馬兜鈴是草質蔓性藤本，生長在低海拔森林中。單葉互生，基部心形，葉形變化大，全緣有時呈3裂狀，葉兩面皆有毛。花單生，雄蕊6枚，花被合生成管狀，密被白色短毛，花管彎曲成U形，前端開口成喇叭狀，外圍紫褐色管內呈鮮黃。果實為有6稜長橢圓形的蒴果。

▶臺灣麝香鳳蝶主要分布於低、中海拔山區，數量不算普遍。外觀與麝香鳳蝶相似，但翅膀的桃紅色弦月紋較明顯。

花期｜1 2 3 4 5 6 7 8 9 10 11 12

大葉馬兜鈴 *Aristolochia kaempferi* Willd.

科　名｜馬兜鈴科Aristolochiaceae　屬　名｜馬兜鈴屬

別　名｜琉球馬兜鈴

攝食蝶種｜曙鳳蝶、臺灣麝香鳳蝶、大紅紋鳳蝶

花序　葉序

植物性狀簡介

大葉馬兜鈴是蔓性草質藤本，生長在低到中、高海拔森林中。單葉互生，基部深心形，葉形變化大，主脈5～7條，葉面光滑，葉背有灰白色短毛。花單生，雄蕊6枚，花被合生成管狀，密被白色短毛，花管彎曲成U形，前端開口成喇叭狀，外圍紫黑色管內呈黃色。果實為有6稜橢圓形的蒴果。

▼曙鳳蝶屬一年一世代蝴蝶，成蝶主要出現於夏、秋兩季之中、高海拔山區，秋末冬初偶在低海拔山區可見到雌蝶。幼蟲主要攝食大葉馬兜鈴，並以幼蟲形態渡冬。

▲大葉馬兜鈴是分布於中、高海拔森林的馬兜鈴種類。

花期 1 2 3 4 5 6 7 8 9 10 11 12

港口馬兜鈴 *Aristolochia zollingeriana* Miq.

原生種

科　名｜馬兜鈴科Aristolochiaceae　屬　名｜馬兜鈴屬

別　名｜耳葉馬兜鈴

攝食蝶種｜麝香鳳蝶、臺灣麝香鳳蝶、大紅紋鳳蝶、紅紋鳳蝶、黃裳鳳蝶、珠光鳳蝶

花序

葉序

▲港口馬兜鈴臺灣本島僅分布於南臺灣地區，近年因人為栽種而普遍。

▶港口馬兜鈴花朵造型頗為特殊。

植物性狀簡介

港口馬兜鈴是木質藤本，生長在南部低海拔地區。單葉互生，葉基心形，葉形全緣，有時呈淺3裂狀如耳狀突出，葉面光滑，葉背有短毛。總狀花序腋生，雄蕊6枚，花被合生成管狀光滑，花管直或微彎曲，前端開口成紫紅色匙狀。果實為有6稜長橢圓形的蒴果。

花期｜1 2 **3 4 5 6 7** 8 9 10 11 12

瓜葉馬兜鈴

瓜葉馬兜鈴葉片邊緣深裂且多變化，局部地區分布普遍。

蝴蝶生態啟示錄

馬兜鈴科植物臺灣產2屬11種，鳳蝶主要攝食的是五種馬兜鈴屬植物，其中包含本書未介紹的蜂窩馬兜鈴。馬兜鈴山野間呈局部普遍分布，其中僅異葉馬兜鈴廣泛分布全島低海拔山區，由於多種色彩美麗的鳳蝶依此為食，人工營造的蝴蝶園或棲地環境較容易觀察到人為大量栽培的植株。

馬兜鈴因內含馬兜鈴酸，傳統中藥取其乾燥果實、根、莖部位作為療效（稱為馬兜鈴、青木香、天仙藤……），然而經醫學證實馬兜鈴酸代謝緩慢，易於腎臟蓄積造成腎絲球體及腎細胞間質纖維化，長期服用會引起腎衰竭等副作用，衛生署已全面禁用。攝食馬兜鈴的鳳蝶或許也懂得這道理，有別於多數蝴蝶幼蟲採取隱蔽色彩的保命方式，牠們以黑、白、紅色大膽的鮮豔配色警告捕食天敵切勿嘗試，成蝶也以鮮豔色彩示人，並常有恃無恐地緩慢飛行。

紅紋鳳蝶

▲產卵於寄主植物莖部組織的紅紋鳳蝶卵。

▲紅紋鳳蝶廣泛分布於臺灣全島，但北部數量較少，主要分布於有人為栽植馬兜鈴的生態農場附近。

▲紅紋鳳蝶一齡幼蟲體表突起末端為刺毛，二齡幼蟲之後則為柔軟的肉棘。

▲攝食馬兜鈴的鳳蝶幼蟲長相略相似，紅紋鳳蝶幼蟲僅具有一條白色線條容易辨識。

▲正視紅紋鳳蝶的蛹，其胸部兩側具有耳朵狀突起。

▲大紅紋鳳蝶廣泛分布全島低海拔至高海拔山區，為麝鳳蝶屬蝴蝶中分布最廣者。後翅尾狀突起末端具紅色斑點為其特徵。

▲大紅紋鳳蝶雌蝶除了將卵產於馬兜鈴上，也常隨意產於植株鄰近物體上。

▲幼蟲攝食馬兜鈴的蝶卵形態大致相似，外表具瘤狀突起。

▲側視大紅紋鳳蝶的蛹，腹部突起的方形構造較為尖銳。

◀大紅紋鳳蝶幼蟲中央處僅具有一對白色的肉狀突起。（終齡幼蟲）

珠光鳳蝶

▲珠光鳳蝶僅分布於臺東蘭嶼，其外觀與黃裳鳳蝶相似，最大差異在於雄蝶後翅的黃色鱗粉於特殊角度可見藍、綠色珍珠色澤。

▶珠光與黃裳鳳蝶的卵外型相似，在自然環境下雌蝶偏好產於樹冠層植株的成熟葉片位置，與競爭者紅紋鳳蝶偏好嫩葉、嫩芽部位有其區隔。

▲珠光鳳蝶幼蟲身軀色彩較為單調並於中央位置有明顯的白色條紋，其肉棘為紅色。（終齡幼蟲）

黃裳鳳蝶

▲黃裳鳳蝶為臺灣島內最大型的華麗蝶種，也是二級保育類野生動物，昔日以恆春半島為著名產地，近年則因各地校園、生態農場大量種植馬兜鈴科植物導致局部地區數量普遍。（雌蝶）

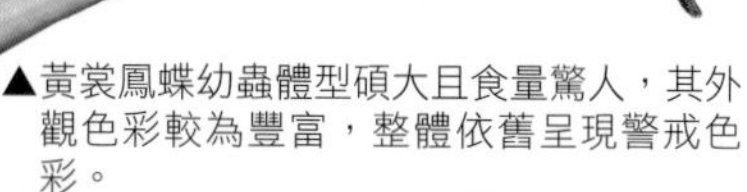

▲黃裳鳳蝶幼蟲體型碩大且食量驚人，其外觀色彩較為豐富，整體依舊呈現警戒色彩。

▲黃裳鳳蝶與珠光鳳蝶蛹體外觀相似，色彩主要為淺褐色。

臺灣麝香鳳蝶

▲臺灣麝香鳳蝶與麝香鳳蝶幼蟲外觀極為相似，除海拔、地區分布與雌蝶單枚產卵差異外，本種幼蟲肉棘略長。

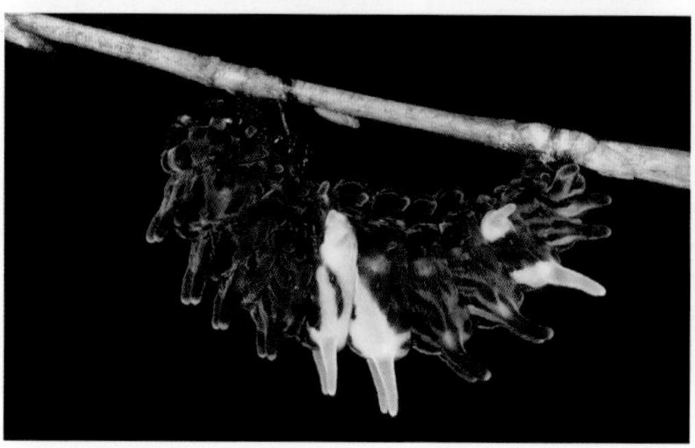

▲攝食馬兜鈴的幼蟲常選擇於植株上或鄰近植物體上化蛹。

▲臺灣麝香鳳蝶蛹的外觀與大紅紋鳳蝶相似，本種側視腹部突起的方形構造則為渾圓。

麝香鳳蝶

▲麝香鳳蝶主要棲息於海拔500公尺以下的淺山地帶，為麝鳳蝶屬成員中數量最少的種類。其雄雌翅膀底色略有差異。

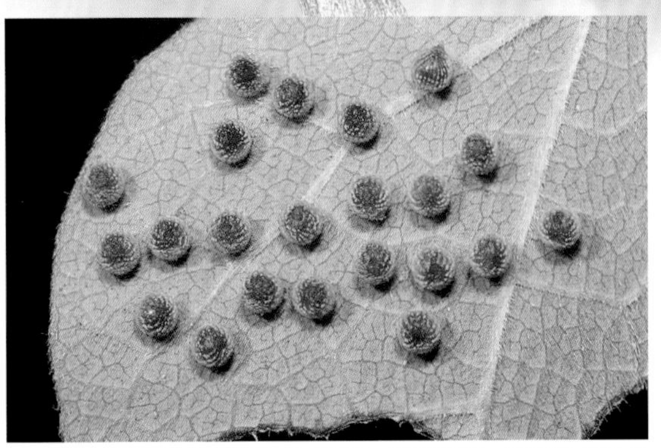

▲麝香鳳蝶雌蝶產時將卵粒數顆至2、30顆產下，該習性為攝食馬兜鈴鳳蝶種類中獨特之處。

▲麝香鳳蝶蛹的顏色明顯較淺，藉由正視胸部與腹部外緣角度可與近似種區別。

▲麝香鳳蝶幼齡幼蟲多屬群聚，老熟個體則與臺灣麝香鳳蝶形態相似。（終齡幼蟲）

毛瓣蝴蝶木 *Capparis sabiaefolia* Hook. f. et Thoms.

原生種

科　名｜山柑科Capparaceae　屬　名｜山柑屬

別　名｜銳葉山柑

攝食蝶種｜黑點粉蝶、雌白黃蝶、斑粉蝶、淡紫粉蝶、端紅蝶、黑脈粉蝶、臺灣粉蝶

植物性狀簡介

毛瓣蝴蝶木是常綠小灌木，生長在中、南部低、中海拔闊葉林中。毛瓣蝴蝶木全株光滑，小枝條沒有刺，單葉互生，葉披針形全緣，薄革質，基部圓形，葉面中肋平的。花白色，單生或雙生腋出，長花梗，萼片與花瓣皆為4，花萼內部表面有密的絨毛，雄蕊多數細長，果實為橢圓形漿果。

▶毛瓣蝴蝶木為2004年新發表的山柑屬植物，過去長年被誤認為「銳葉山柑」，其主要分布於臺灣中、南部地區，近年則因蝴蝶養殖而於北部地區可見人為種植植株。

▼雌白黃蝶主要分布苗栗、臺東以南低海拔山區，為昔日蝴蝶加工產業極盛時期被大量捕捉利用於相關產製品的蝶種。

平伏莖白花菜 *Cleome rutidosperma* DC.

科　名｜山柑科Capparaceae　　屬　名｜白花菜屬

別　名｜成功白花菜

攝食蝶種｜黑點粉蝶、紋白蝶、鑲邊尖粉蝶

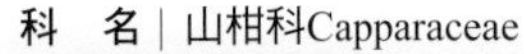

花序　葉序

▲平伏莖白花菜屬歸化種，近年於南臺灣低海拔地區十分普遍，也促使部分賴以維生的蝶種數量繁多。

植物性狀簡介

平伏莖白花菜是一年生草本植物，生長在低海拔路邊或荒廢野地，屬於引進的歸化種，而第一個樣本採集自成功大學。平伏莖白花菜全株有毛，葉互生，3出複葉，側脈明顯。花淡紫紅色，腋出單生或頂生的總狀花序，花梗細長，萼片與花瓣皆為4。果實為線形朔果並有細長的果柄。

▶黑點粉蝶雄、雌外觀相似，其腹面翅膀散布著黃褐色的條紋。

花期 1 2 3 4 5 6 7 8 9 10 11 12

魚木 *Crateva adansonii* DC.subsp. *formosensis* Jacobs

科　名｜山柑科Capparaceae　　屬　名｜魚木屬
別　名｜樹頭菜、山腳鱉
攝食蝶種｜端紅蝶、臺灣粉蝶、黑點粉蝶、鑲邊尖粉蝶

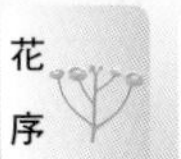

植物性狀簡介

魚木是落葉小喬木，生長在低海拔到海邊地區。葉互生，柄長，3出複葉，聚集在小枝前端，小葉兩側基部歪斜，葉脈紫紅色。花白色帶點黃，雄蕊多數，花絲細長，繖房花序頂生，花梗細長，萼片與花瓣皆為4枚，花瓣柄長，果實為橢圓形漿果，果柄細長下垂。

▶魚木葉片為3出複葉，葉脈帶有紫紅色，十分容易辨識。外觀與加羅林魚木略微相似，而後者也是端紅蝶、紋白蝶……等粉蝶會選擇攝食的植物。

◀端紅蝶為臺灣產體型最大粉蝶，臺灣全島低海拔山區普遍易見。其翅膀表面色彩顯目易於辨識，腹翅則樸素具保護色。

花期 1 2 3 4 5 6 7 8 9 10 11 12

蝴蝶生態啟示錄

山柑科植物在臺灣已知有三屬十餘種，為粉蝶科蝴蝶重要的寄主植物，其中山柑屬植物主要分布於中、南臺灣及蘭嶼、綠島地區，因此也受限了幼生期攝食該植物的雌白黃蝶、斑粉蝶、淡紫粉蝶、黑脈粉蝶等蝶種的自然分布而罕見於北臺灣。

北臺灣地區，野地常見的端紅蝶、黑點粉蝶、臺灣粉蝶主要以魚木為食，堪稱「魚木三寶」，該植物孕育出粉蝶科體型最大、飛得最快最高的端紅蝶，也同樣孕育出體型最小、飛得最低且緩慢的黑點粉蝶，著實有趣。仔細觀察會發現，這三種蝴蝶分別利用魚木不同的植株大小、葉面位置，雌蝶產卵位置也不盡相同，有著明顯的棲位區隔。常見於中、南臺灣向陽荒墾地的平伏莖白花菜為引進歸化種，其不僅提供了黑點粉蝶、紋白蝶幼生期攝食外，也意外地讓菲律賓地區飛入的鑲邊尖粉蝶於民國90年代於高屏地區成功立足。

端紅蝶

▲端紅蝶雌蝶常將卵單枚產於較非嫩葉之葉表面處，外觀為砲彈狀，初期白色後轉為橙色。

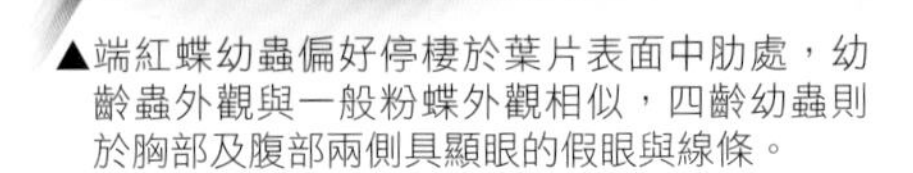

▲端紅蝶幼蟲偏好停棲於葉片表面中肋處，幼齡蟲外觀與一般粉蝶外觀相似，四齡幼蟲則於胸部及腹部兩側具顯眼的假眼與線條。

◀端紅蝶終齡幼蟲腹部側面紅、白色條紋明顯，並於中胸與後胸兩側各具一枚凸顯的黑色及橙色假眼，遇到騷擾常有劇烈昂舉頭胸部以顯示假眼及鮮黃色胸足作為威嚇。

▼端紅蝶蛹具綠色及黃色兩型。

▼端紅蝶常化蛹葉片或枝條下方，蛹體碩大且外觀略似葉片，圖中蝶蛹即將羽化已清楚可看見成蝶翅膀斑紋。

▼臺灣粉蝶廣泛分布於臺灣全島，雄蝶雖飛行迅速但可藉由後翅腹面鮮黃色彩加以辨識，成蝶常見於訪花或濕地吸水。

▲臺灣粉蝶卵外觀呈梭形並常多枚群聚，卵剛產下時為白色，後轉為橙色。

▲臺灣粉蝶幼蟲多停棲於葉表處，終齡幼蟲體側具顯眼白色條紋，體表散布大小不等之黑色突起構造。（攝食小刺山柑的終齡幼蟲）

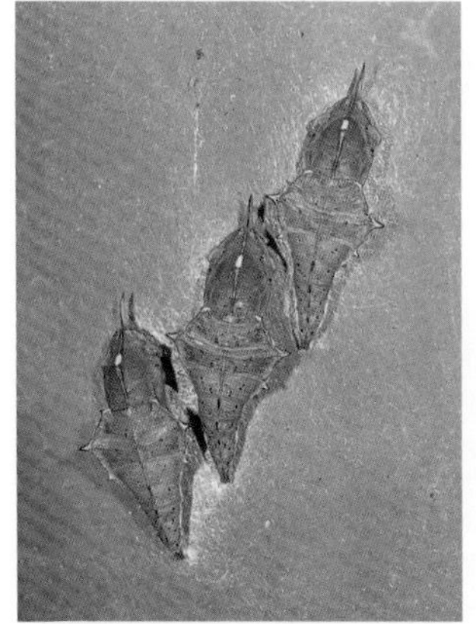

▲臺灣粉蝶化蛹於葉背或寄主植物鄰近處，蛹體之頭部與腹部具有尖銳刺突。

▲臺灣粉蝶雄雌外觀略有差異，相較於雄蝶，雌蝶翅膀較為素雅且黑褐色斑紋較為發達，雌蝶偏好將卵產於寄主植物的嫩芽、嫩葉處。

淡紫粉蝶

▲淡紫粉蝶幼蟲全身青綠無特殊斑紋，僅於體表散布細小的淺藍色斑點。（終齡幼蟲）

▲淡紫粉蝶黃褐色的後翅腹面中具有白色斑紋，成蝶外觀因高溫型及低溫型略有差異，幼蟲攝食毛瓣蝴蝶木、小刺小柑……等山柑科植物。

▶淡紫粉蝶的蛹極具特色，俯視時可見蛹體頭部與中央處具顯眼的灰白色斑塊。

黑點粉蝶

▲黑點粉蝶為臺灣產最小型粉蝶，成蝶常貼近地表緩慢飛行，仔細觀察可隱約看見前翅黑色的辨識斑點。

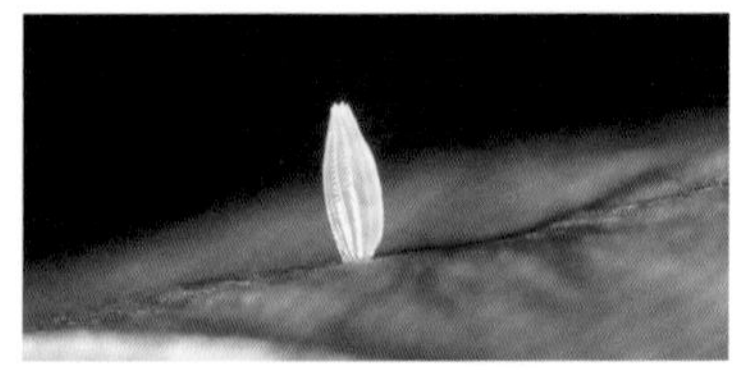

▲黑點粉蝶偏好將卵單枚產於植株較低矮的寄主植物葉背處，形態微小且外觀呈晶瑩剔透的白色。

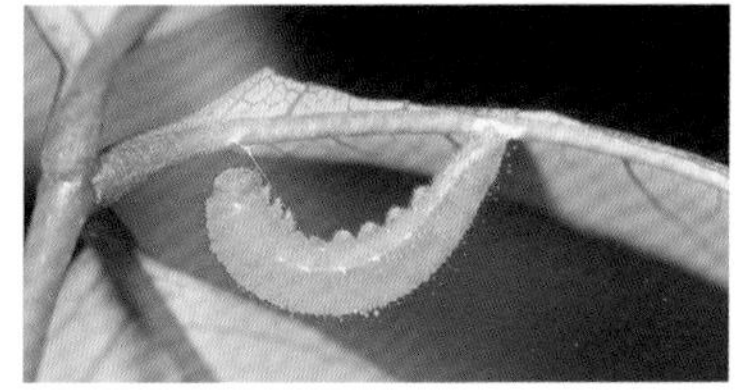

▶黑點粉蝶至終齡幼蟲前均呈翠綠，體表並無突出的斑紋色彩。

鑲邊尖粉蝶

▼鑲邊尖粉蝶是分布於菲律賓北部地區之蝶種，民國91年於高雄地區開始有觀察紀錄，為臺灣近年入侵立足的新蝶種，目前分布於臺南、高雄、屏東局部地區。

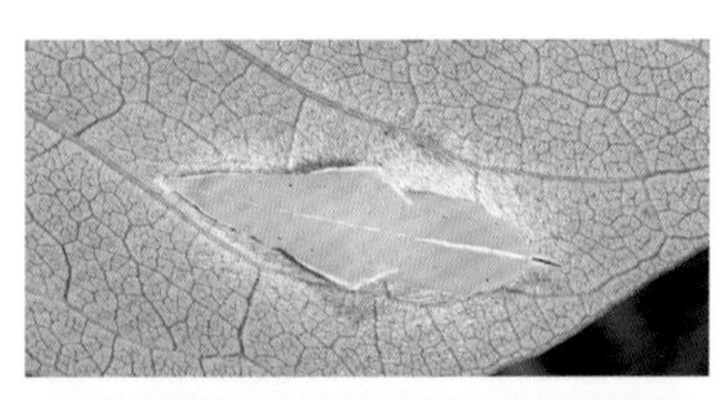

▶鑲邊尖粉蝶幼生期除攝食平伏莖白花菜外，人為飼養亦攝食魚木成長羽化。

焊菜 *Cardamine flexuosa* With.

原生種

科　名｜十字花科Cruciferae
屬　名｜碎米薺屬
別　名｜細葉碎米薺、小葉碎米薺
攝食蝶種｜臺灣紋白蝶、紋白蝶

花序　葉序

植物性狀簡介

焊菜是多年生草本，生長在低中海拔山徑、荒野、路旁或田園間，常見成群易生長的雜草。莖枝有粗毛，葉互生，羽狀複葉，頂小葉最大。花白色，總狀花序，頂生或腋生，萼片與花瓣皆為4，十字形平展，雄蕊6枚，4長2短，雌蕊1枚。果實為圓筒形的長角果，內含種子約15粒。

▶植株矮小的焊菜並不起眼，常見於荒野、路旁、田間或水邊環境。其黃色的圓筒形長角果於成熟後只要輕輕一碰，果皮會迅速裂成兩半並由下往上捲地「啪」一聲將種子彈出去。

花期 1 2 3 4 5 6 7 8 9 10 11 12

▶紋白蝶後翅表面一片潔白，與臺灣紋白蝶外緣處散布黑色斑點不同。兩種雌蝶均於前翅表面近翅基處散布黑色鱗粉。（雌蝶）

葶藶 *Rorippa indica* (L.) Hiern

科　名｜十字花科Cruciferae
屬　名｜葶藶屬
別　名｜山芥菜
攝食蝶種｜臺灣紋白蝶、紋白蝶

花序　葉序

▲葶藶常見於臺灣全島之平野、路旁、田園、水溝邊等略潮濕環境，嫩莖葉具有食用與藥用功能。

植物性狀簡介

葶藶是多年生草本，生長在平野、路旁、田園、水溝邊，常群集生長在一起。單葉互生，根生葉呈不規則鋸齒緣到羽狀裂，莖生葉較小呈披針形。花黃色，總狀花序，頂生及腋生，萼片與花瓣皆為4，十字形平展，雄蕊6枚，4長2短，雌蕊1枚。果實為圓筒形的長角果，種子黃色。

花期｜1 2 3 4 5 6 7 8 9 10 11 12

高麗菜

高麗菜的萼片與花瓣皆為4枚並呈十字形平展，雄蕊6枚中，4枚較長2枚較短，果實為角果屬十字花科植物特徵。在我們日常生活中所吃的蔬菜類，十字花科植物占了很高比率，譬如大白菜、小白菜、蘿蔔、青江菜、油菜、高麗菜，而這些植物恰巧也是臺灣紋白蝶與紋白蝶幼蟲攝食的植物。

蝴蝶生態啟示錄

紋白蝶是都市、墾地及郊野常見的蝴蝶種類，民眾對其並不陌生，牠一年四季可見，尤其在冬季農田休耕的油菜花田或早春的菜園環境周遭，人們不難見到成千上百的紋白蝶群舞景象。

仔細觀察可以發現，所謂的紋白蝶其實裡頭混雜了兩個不同的品種，分別是原生的「臺灣紋白蝶」與外來的「紋白蝶」，雖兩種彼此形態與生態行為十分相似，但臺灣紋白蝶後翅表面外緣處散布著黑色斑點，相較之下邊緣無黑色斑點的紋白蝶就顯得潔白許多，而這兩種蝴蝶的雌蝶黑色鱗粉都比雄蝶來得發達。文獻紀錄上，1960年代以前紋白蝶在臺灣的紀錄少之又少，已故日本蝶類學者白水隆博士的權威著作「原色臺灣蝶類大圖鑑」中甚至未列舉該蝶種，然而1960年以後至今，紋白蝶已遍布臺灣各個菜圃的角落，也名列危害蔬菜害蟲的黑名單之中。

臺灣紋白蝶

▲臺灣紋白蝶常見於山野與人為墾殖環境，成蝶雖一年四季可見但以早春時序為大發生季節。由於幼蟲較偏好攝食野生十字花科植物，無人為耕種的自然山野本種族群量遠比紋白蝶多。

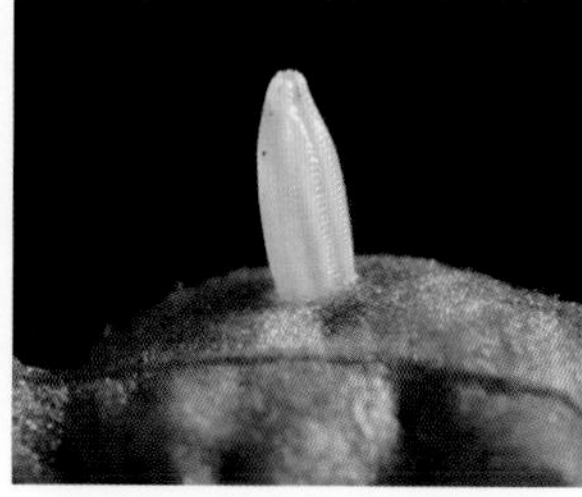

▲臺灣紋白蝶與紋白蝶卵外觀相似，梭型且具刻痕宛如玉米一般。雌蝶將卵單枚產下，繁殖高峰季節常見卵粒散布於寄主植物葉片處。

◀臺灣紋白蝶偏好產卵於原生十字花科植物，葶藶、焊菜都是常見選擇。

▲臺灣紋白蝶幼齡幼蟲一身青綠具極佳保護色，身藏葉片處若非刻意並不易察覺。

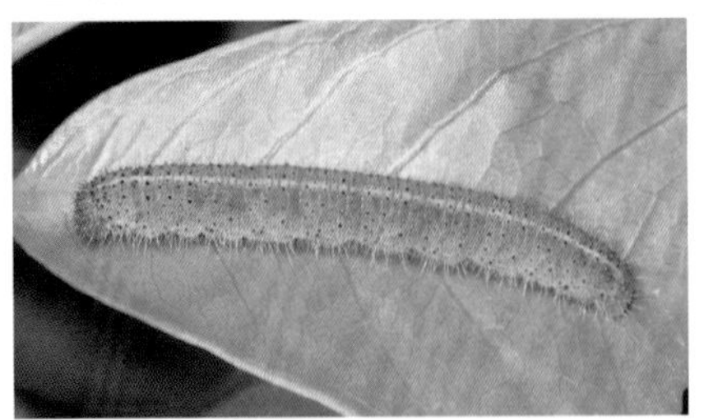

▲臺灣紋白蝶幼蟲體表為較深的橄欖綠，因而與背部中央的黃色縱線呈較明顯之對比。兩種紋白蝶的幼蟲均能攝食加羅林魚木並順利羽化成蝶。

▲兩種紋白蝶幼蟲化蛹前多選擇離開寄主植物，蛹具有綠色與褐色兩型且深淺變化大。臺灣紋白蝶蛹身近1／2中央處具一對黑色尖銳刺突，藉此可與形態相似的紋白蝶區分。

紋白蝶

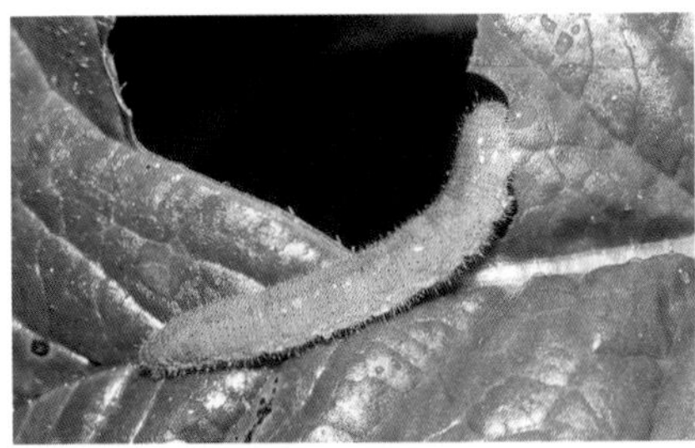

▲紋白蝶幼蟲雖也會攝食山野的十字花科或山柑科植物，但明顯偏好攝食人為栽植的十字花科蔬菜，夏季期間則因天敵抑制族群量遠不如春、秋季節普遍。

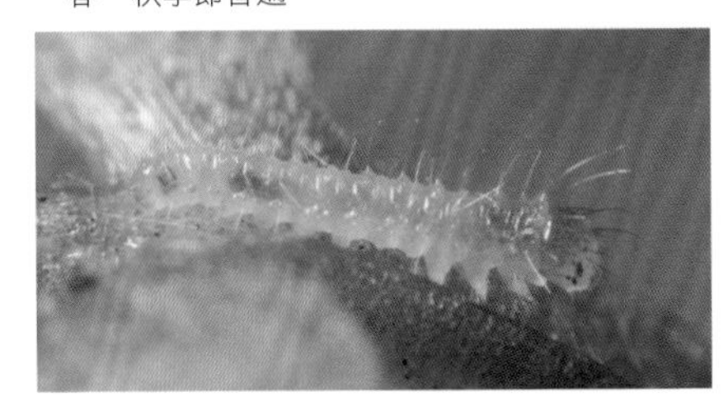

◀兩種紋白蝶剛孵化之一齡幼蟲型態幾近相同，體色為橙黃色。

落地生根 *Bryophyllum pinnatum* (Lam.) Kurz.

歸化種

科　名｜景天科Crassulaceae　屬　名｜燈籠草屬
別　名｜燈籠草
攝食蝶種｜臺灣黑燕蝶、霧社黑燕蝶

花序　葉序

▲落地生根只需將葉片放置泥地或潮濕環境即能發芽生長而得名，縱使將整個葉片弄破亦能生長，其堅韌的生命力亦獲得「打不死」、「葉生根」別名。

▶落地生根原產於熱帶非洲，貧瘠的溪谷河床上成群綻放著淡紅色花海固然壯麗，卻也浮現外來物種入侵的生態保育問題。

植物性狀簡介

落地生根是多年生肉質草本，生長在海邊、溪流及低海拔貧瘠裸露地區，其葉子不定芽繁殖力強，很容易再長出新的植株。莖直立，莖上部單葉對生，下部為3～5出複葉，葉柄紫色，葉緣圓鋸齒。花淡紅色或淡綠色，圓錐花序頂生，萼片與花瓣皆為4，花瓣合生成圓筒狀下垂，雄蕊8枚。果實為長橢圓球形的蓇葖果。

花期 1 2 3 4 5 6 7 8 9 10 11 12

倒吊蓮

倒吊蓮是多年生草本，生長在低、中海拔貧瘠裸露地、山坡岩地、溪流及陽光充足的林緣。單葉對生到3出複葉對生，鈍鋸齒緣。花黃色，繖房花序，萼片與花瓣皆為4，花瓣合生成圓筒狀直立，瓣緣4裂，雄蕊8枚。

蝴蝶生態啟示錄

顯眼的黃花與厚實的肉質葉片是許多人對錦天科植物的印象，其中落地生根花朵造型特殊，其利用葉片即能快速繁殖生長的堅韌生命力，更是國中生物教學實驗的主角。臺灣黑燕蝶及霧社黑燕蝶是兩種幼蟲攝食錦天科植物葉片的蝴蝶，您可能好奇於牠們憑藉何本領攝取這厚厚的肉質葉片呢？

原來，幼蟲孵化後即於葉片下表面咬一個小洞後隨即鑽入潛藏於厚厚的葉肉之中，在裡頭循著幼蟲前進方向逐漸鑽出一個攝食隧道，而腹部末端則堆積排泄物，藉此自身也得以獲得保護，實在是有趣的行為。紀錄上，這兩種蝴蝶除攝食景天科的倒吊蓮、小燈籠草、鵝鑾鼻燈籠草及落地生根4種燈籠草屬植物葉片，文獻上則有雌蝶產卵於佛甲草屬的火焰草、星果佛甲草之觀察紀錄。

▲臺灣黑燕蝶為臺灣特有種蝴蝶，成蝶偏好訪花吸蜜並常出沒於寄主植物附近。

霧社黑燕蝶

▲霧社黑燕蝶形態習性與臺灣黑燕蝶十分相似，前者於前翅腹面近翅基處散布數枚黑色斑點。本種多數文獻描述分布於中海拔山區，筆者於蘇澳低地亦曾紀錄成蝶與幼生期。

▲霧社黑燕蝶雌蝶將卵單枚產於寄主植物花苞、花軸、莖或葉片上下表面處，剛孵化一齡幼蟲體色呈乳白色並散生細毛。

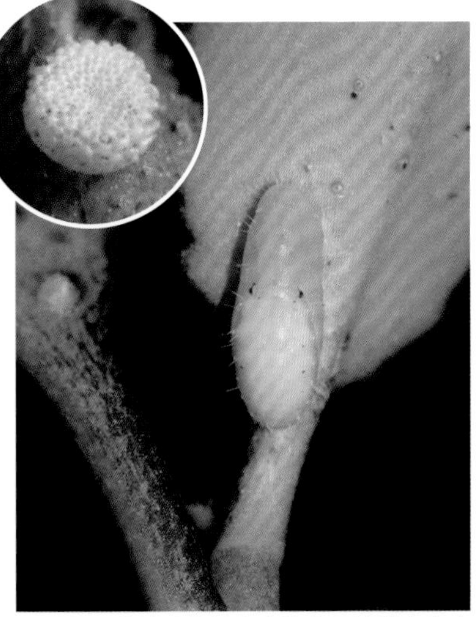

▲霧社黑燕蝶的終齡幼蟲於化蛹前鑽出葉片隧道，並選擇葉下或鄰近處蟄伏準備進入蛹期階段。

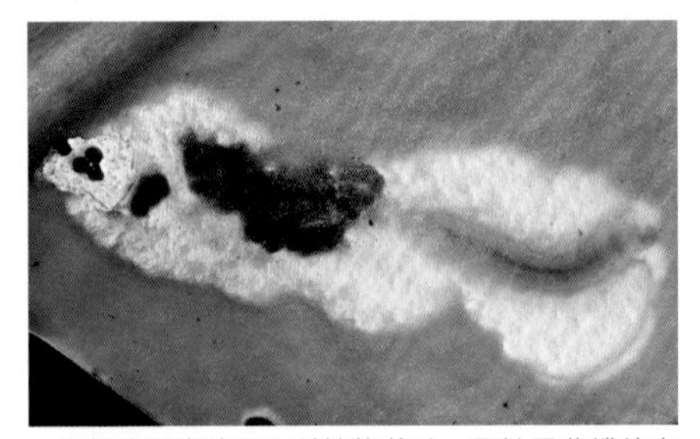

▲為攝食厚實的景天科植物葉片，霧社黑燕蝶幼蟲於葉下表面處咬出小洞後，隨即如挖掘隧道一般鑽入潛藏葉肉中，腹部末端則堆積著排泄物。

羽萼懸鉤子 *Rubus alceifolius* Poir.

科　名｜薔薇科Rosaceae　**屬　名**｜懸鉤子屬

別　名｜新店懸鉤子

攝食蝶種｜白弄蝶、嘉義小灰蝶

花序　葉序

▲羽萼懸鉤子葉形呈不規則的5～7淺裂，主要生長在北、中部低海拔地區。

植物性狀簡介

羽萼懸鉤子是攀緣性小灌木，生長在北、中部低海拔地區，全株皆散生到密生紅褐色鉤刺及密被灰色短毛。單葉互生，葉形變化大，不規則5～7淺裂，葉緣細鋸齒，葉背有灰色密的柔毛，托葉長橢圓形羽狀裂，裂片線形，易脫落。花白色，腋生或頂生總狀花序，萼片與花瓣皆為5，雄蕊多數。果實為球形聚合果，成熟時為橙紅色。

花期｜1 2 3 4 5 6 **7 8 9 10** 11 12

高梁泡

高梁泡是蔓性小灌木，生長在中海拔灌叢林緣。莖散生鉤刺及被柔毛，單葉互生，略3～5淺裂，鋸齒緣，葉背有黃褐色柔毛，托葉披針形剪裂。花白色，圓錐花序頂生，萼片與花瓣皆為5，雄蕊多數，果球形成熟時為紅色。

臺灣懸鉤子 *Rubus formosensis* Ktze.

原生種

科　名｜薔薇科Rosaceae　　屬　名｜懸鉤子屬

別　名｜南投懸鉤子

攝食蝶種｜白弄蝶、嘉義小灰蝶、泰雅三線蝶

▲臺灣懸鉤子為低、中海拔向陽地區常見且易於辨識的懸鉤子種類。

植物性狀簡介

臺灣懸鉤子是直立或攀緣小灌木，生長在低、中海拔向陽的地區，全株有黃灰色短毛，無刺或少刺。單葉互生，具長柄，葉緣不規則鋸齒到3～5淺裂，葉背有黃褐色密的柔毛，托葉紅褐色長橢圓形，淺裂。花白色，腋生或頂生總狀花序，萼片與花瓣皆為5，雄蕊多數。果實為聚合果，成熟時為紅色。

▶嘉義小灰蝶野地並不普遍，雌蝶將卵產於懸鉤子花苞或葉背處，幼蟲則攝食花苞及嫩葉。

花期｜1 2 3 4 **5 6 7 8** 9 10 11 12

蝴蝶生態啟示錄

白弄蝶以白色的翅底摻雜黑褐色斑點，成蝶偏好訪花吸蜜，飛行醒目但有時會被誤認為晝行性的粉蝶燈蛾。白弄蝶訪花或休息時多採取攤平翅膀的姿態，並時常倒吊於葉片下方，因此不易觀察，而這樣行為正是花弄蝶亞科成員常見的行為模式。

白弄蝶廣泛分布全島低、中海拔山區，部分地區普遍常見，成蝶主要現蹤於春至秋季，冬季則以幼蟲期緩慢攝食成長渡冬。幼蟲攝食多種薔薇科懸鉤子屬植物，目前已知種類有榿葉懸鉤子、變葉懸鉤子、臺灣懸鉤子、斯氏懸鉤子、羽萼懸鉤子、高粱泡及小梣葉懸鉤子。

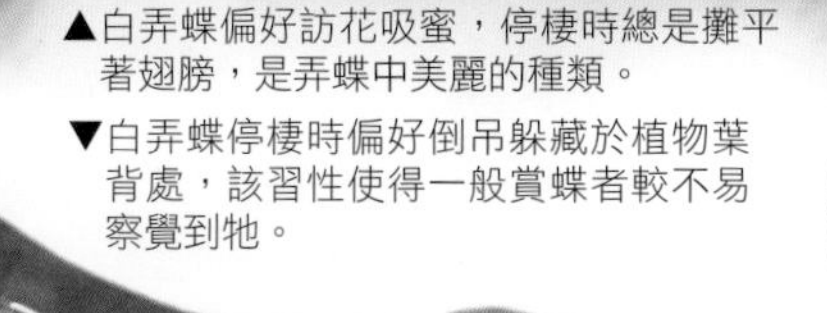

▲白弄蝶偏好訪花吸蜜，停棲時總是攤平著翅膀，是弄蝶中美麗的種類。

▼白弄蝶停棲時偏好倒吊躲藏於植物葉背處，該習性使得一般賞蝶者較不易察覺到牠。

▲雌蝶偏好將卵單枚或數枚產於葉背處，並常將腹部末端的鱗毛塗抹於卵體表面形成機械性防禦，以增加隱蔽性及避免寄生性天敵侵襲。

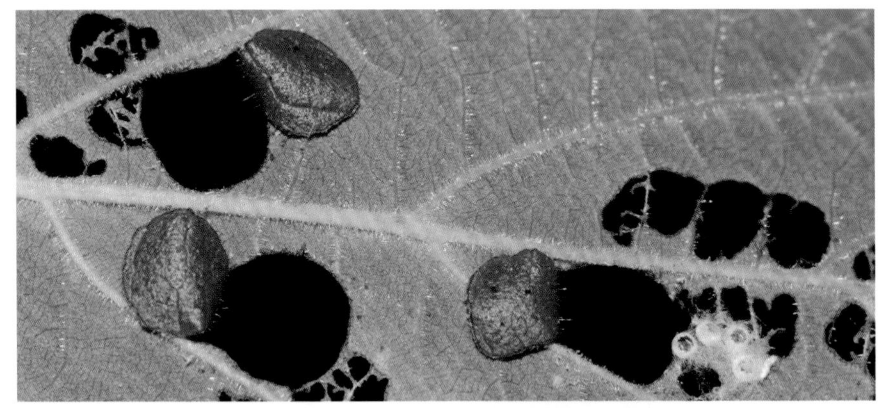

▲剛孵化的幼蟲即懂得切割葉片製作蟲巢躲藏其中，此時因蟲體較小，蟲巢模樣以圓形切割為主。

▲白弄蝶剛孵化的一齡幼蟲體色偏黃綠色，樣貌與隨後增長的齡期略有差異。

▶白弄蝶幼蟲製作蟲巢時偏好將葉片反折於葉背處，隨著幼蟲齡期增長所製造的蟲巢會逐漸龐大及複雜。（終齡幼蟲）

▼白弄蝶冬季期間以幼蟲形態躲藏於蟲巢間緩慢攝食成長渡過，終齡幼蟲化蛹於寄主植物蟲巢內。蛹外觀呈淺綠色，頭胸及腹側氣孔處散布黑色斑點。

頷垂豆 *Archidenron lucidum* (Benth.)Nielsen

原生種

科　名｜豆科Leguminosae　　屬　名｜頷垂豆屬

別　名｜烏雞骨 番仔環

攝食蝶種｜臺灣黃蝶、雙尾蝶、姬雙尾蝶

花序 

葉序 

▲頷垂豆小葉3～4對，葉為二回偶數羽狀複葉，臺灣黃蝶為該植物上最常發現的蝶種。

植物性狀簡介

頷垂豆是常綠喬木，生長在低海拔向陽山區。樹幹灰褐色，葉互生，二回偶數羽狀複葉，小葉3～4對，基部明顯歪斜，對生或互生，長橢圓形。花白色或淡黃色，圓球形總狀花序，花瓣漏斗狀，雄蕊多數，基部合生。果實為紅褐色呈螺旋扭曲狀的莢果，成熟時為茶褐色，其深藍色的種子懸掛在豆莢上。

▶臺灣黃蝶廣泛分布臺灣全島，其廣泛分布臺灣全島，幼蟲以多種豆科植物葉片為食。

花期｜1｜2｜3｜**4**｜**5**｜**6**｜7｜8｜9｜10｜11｜12

豆科

合歡 *Albizia julibrissin* Durazz.

原生種

科　名｜豆科Leguminosae　　屬　名｜合歡屬

別　名｜夜合、合昏

攝食蝶種｜荷氏黃蝶、北黃蝶、歪紋小灰蝶 、姬雙尾蝶、金三線蝶

花序　葉序

▲合歡粉紅色的整樹花海為夏季低、中海拔山區美麗景象，它也是部分蝴蝶及昆蟲的蜜源植物。

▶歪紋小灰蝶幼蟲為單食性，因僅攝食合歡的嫩葉部位，雌蝶貼心地僅將卵產於枝條即將萌芽的生長點附近。

▶歪紋小灰蝶為一年一世代的蝶種，成蝶主要現身於2至4月分中海拔山區，腹翅翅膀具有“Y”字斑紋深具特色。

植物性狀簡介

合歡是落葉喬木，生長在低、中海拔向陽地區，生長迅速。枝條光滑無毛，葉互生，二回偶數羽狀複葉，葉柄上有一腺體，小葉15～25對，對生鐮刀狀。花粉紅色，圓球形總狀花序，有長花梗，花瓣呈漏斗狀形不顯著，雄蕊多數細長，基部合生，下面白色，上面粉紅色，果實為扁平狀的莢果，內有種子5～8顆。

花期｜1 2 3 4 5 **6 7 8** 9 10 11 12

波葉山螞蝗 *Desmodium sequax* Wall.

科　名｜豆科Leguminosae　　**屬　名**｜山螞蝗屬

別　名｜山毛豆花

攝食蝶種｜臺灣三線蝶、琉球三線蝶、平山小灰蝶、琉璃波紋小灰蝶、波紋小灰蝶

花序　葉序

▲葉緣呈波浪狀的波葉山螞蝗容易辨識，幾種蝴蝶依不同需求分別攝食其花與葉片部位。

植物性狀簡介

波葉山螞蝗是常綠小灌木，生長在低、中海拔灌叢、裸露地區。枝條有褐色短毛，葉互生，3出複葉，頂生小葉最大呈菱形，葉緣為波浪狀，兩面皆有毛。花粉紅色，總狀花序組合呈圓錐形，萼片與花瓣皆為5，花瓣蝶形，兩體雄蕊，雄蕊數9+1。果實為兩面收縮扁平的莢果，有8～12節，成熟後會一節節斷裂脫落，莢果表面長滿了鉤狀毛，可依附動物身上。

▲台灣三線蝶非台灣特有種，幼蟲寄主植物選擇繁多，低海拔野地十分常見。雄蝶翅表白色條紋為近似種中最纖細者，故又名「細帶環蛺蝶」。

花期｜1 2 3 4 5 6 7 **8 9 10 11** 12

山葛 *Pueraria Montana* (Lour.) Merr.

原生種

科　名｜豆科Leguminosae　　屬　名｜葛藤屬

別　名｜葛藤、臺灣葛藤

攝食蝶種｜小三線蝶、台灣三線蝶、琉球三線蝶、波紋小灰蝶、琉璃波紋小灰蝶、淡青長尾波紋小灰蝶、銀斑小灰蝶

花序　葉序

植物性狀簡介

山葛是纏繞性藤本，生長在低、中海拔林緣、路旁及荒野地區。莖與枝條上皆有褐色粗毛，葉互生，3出複葉，頂小葉長10～16公分，葉全緣偶三裂，葉背有銀白色光澤的短毛，托葉披針形。花淡紫紅色，密集呈總狀花序，萼片與花瓣皆為5，花瓣蝶形，單體雄蕊，雄蕊數10，果實為莢果，長扁形密布褐色長粗毛。

▶秋季是山葛主要開花季節，也孕育許多攝食其花苞的小灰蝶種類大發生。

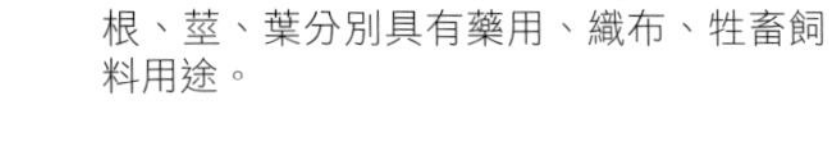

▲野地常見的山葛以秋季為主要花期，其根、莖、葉分別具有藥用、織布、牲畜飼料用途。

◀淡青長尾波紋小灰蝶廣泛分布中、南臺灣地區，幼蟲以豆科的葛藤、小槐花的花及花苞為食。秋季山葛花朵盛開的季節正是成蝶盛產的季節，此時北臺灣也有機會觀察到少量個體。

花期

毛胡枝子 *Lespedeza formosa* (Vogel) Koehne

原生種

科　名｜豆科Leguminosae　　屬　名｜胡枝子屬

別　名｜臺灣胡枝子

攝食蝶種｜小三線蝶、琉璃小灰蝶、平山小灰蝶、姬波紋小灰蝶、角紋小灰蝶

▲毛胡枝子生長於低、中海拔林緣或空曠處，3出複葉並於前端具小突刺，淡紫色的總狀花序花開時較引人矚目。

植物性狀簡介

毛胡枝子是小灌木，生長在低、中海拔山地林緣或空曠區。莖與枝條上皆有毛，葉互生，3出複葉，頂小葉長橢圓形，葉面無毛，葉背有毛，前端鈍或微凹並有一小凸刺。花淡紫紅色，總狀花序腋生，萼片與花瓣皆為5，花瓣蝶形，兩體雄蕊，雄蕊數9+1，果實為扁平狀的莢果，內有種子1粒。

◀小三線蝶形態與習性與琉球三線蝶相似，野地數量較少，展翅時本種背翅中央白色線條明顯較後翅外緣線條較為寬大。

花期：1 2 3 4 5 **6 7 8 9 10 11** 12

決明 *Senna tora* (L.) Roxb.

歸化種

科　名｜豆科 Leguminosae　　屬　名｜決明屬
別　名｜大本山土豆、決明子
攝食蝶種｜淡黃蝶、荷氏黃蝶、大黃裙粉蝶

花序　葉序

▲決明主要分布於中、南部低海拔向陽的山坡地或沙質地，葉片為粉蝶的寄主植物。

植物性狀簡介

決明是常綠半灌木，引進栽培後成為歸化種，生長在中、南部低海拔山坡地及沙質地上。葉互生，一回偶數羽狀複葉，小葉3對，對生，小葉軸上有腺體，前端圓。花黃色，總狀花序腋生，萼片與花瓣皆為5，花瓣分離，雄蕊10枚，其中有3雄蕊退化，果實為略扁呈長柱形的莢果，微向下彎曲。

▶大黃裙粉蝶為菲律賓地區入侵的外來蝶種，幼蟲攝食決明、黃槐，目前以恆春半島地區最為普遍易見。

花期｜1 2 3 4 5 6 **7 8 9 10 11 12**

蝴蝶生態啟示錄

豆科植物種類繁多，其根部絕大多數具根瘤菌（能增進根系營養吸收及生長的菌類，具固定及吸收空氣中游離氮素性能，以減少化學肥料的施用，提高土壤中的營養供應效率），葉常見為具葉枕的羽狀複葉，果實為豆夾般的莢果，本書僅列舉幾種常見豆科寄主植物，受限篇幅難免有遺珠之憾。

此外，幼生期攝食豆科植物的蝴蝶種類繁多，許多種類與植物並非一對一的單食性關係。攝食豆科植物的蝴蝶主要為弄蝶科大弄蝶亞科之絨弄蝶屬、粉蝶科黃粉蝶亞科之遷粉蝶屬及黃蝶屬、蛺蝶科線蛺蝶亞科之環蛺蝶屬及螯蛺蝶亞科之尾蛺蝶屬，以及多種灰蝶科種類。各種蝴蝶對於寄主植物之利用略有差異，有些偏好攝食嫩葉、花苞，有些則有特殊的行為與築巢方式，將於圖說中描述呈現。

琉璃波紋小灰蝶

▲琉璃波紋小灰蝶廣泛分布臺灣全島且一年四季可見，尤其秋季因山葛、水黃皮等植物開花而數量最多。

▶攝食水黃皮花的琉璃波紋小灰蝶幼齡幼蟲。

▲琉璃波紋小灰蝶幼蟲攝食山葛、老荊藤、水黃皮、扁豆、紫藤、望江南……等豆科植物花及花苞，雌蝶將卵產於花苞細縫處，並分泌白色泡沫物質將其包覆。

▲琉璃波紋小灰蝶幼蟲呈淺褐色，透過觀察環伺身旁的螞蟻，是尋找幼蟲的捷徑方式。

豆科

平山小灰蝶

▲平山小灰蝶以中海拔山區較為普遍，圖為陽明山大屯主峰春末時序野當歸盛開所吸引的蝶隻。

▶平山小灰蝶常見於森林環境，冬季期間以成蝶形態渡冬，雌蝶將卵產於寄主植物之花序或嫩葉上。

▲平山小灰蝶幼蟲造型特殊，幼蟲除攝食波葉山螞蝗花果及嫩葉外，並攝食山黃麻、九芎、高山櫟、毛胡枝子、鼠刺、裡白楤木等不同科別植物的花及花苞。

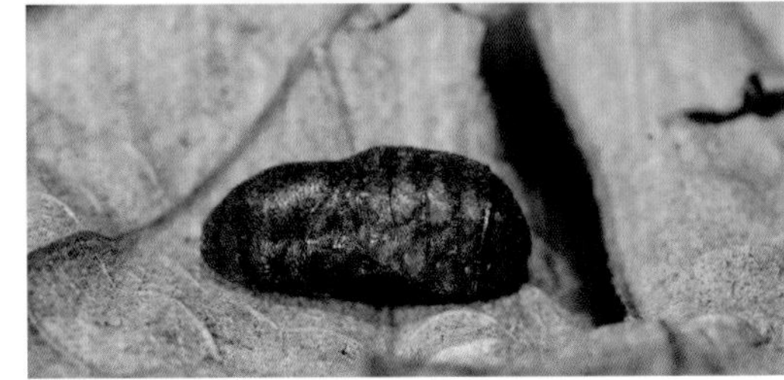

▶平山小灰蝶蛹為褐色並散布著黑色斑紋，第5、6腹節處有黑色橫向條紋，幼蟲選擇隱蔽的落葉處化蛹。

琉球三線蝶

▲琉球三線蝶雌蝶偏好將卵產於葉表面處，卵為綠色而不易察覺，表面密布六角形坑洞及短刺。

▲琉球三線蝶幼齡幼蟲常停棲於葉面末端處，並殘留葉脈兩側碎片以形成遮蔽物。（一齡幼蟲）

▲琉球三線蝶為低海拔常見蝶種之一，其特徵為黃褐色的腹面翅膀底色及具有黑邊的白色條紋。

▲琉球三線蝶與臺灣三線蝶、小三線蝶均攝食山葛，幼蟲習性與形態亦十分相似，受到干擾時昂舉胸部並將短刺外露防禦。

◀琉球三線蝶蛹體為略帶金屬色澤的黃褐色，形態與近緣種相似。

波紋小灰蝶

▲波紋小灰蝶為墾地環境常見蝶種，人為種植豆類作物的環境最常見到。後翅腹面具兩枚假眼紋及明顯白色條紋為其辨識特徵。

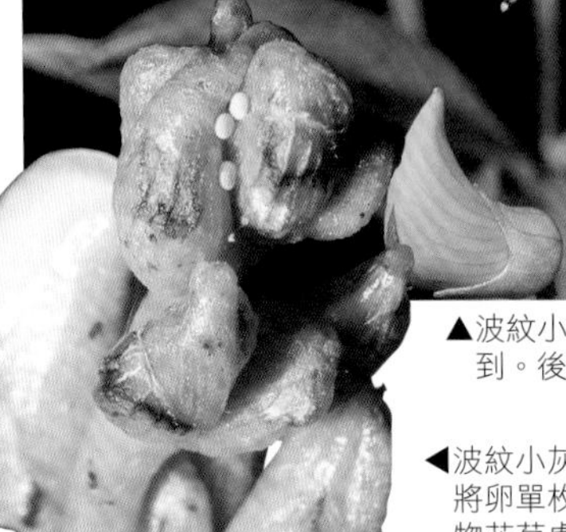

◀波紋小灰蝶雌蝶將卵單枚產於植物花苞處，卵為白色但帶有淺淺的藍色色彩。

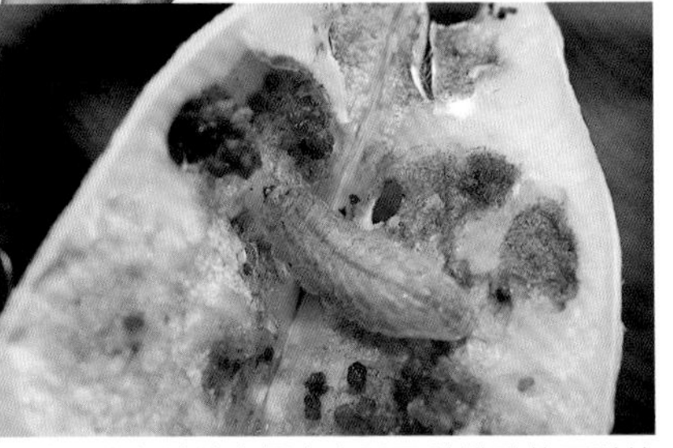

▲波紋小灰蝶幼蟲攝食多種豆科蝶形花亞科植物的花果部位，包含葛藤、黃野百合、濱刀豆及人為栽培的扁豆、豌豆、蠶豆、田菁、賽芻豆……等植物。

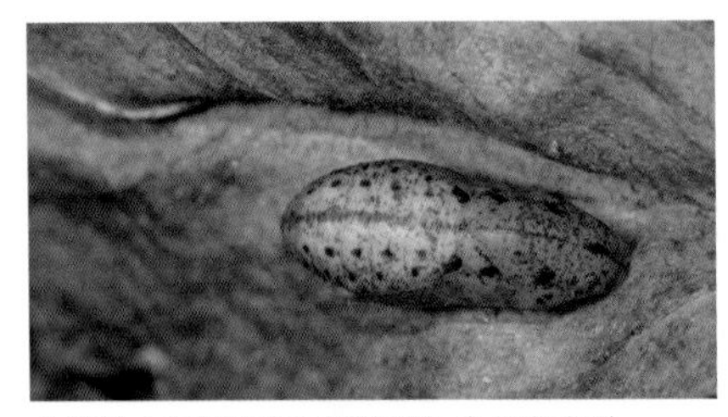

▲波紋小灰蝶褐色蛹體摻雜許多黑色斑點。

▲波紋小灰蝶體軀中央具一深色縱線，體色則隨攝食植物花色而有綠色、褐色、紫紅色之變化差異。

阿勃勒 *Cassia fistula* L.

栽培種

科　名	豆科Leguminosae
屬　名	決明屬
別　名	波斯皂莢、黃金雨
攝食蝶種	淡黃蝶、水青粉蝶、臺灣黃蝶、荷氏黃蝶、琉球三線蝶、雙尾蝶

花序 

葉序 

植物性狀簡介

阿勃勒是落葉大喬木，引進栽培種，為廣泛的庭園和行道樹種。葉互生、一回偶數羽狀複葉，近對生的小葉有4～8對，長卵形或長橢圓形。花金黃色，總狀花序腋出，成串下垂，萼片與花瓣皆為5，花瓣分離，雄蕊10枚，其中3枚較長。果實為筒形長條狀的莢果，成熟為暗褐色，內有黏性並有異味，不會開裂。

▲阿勃勒常見於都會區的行道樹、校園或公園綠地，夏季為其開花季節，整樹的黃花十分美麗而有「黃金雨」的別名。

花期　1　2　3　4　**5　6　7　8**　9　10　11　12

合萌

合萌為直立草本植物，主要生長於低海拔開闊的濕地，為荷氏黃蝶的寄主植物。其枝條光滑無毛，葉互生、一回奇數羽狀複葉，小葉20～30對，果實為4～8節念珠狀莢果，成熟時以單一節種子斷掉。

鐵刀木 *Senna siamea* (Lam.) Irwin & Barneby

科　名｜豆科Leguminosae　　屬　名｜決明屬

別　名｜鐵道木

攝食蝶種｜淡黃蝶、臺灣黃蝶、荷氏黃蝶

花序　葉序

▲鐵刀木因材質堅硬且早期曾廣泛用於鐵道枕木，因而有「鐵道木」別名，其生長迅速且適應環境能力強，現今廣泛種植於低海拔人為活動區域。

植物性狀簡介

鐵刀木是常綠喬木，引進栽培後成為歸化種，普遍種在各地平原及低海拔山區，因其材質堅硬且重，故有鐵刀木之稱。葉互生，一回偶數羽狀複葉，小葉7～12對，對生，長橢圓形，小葉前端鈍或凹陷並有一小凸刺。花黃色，總狀花序頂生或腋生，萼片與花瓣皆為5，花瓣分離，雄蕊10枚，其中有2～3雄蕊退化。果實為扁平線狀的莢果，成熟時為茶褐色。

花期｜1 2 3 4 5 **6 7 8 9 10 11 12**

翼柄決明

翼柄決明（翅果鐵刀木）因果實為扁平有翼的莢果而得名，為引進用於庭園觀賞及綠化的栽培種，近年則常見運用於營造蝴蝶棲地用途。葉互生，一回偶數羽狀複葉，小葉8～14對，頂端一對最大。花黃色，總狀花序直立於莖頂，細長的花梗，可看到花苞片脫落及由下往上長的翅果。萼片與花瓣皆為5，花瓣分離，雄蕊10枚。

黃槐 *Senna sulfurea* (Collad.) Irwin & Barneby

栽培種

科　名｜豆科Leguminosae　屬　名｜決明屬

別　名｜豆槐、金鳳

攝食蝶種｜水青粉蝶、臺灣黃蝶、荷氏黃蝶、大黃裙粉蝶

花序 　葉序 

▲黃槐因花期長且全年能開花，因而被人們廣泛栽植於校園或公園綠地，也造就了賴以維生的粉蝶棲息其中。

植物性狀簡介

黃槐是常綠小喬木，引進栽培種，因其生命力強，花期長，植栽容易，常用在庭園觀賞、行道樹綠化。葉互生，一回偶數羽狀複葉，小葉7～10對，對生，小葉軸上有腺體，前端圓。花黃色，總狀花序腋生，萼片與花瓣皆為5，花瓣分離，雄蕊10枚。果實為長扁平狀的莢果，成熟時為茶褐色。

花期｜1 2 3 4 5 6 7 8 9 10 11 12

田菁

田菁為琉球三線蝶、荷氏黃蝶、波紋小灰蝶、角紋小灰蝶的寄主植物，屬一年生草本植物，引進栽培後成為歸化種，生長在低海拔荒廢及空曠地。葉互生、一回偶數羽狀複葉，小葉有20～40對，前端尖。花黃色，總狀花序腋生，果實為線形的莢果。

豆科

蝴蝶生態啟示錄

本篇幅列舉幾種人為引進後歸化的豆科植物，這些植物常見於公園綠地、行道樹、庭園、校園或人造蝴蝶園……等人為環境，其中更以日據時期於高雄美濃及六龜地區大量種植鐵刀木所創造的「黃蝶翠谷」最為著名。人們在這幾種植物上，最容易觀察到的幼蟲當屬淡黃蝶、臺灣黃蝶及荷氏黃蝶這三種，牠們也廣泛分布於臺

荷氏黃蝶

◀荷氏黃蝶為臺灣產黃蝶屬中形態變異最大種類，「北黃蝶」則是近年從中獨立分類出的一個物種。

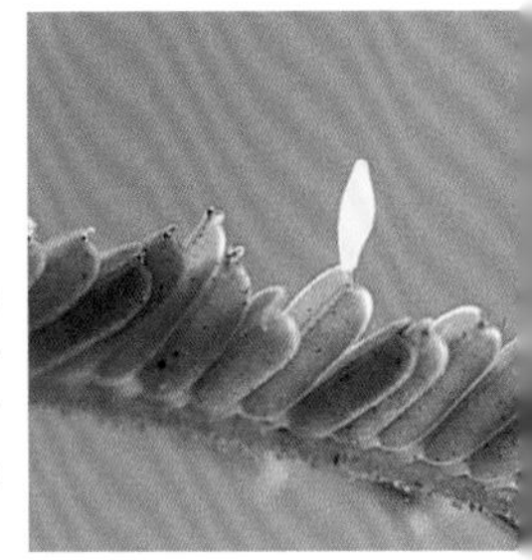

▶荷氏黃蝶將卵單枚產下，文獻紀錄其廣泛利用大戟科紅仔珠及豆科的合歡、合萌、黃槐、田菁、決明等多種植物。

淡黃蝶

▲低溫型個體因後翅腹具有銀白色斑紋而稱為「銀紋型」，該型雌蝶底色較雄蝶更為濃黃色調。

▶淡黃蝶「無紋型」屬高溫期個體，後翅腹並無銀白色斑紋。相較於雄蝶，無紋型雌蝶腹翅呈銀白色，且翅膀表面黑色斑紋較為發達。

▼經研究證實過去被區分為銀紋淡黃蝶與無紋淡黃蝶的兩種蝴蝶，應同為淡黃蝶的「銀紋型」與「無紋型」個體。（銀紋型雄蝶）

▲淡黃蝶雌蝶偏好將卵單枚產於植物嫩葉處，卵呈米粒狀並具有縱條刻紋。

灣全島，其中並以飛行敏捷的淡黃蝶移動能力最佳，都會地區只要有種植阿勃勒、鐵刀木、翅果鐵刀木的綠地均不難見到雌蝶趨前產卵。黃蝶屬蝴蝶是臺灣產蝴蝶中較難辨識的一群，其中以臺灣黃蝶及荷氏黃蝶主要攝食本篇介紹的幾種豆科植物，雖然在部分豆科植物葉片上有機會同時發現這兩種黃蝶，但彼此的產卵模式、生態行為與外觀有著明顯差異因此容易區別。

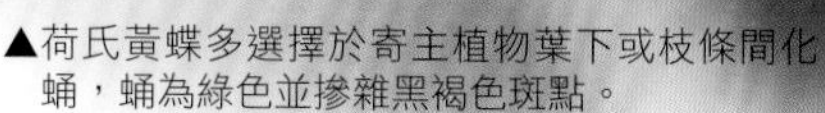

▲荷氏黃蝶多選擇於寄主植物葉下或枝條間化蛹，蛹為綠色並摻雜黑褐色斑點。

◀荷氏黃蝶幼蟲偏好停棲於葉表面，全身青綠僅於體側具有一明顯白色線條。

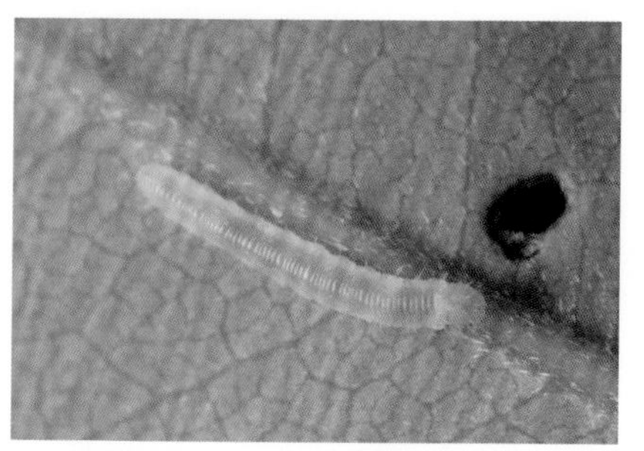

▲淡黃蝶剛孵化之一齡幼蟲體色為白色，隨後轉為黃綠色，此時微小不易觀察。

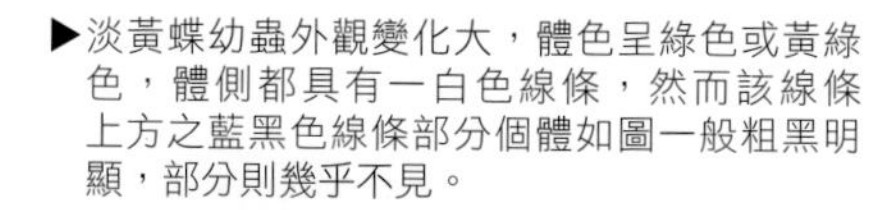

▶淡黃蝶幼蟲外觀變化大，體色呈綠色或黃綠色，體側都具有一白色線條，然而該線條上方之藍黑色線條部分個體如圖一般粗黑明顯，部分則幾乎不見。

▲淡黃蝶蛹呈黃綠色，其體側有一黃色線條，藉由頭部頂端較明顯之突起構造可與形態酷似的水青粉蝶做區別。

▲臺灣黃蝶廣泛分布臺灣全島低海拔地區，前翅腹面翅基具3枚由大至小的褐色斑紋為其最容易辨識的特徵。

◀臺灣黃蝶為臺灣產黃蝶屬中，唯一雌蝶產卵採取密密麻麻成堆產下模式，因此雌蝶產卵常耗時數十分鐘。

▲剛孵化的臺灣黃蝶一齡幼蟲頭殼為黑褐色，身軀白色。隨著攝食植物後體色轉變為接近葉片的黃綠色。

▲臺灣黃蝶幼蟲一身青綠，僅頭殼為黑色，因幼蟲群聚的習性常將寄主植物葉片啃食殆盡。

▶臺灣黃蝶蛹具有綠色及褐色兩型，群體選擇同一處化蛹時常見可觀的數量。

穗花木藍 *Indigofera spicata* Forsk.

科　名｜豆科Leguminosae　　屬　名｜木藍屬
別　名｜爬靛藍、十一葉馬棘
攝食蝶種｜臺灣姬小灰蝶、微小灰蝶

花序　葉序

▲穗花木藍常成片聚生於低海拔空曠或荒廢的草原地區，非開花期間常被忽略。

植物性狀簡介

穗花木藍是一年生草本，生長低、中海拔空曠或荒廢的地區，常大片聚生。莖匍匐或蔓延並有灰色毛，葉互生、一回奇數羽狀複葉，小葉7～11片，小葉互生，葉面無毛，葉背有毛。花紫紅色，總狀花序腋生，花瓣蝶形，雄蕊10枚，果實為整串的線形莢果，內有種子8～10粒。

花期｜1 2 3 4 5 6 7 8 9 10 11 12

毛木藍

毛木藍是一年至二年生草本，生長在低、中海拔空曠或荒廢的地區。整株都有褐色粗毛，葉互生、一回奇數羽狀複葉，小葉5～7片，小葉對生，兩面都有毛。花紫紅色，總狀花序腋生，花瓣蝶形，雄蕊10枚，果實為整串的線形莢果，有褐色毛，內有種子6～8粒。

豆科

蠅翼草 *Desmodium triflorum* (L.) DC.

原生種

科　名｜豆科Leguminosae　　屬　名｜山螞蝗屬

別　名｜三點金草、三耳草

攝食蝶種｜微小灰蝶

花序  葉序 

▲蠅翼草常見於低海拔空地及濕地環境，3出複葉且頂小葉最大呈心型。

植物性狀簡介

蠅翼草是一年生草本，生長在低、中海拔空地及濕地。枝條有毛，葉互生，3出複葉，葉面無毛，葉背有毛，頂小葉最大如心型，有托葉。花淡紫紅色，總狀花序頂生或腋生，萼片與花瓣皆為5，花瓣蝶形，兩體雄蕊，雄蕊數9+1。果實為兩面收縮扁平的莢果，有2～5節，表面長滿了鉤狀毛，可依附在動物身上。

▶臺灣姬小灰蝶除利用穗花木藍與毛木藍外，於蘭嶼及綠島地區亦攝食三葉木藍。此外，並有雌蝶於紫草科伏毛天芹菜產卵觀察紀錄。

花期 1 2 3 4 5 6 7 8 9 10 11 12

蝴蝶生態啟示錄

穗花木蘭與蠅翼草偏好生長於向陽的開闊環境，這兩種植物植株微小且總是貼著地表面生長，若非開花結果實在很難引起人們的注意。而攝食這兩種植物的蝴蝶體型也是微小，其中臺灣姬小灰蝶更是臺灣體型最小的蝴蝶種類，前翅翅長約僅0.7～0.8公分，平時牠們活動也幾乎都是貼著草地飛行，若非刻意觀察實在容易被忽略。這兩種蝴蝶在世界的分布廣泛，但在臺灣島內卻鮮少於北臺灣現蹤，想一窺其廬山真面目只得前往中、南臺灣低海拔地區，朝向陽開闊且孕生寄主植物的環境探尋較有機會與其相遇。

微小灰蝶

豆科

▲微小灰蝶形態及棲息環境與沖繩小灰蝶相似並重疊，但本種雄蝶展翅翅表為深藍色金屬色澤。

▲微小灰蝶廣泛分布北臺灣以外的低海拔地區，其中包含澎湖、蘭嶼、綠島、龜山島等離島。後翅腹面中央位置弧形排列的第二枚黑色斑點明顯內偏。

▲雌蝶將卵單枚產於寄主植物花或葉背處，除蠅翼草外，微小灰蝶幼蟲還會以假地豆、穗花木藍、三葉木藍之花苞或嫩葉為食。

◀微小灰蝶幼蟲呈綠色，體側具有一白色線條。幼蟲體型微小且保護色佳，在成片的寄主植物中不易找尋。

臺灣魚藤 *Milletia pachycarpa* Bemth.

科　名｜豆科Leguminosae　　屬　名｜老荊藤屬

別　名｜蕗藤、毒魚藤

攝食蝶種｜雙尾蝶、鐵色絨毛弄蝶、臺灣絨毛弄蝶

花序　葉序

▲臺灣魚藤於早春季節萌生新葉，嫩葉由黃褐色逐漸轉為青綠色，此時正是常見兩種絨毛弄蝶幼蟲攝食該植物的時序。

植物性狀簡介

臺灣魚藤是攀緣性灌木，生長在北部及東部低、中海拔山區林緣處。全株都有疏毛，嫩葉淡黃褐色下垂狀，葉互生，一回奇數羽狀複葉，小葉9～13片，倒披針形葉尾鈍，葉背有絨毛。花淡紫紅色，總狀花序腋生，萼片與花瓣皆為5，花瓣蝶形，兩體雄蕊，雄蕊數9+1，果實為莢果，球形木質有小瘤粒。

▶鐵色絨毛弄蝶因腹翅泛著生鐵般淺紫金屬色澤而得名，成蝶偏好訪花吸蜜，雌蝶僅將卵單枚產於植物嫩葉或新芽處。

花期 1 2 3 **4 5 6** 7 8 9 10 11 12

▲一齡幼蟲頭殼黑色且身軀黃色，幼蟲攝食嫩葉並躲藏於反捲的嫩葉間。

▲二齡幼蟲體色轉為與臺灣魚藤嫩葉相似的暗褐色，體表則浮現細紋，此時並以自製蟲巢躲藏其中。

▲四齡幼蟲呈黃綠色，俯視具有五對暗褐色斑點及縱橫線條，此時頭殼仍為黑色。

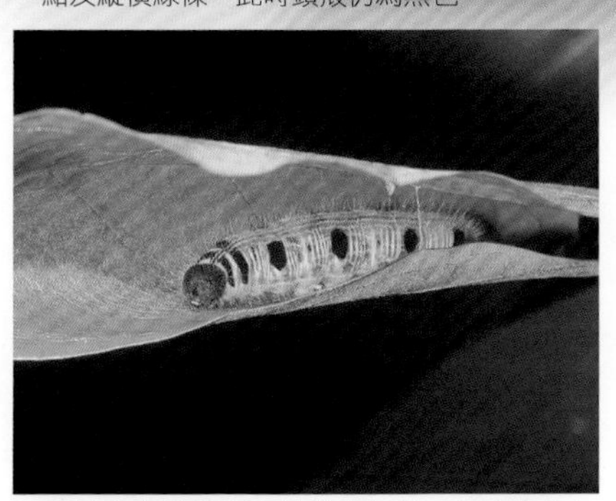

▲終齡幼蟲樣貌與四齡幼蟲相似，但頭殼為紅色並具黑色斑點，而體表色彩更為鮮豔。

蝴蝶生態啟示錄

鐵色絨毛弄蝶與臺灣絨毛弄蝶同屬弄蝶科大弄蝶亞科成員，其成蝶身軀壯碩且飛行迅速，成蝶觸角基部可見一對由下唇鬚向上延伸的短棒突起，幼生期有別於多數色彩樸素的弄蝶，大弄蝶亞科成員則顯得色彩豐富並以雙子葉植物片為食。鐵色絨毛弄蝶因褐色的腹翅泛著淺紫色的金屬色澤而得名，外觀容易辨識；臺灣絨毛弄蝶外觀則與沖繩絨毛弄蝶相似，但本種偏好棲息於山區且前翅翅型較為渾圓。兩種幼蟲均攝食豆科老荊藤屬的臺灣魚藤，而臺灣絨毛弄蝶另會攝食光葉魚藤。臺灣魚藤又名蕗藤或毒魚藤，因其根莖內含有魚藤酮，昔日原住民將魚藤根部搗爛後連同汁液放置於溪流中，使得魚類暫時行動遲緩或浮於水面而方便捕捉。

▲終齡幼蟲利用幾片寄主植物葉片，捲折製作蛹室並化蛹其中，蛹由最初的美麗色彩轉變為覆滿白色粉末的模樣。

豆科

老荊藤 *Millettia reticulata* Benth.

原生種

科　名｜豆科Leguminosae　　屬　名｜老荊藤屬

別　名｜雞血藤、紫藤

攝食蝶種｜銀斑小灰蝶、琉璃波紋小灰蝶、雙尾蝶、小三線蝶

花序  葉序 

▲老荊藤花暗紫色，圓錐花序頂生，萼片與花瓣皆為5，花瓣蝶形。

植物性狀簡介

老荊藤是常綠攀緣性灌木，生長在低、中海拔山區、林緣、溪流等向陽地方。葉互生，一回奇數羽狀複葉，小葉3～5對，對生，橢圓形，小葉前端鈍或凹陷。花暗紫色，圓錐花序頂生，萼片與花瓣皆為5，花瓣蝶形，兩體雄蕊，雄蕊數9+1，果實為長橢圓形的莢果，不開裂。老荊藤小葉前端會凹陷，臺灣魚藤則無。

▶老荊藤為一回奇數羽狀複葉，小葉3～5對，外觀跟臺灣魚藤相似，但小葉前端會凹陷。

花期｜1 2 3 4 **5 6 7 8 9** 10 11 12

蝴蝶生態啟示錄

蝴蝶與植物的關係因種類而呈現一對一，一對多，多對多的複雜關係，以常見於低海拔溪流、森林及其邊緣環境的老荊藤而言，目前已知的四種蝴蝶對於老荊藤的利用並非專一，而且彼此攝食不同的組織部位以避免資源爭奪，雌蝶則貼心地將卵產於幼生期偏好攝食的組織部位。銀斑小灰蝶及琉璃波紋小灰蝶主要攝食花，前者並利用嫩葉，但在老荊藤沒有開花及嫩葉的季節，牠們會另外選擇其他豆科植物替代（該現象也普遍存在部分灰蝶種類）；雙尾蝶與小三線蝶幼生期則攝食葉片，其中前者對植物的選擇非常廣泛，尚有頷垂豆、阿勃勒、光果翼核木、小刺鼠李、櫸木、墨點櫻桃……等紀錄。

雙尾蝶

▲雙尾蝶後翅具兩對尾狀突起而得名，突起角度為雄雌辨別方式之一。成蝶飛行迅速，常見於溪畔濕地上吸水，或於森林環境吸食樹液、腐果或動物排遺、屍骸。

◀雙尾蝶自卵孵化為一齡幼蟲起，頭部即具有兩對顯眼的犄角，造型模樣特殊。幼蟲主要停棲於葉表處攝食葉片。

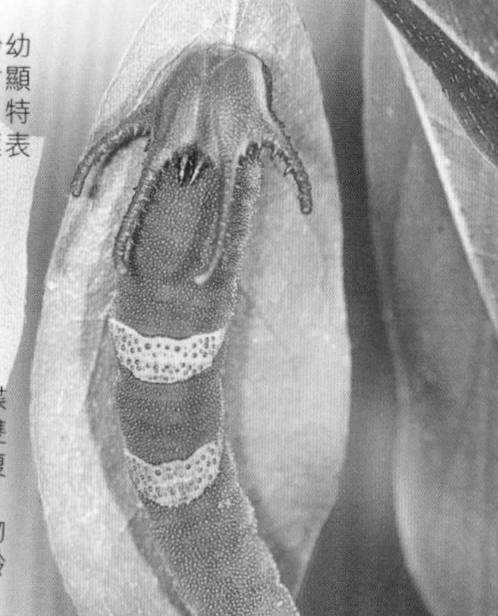

▶雙尾蝶及姬雙尾蝶成蝶與幼生期外觀相似，雙尾蝶幼蟲於第三、五腹節處具個灰白色斑紋，兩種幼蟲偏好攝食植物選擇亦有差異。（終齡幼蟲）

▲銀斑小灰蝶腹翅底色呈銀白色，成蝶廣泛分布臺灣全島但數量不多，偏好於潮濕地表處吸水。

▼銀斑小灰蝶背翅以黑褐色為底色，雄蝶摻雜橘色斑紋，雌蝶上述斑紋則呈現白色。

▶銀斑小灰蝶二齡幼蟲腹部第8節具一對黑色柱狀突起，該構造於終齡幼蟲階段最為明顯，受刺激時從中迅速翻出似斑蝶毛筆器之毛束構造。

▲銀斑小灰蝶幼蟲以豆科的葛藤、老荊藤、水黃皮花苞或嫩葉為食，雌蝶將卵產於老荊藤花苞處，剛孵化的銀斑小灰蝶幼蟲常鑽入花苞或停棲於嫩葉處。

◀人為飼養下，銀斑小灰蝶幼蟲也能攝食紫藤的花及嫩葉。終齡幼蟲體色攝食環境略有變化，但體側具顯眼白斑，化蛹前體色轉綠。（終齡幼蟲）

水黃皮 *Pongamia pinnata* (L.) Pierre

原生種

科　名｜豆科Leguminosae　　屬　名｜水黃皮屬

別　名｜九重吹、鳥樹

攝食蝶種｜臺灣三線蝶、沖繩絨毛弄蝶、琉璃波紋小灰蝶、角紋小灰蝶、銀斑小灰蝶

花序　葉序

植物性狀簡介

水黃皮是半落葉性喬木，生長在北部及南部海邊、溪流，為行道樹、防風樹或庭園綠蔭樹種。葉互生，一回奇數羽狀複葉，小葉2～3對，葉面光亮卵形，葉枕顯著。花淡紫紅色，總狀花序，萼片與花瓣皆為5，花瓣蝶形，單體雄蕊，雄蕊數10，果實為木質化莢果，彎狀扁平，能夠在水中漂浮，故可藉水流來傳播。

▶原生於海濱地區的水黃皮目前已常見於都會綠地。

花期　1 2 3 4 5 6 7 **8 9 10** 11 12

▼沖繩絨毛弄蝶外觀與臺灣絨毛弄蝶相似，但前翅翅形較為狹長，且分布環境多與水黃皮重疊，後者則多現蹤於山區環境。成蝶飛行迅速且偏好晨昏或陰天活動因而較不易察覺。

蝴蝶生態啟示錄

水黃皮為臺灣原生的海濱植物，由於其對環境極佳的適應特性（抗風、抗鹽、耐旱），加上栽培容易、生長快速、樹形花色優美……等因素，近年廣受人們青睞成為都市綠地常見的行道樹、景觀植物或防風林，這樣行為卻也牽動著自然律動。

沖繩絨毛弄蝶為幼蟲僅攝食水黃皮的單食性蝶種，在1960年以前牠被認為是主要分布於恆春半島及蘭嶼等地區的罕見蝶種，然而隨著近年水黃皮的廣泛栽植，牠已普遍分布全島各地，只要在孕生嫩葉的水黃皮植株附近，都有機會發現徘徊產卵的雌蝶或躲藏捲葉蟲巢的幼蟲。

秋季花開時序正是水黃皮一年四季中最美麗樣貌，此時水黃皮的花吸引著蝴蝶訪花吸蜜，琉璃波紋小灰蝶則徘徊於花苞處產下特殊的泡沫卵塊。

▲沖繩絨毛弄蝶雌蝶偏好將卵單枚產於水黃皮嫩葉或托葉上，剛產時卵為白色，之後則轉為粉紅色。

▼沖繩絨毛弄蝶幼蟲會將葉片捲折製作蟲巢，四齡幼蟲以前偏好攝食紅褐色嫩葉，終齡蟲則攝食青綠新葉，深綠的堅硬老葉則不攝食。

▲剛孵化的一齡幼蟲身體為黃色，三齡幼蟲後形態相似，身軀黑褐色並摻雜白色條紋，終齡幼蟲化蛹前體色轉為較淺的乳白或淺綠色。（終齡幼蟲）

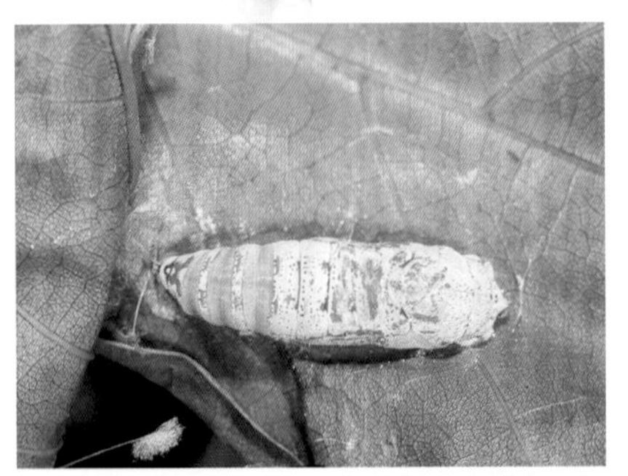

▲沖繩絨毛弄蝶幼蟲化蛹於捲折的蟲巢中，蛹體表面覆蓋白色粉狀代謝物以防止雨水淋濕。

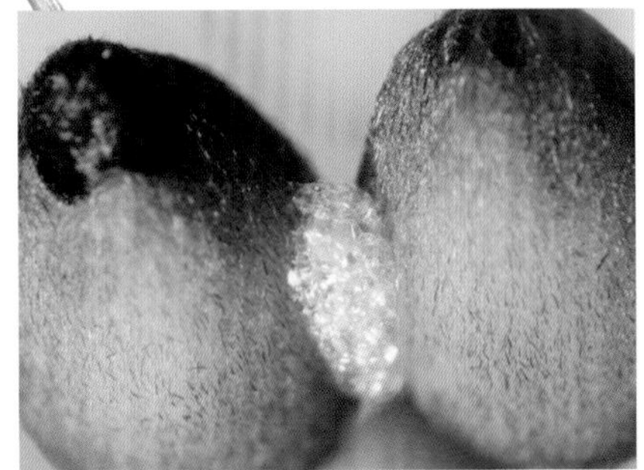

▲琉璃波紋小灰蝶除徘徊於水黃皮訪花吸蜜外，雌蝶更將卵產於花苞處，卵外表裹覆著泡沫狀物質。

望江南 *Senna occidentalis* (L.) Link

歸化種

科　名｜豆科Leguminosae　　屬　名｜決明屬

別　名｜石決明、羊角豆

攝食蝶種｜水青粉蝶

花序　葉序

▲望江南原產西印度群島及美洲地區，經引進已成歸化種，以人為活動區域較為常見。

植物性狀簡介

望江南是常綠半灌木，引進栽培後成為歸化種，生長在低海拔山區及荒野地。葉互生，一回偶數羽狀複葉，葉柄基部有一腺體，小葉3～6對，對生，前端漸尖。花黃色，總狀花序頂生或腋生，萼片與花瓣皆為5，花瓣分離，雄蕊10枚，其中有3雄蕊退化，果實為扁平線狀，微微向上彎曲的莢果。

▶望江南花黃色，總狀花序頂生或腋生，萼片與花瓣皆為5，花瓣分離。

花期	1	2	3	4	5	6	**7**	**8**	**9**	**10**	11	12

蝴蝶生態啟示錄

水青粉蝶與淡黃蝶同為遷粉蝶屬的蝴蝶，牠們行動敏捷且善於飛行，只是水青粉蝶在一般賞蝶活動或田野調查紀錄上明顯較少。探討其原因可歸咎幾點：水青粉蝶知名度不如淡黃蝶高；兩者在成蝶形態及生態習性上極為相似，造成野地裡目視兩者快速飛行或訪花行為均並不易辨別；再加上卵與幼蟲形態彼此相似且攝食寄主植物部分重疊，而容易造成誤判。望江南是水青粉蝶幼蟲最常利用且易與淡黃蝶區別的植物，澎湖地區會選擇澎湖決明，此外，牠還會攝食毛決明、阿勃勒、黃槐、翅果鐵刀木……等豆科植物，上述植物多常見於人為開墾或營造的環境，因此其出現在人為干擾環境的機會遠比自然山野多得多！

▶水青粉蝶腹面翅膀底色偏白，許多褐色波浪細紋散布其中。外觀可分高溫及低溫兩型，低溫型個體觸角為粉紅色，腹翅具紅褐色斑紋且中室端具有銀色斑紋。

▲水青粉蝶雌蝶偏好將卵單枚產於向陽環境的寄主植物葉片處，卵呈米粒狀並具有縱條刻紋。

▲水青粉蝶三齡幼蟲前體色為黃綠色，體表並無明顯的辨識特徵跟淡黃蝶區分。（三齡幼蟲）

▲水青粉蝶四齡及終齡幼蟲外觀相似，其體色為較深且體側具有明顯的黑色及白色線條，體表密布藍黑色小突起。

▼水青粉蝶常利用寄主植物葉下處化蛹，與淡黃蝶蛹體最大差別在於本種頭部突起較短。

酢漿草 *Oxalis corniculata* L.

原生種

科　名｜酢漿草科Oxalidaceae　　屬　名｜酢漿草屬

別　名｜黃花酢漿草、鹽酸仔草

攝食蝶種｜沖繩小灰蝶

▲酢漿草是在低、中海拔郊野、平原及都市綠地極為常見的草本植物。

植物性狀簡介

酢漿草是多汁蔓性草本，生長在低、中海拔荒郊、平原，是極為常見的草本植物。莖蔓性生長，葉互生，3出複葉，具長柄，小葉心形。花黃色，繖形花序腋生，萼片與花瓣皆為5，花瓣合生，雄蕊10枚，果實為長圓柱形蒴果，尾成錐狀有5稜，內有種子多數，成熟時會縱裂彈開。

▶體型微小的沖繩小灰蝶廣泛分布於臺灣全島低海拔開闊向陽的草原環境，雄蝶翅表呈現淺藍色金屬色澤，為公園綠地普遍易見的種類。

花期 1 2 3 4 5 6 7 8 9 10 11 12

蝴蝶生態啟示錄

沖繩小灰蝶是都市綠地最常見蝶種代表，一方面幼蟲賴以維生的酢漿草普遍易見，再加上對環境敏感度低且偏好棲息於開闊向陽環境，因而人為干擾密集的都市或墾地正巧投其所好。一年超過十個世代的牠成蝶四季可見，只是牠體型微小且常貼地飛行而不易察覺。對於想嘗試飼養小灰蝶的朋友而言，沖繩小灰蝶無疑是最適合的入門蝶種，藉由觀察雌蝶產卵行為及幼齡蟲特殊食痕（隨著幼蟲齡期增長則直接順葉緣處攝食），將讓我們更容易尋獲卵粒及幼蟲。

▲沖繩小灰蝶腹翅斑點排列看似紊亂，但掌握住與近似種獨特差異要訣，不難一眼認出，但低溫季節後翅黑色斑紋則會消褪較難辨識。

◀沖繩小灰蝶將卵單枚產於酢漿草葉片、蒴果或莖部組織上。

▲沖繩小灰蝶幼蟲具綠色及褐色兩型，幼蟲自二齡起即有螞蟻在旁共生，三齡幼蟲後該現象更為明顯，據研究有螞蟻共生的幼蟲存活率較高。

▲剛孵化的一齡及二齡幼蟲會由葉片下表面處刮食葉肉，使得葉表面呈現半透明的食痕。

▶老熟的幼蟲常離開寄主植物，並於鄰近處較隱蔽的石縫、落葉間化蛹。

菲律賓饅頭果 *Glochidion phillppicum* (Cavan.) C.B. Rob.

原生種

科　名｜大戟科Euphorbiaceae　　屬　名｜饅頭果屬

別　名｜紅饅頭果、面頭果

攝食蝶種｜白三線蝶、臺灣單帶蛺蝶、臺灣琉璃小灰蝶

花序　葉序

▲菲律賓饅頭果枝條明顯有短柔毛，葉背具有短柔毛。

植物性狀簡介

菲律賓饅頭果是常綠小喬木，生長在中、南部及東部低海拔地區或林緣空曠區。小枝條明顯有短柔毛，單葉互生，長橢圓形，基部略歪斜，全緣或微波浪狀，葉背有短柔毛，有2枚木質化刺狀托葉。花黃綠色，多雜性花，繖形花序簇生在葉腋，雄花與雌花萼片排列成2輪，果實為蒴果有稜，扁球形被有短柔毛，成熟時為紅色。

▶白三線蝶橙色的腹翅於亞外緣白帶中排列著黑色圓點，成蝶偏好活動於向陽環境，山頂稜線或樹梢枝條處則常見雄蝶占據的領域行為。

花期　1 2 3 4 **5 6 7 8 9** 10 11 12

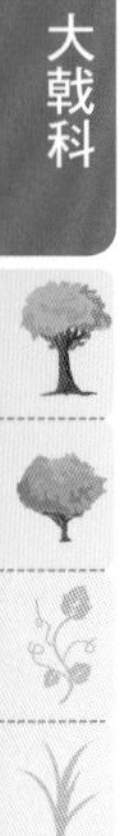

細葉饅頭果 *Glochidion rubrum* Blume

科　名	大戟科Euphorbiaceae
屬　名	饅頭果屬
別　名	饅頭果、細葉赤血仔
攝食蝶種	臺灣單帶蛺蝶、白三線蝶、臺灣雙尾燕蝶、三星雙尾燕蝶、臺灣琉璃小灰蝶、姬三尾小灰蝶

▲細葉饅頭果的葉為單葉互生且光滑呈倒卵形。

植物性狀簡介

細葉饅頭果是常綠灌木或小喬木，生長在低海拔地區或山頂稜線多風地帶。小枝條無毛，幼時有長柔毛，單葉互生，全緣，葉光滑倒卵形，有2枚木質化刺狀托葉。花黃綠色，多雜性花，繖形花序簇生在葉腋，雄花與雌花萼片皆為6排列成2輪，果實為蒴果有稜，扁球形光滑，成熟時種子呈紅色。

▶細葉饅頭果小枝條無毛。

花期 1 2 3 4 5 **6 7 8 9** 10 11 12

蝴蝶生態啟示錄

饅頭果屬植物主要分布於熱帶亞洲及太平洋群島等地區，臺灣產種類主要分布於低、中海拔林緣向陽環境，目前研究已知該屬植物共有9個種類，其中卵葉饅頭果為2005年最新發表種類。臺灣蝴蝶幼生期僅攝食饅頭果屬植物為臺灣單帶蛺蝶及白三線蝶兩種，目前已知利用的種類為裡白饅頭果、菲律賓饅頭果、細葉饅頭果、披針葉饅頭果之葉片。相較之下，臺灣雙尾燕蝶、臺灣琉璃小灰蝶、姬三尾小灰蝶幼生期為雜食性蝶種，饅頭果屬植物只是牠們眾多寄主植物中之部分選擇。

白三線蝶

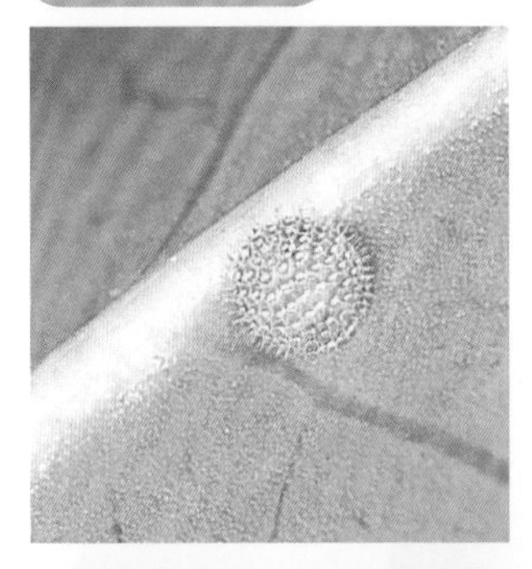

▶剛孵化的白三線蝶一齡幼蟲即選擇葉緣處，將部分糞便吐絲向外延伸連結成糞橋，並於糞橋葉基處製作糞巢，四齡幼蟲之前僅攝食葉片時會短暫離開糞橋與糞巢。（二齡幼蟲）

◀白三線蝶與臺灣單帶蛺蝶卵外觀相似，其雌蝶偏好將卵單枚產於新葉下表面處。

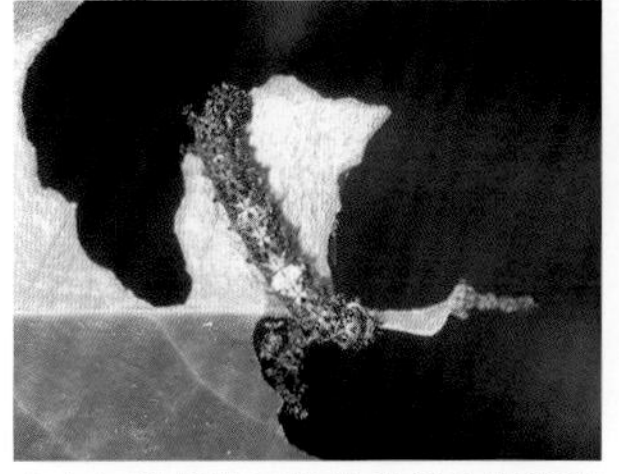

▲白三線蝶於四齡幼蟲前外觀與糞便色彩相似，隨著齡期增加體表棘刺及腹部背面的淺色斑紋逐漸明顯。（四齡幼蟲）

◀白三線蝶進入終齡幼蟲階段初期，體表呈淺褐色，之後體色轉為翠綠色，體表棘刺基部2／3為紅色，末端處則為黑色。該階段幼蟲已離開糞橋及糞巢，直接停棲於葉表處。

▲當終齡幼蟲體色轉為黃、藍色摻雜時，即表示幼蟲即將化蛹，此時牠們會四處移動尋找合適的化蛹位置，當進入前蛹階段時體色又轉變為乳白色。該時期的體色轉變十分精彩！

▲白三線蝶蛹似鍍金般耀眼，過去有人稱這類蛹為「金蝙蝠」。

臺灣單帶蛺蝶

▲臺灣單帶蛺蝶雄雌外觀有明顯差異，成蝶喜歡訪花吸蜜及吸食腐果、水分。

▲臺灣單帶蛺蝶幼蟲形態及習性與白三線蝶近似，幼蟲偏好利用寄主植物葉尖處製作糞橋。本種四齡幼蟲時腹部前段背面具綠色斑紋。

▶臺灣單帶蛺蝶終齡幼蟲色彩不如白三線蝶鮮豔，第5腹節背部具黑色斑紋。但化蛹前依舊有著複雜的色彩變化，該現象也是帶蛺蝶屬蛹蝶特色。

▶臺灣單帶蛺蝶蛹體較無金屬色澤，腹背部之鉤狀突起形成近中空造型

臺灣雙尾燕蝶

▲臺灣雙尾燕蝶幼蟲食性繁雜，其攝食細葉饅頭果、山豬肉、青剛櫟……等植物葉片，因幼生期與舉尾蟻有密切的共生關係，雌蝶常將卵產於有舉尾蟻的植株上。（三齡幼蟲）

◀美麗的臺灣雙尾燕蝶廣泛分布於臺灣全島低、中海拔山區，成蝶偏好訪花吸蜜。

野桐 *Mallotus japonicus* (Thunb.) Muell.-Arg.

原生種

科　名｜大戟科Euphorbiaceae　　屬　名｜野桐屬

別　名｜野梧桐、大白匏仔

攝食蝶種｜臺灣黑星小灰蝶

花序　葉序

▲野桐是低海拔次生林地區常見的陽性植物，葉為闊卵形的單葉互生或近對生。

植物性狀簡介

野桐是半落葉性小喬木，生長在低海拔次生林地區，是常見的陽性植物。全株密布星狀絨毛，單葉互生或近對生，葉闊卵形常3淺裂，柄長，葉面基部有1對腺體，葉背散生黃褐色腺體，花淡黃綠色，單性花，雌雄異株，穗狀花序頂生，無花瓣，雄蕊多數，雌花柱頭3～4裂，果實為球形蒴果，表面有長的軟刺，種子扁球形黑色。

花期 1 2 3 4 5 6 7 8 9 10 11 12

血桐

血桐因枝幹折斷後的樹液經氧化後呈現紅色，宛如血液一般而得名。其常與野桐、白匏子、油桐等植物伴隨生長，血桐葉形屬盾狀，葉柄著生於葉身。

白匏子 *Mallotus paniculatus* (Lam.)Muell.-Arg.

科　名｜大戟科Euphorbiaceae　屬　名｜野桐屬
別　名｜微笑樹、白葉仔
攝食蝶種｜臺灣黑星小灰蝶

花序　葉序

▲白匏子分布於低海拔次生林地區，初秋時為主要開花季節。

植物性狀簡介

白匏子是半落葉性小喬木，生長在低海拔次生林地區，是常見的陽性植物。全株密布星狀絨毛，單葉互生，葉菱形全緣或淺裂，柄長，葉面基部有1對腺點，葉背密生白色或淡褐色星狀毛。花淡黃白色，單性花，雌雄異株，穗狀花序頂生，無花瓣，雄蕊多數，果實為球形蒴果，表面有長的軟刺，種子球形黑色。

▶臺灣黑星小灰蝶屬低海拔地區普遍易見的一年多世代蝶種，但以秋季為高峰期，成蝶偏好訪花吸蜜及吸水。

花期｜1 2 3 4 5 6 **7 8 9 10** 11 12

蝴蝶生態啟示錄

臺灣低海拔地區有許多遭逢人為開墾破壞或崩塌、火災等天然因素形成的環境，血桐、野桐、白匏子因具耐曬抗旱、生長快速，以及對養分、水分較低需求等特質往往能優先生長占據，因而獲得「陽性植物」（或「先驅植物」）的稱呼。臺灣黑星小灰蝶幼蟲除利用大戟科的野桐、白匏子、血桐、扛香藤外，尚會選擇鼠李科的桶鉤藤及榆科的山黃麻，由於牠對植物的利用僅限於花開季節，因而形成不同季節利用不同植物花部組織的現象。秋季期間為本種成蝶最多的高峰期，該現象與白匏子、野桐、桶鉤藤等植物花序正值盛開有關。

▲臺灣黑星小灰蝶因幼生期主要攝食植物的花及花苞，因此雌蝶多數將卵產在花苞處或其附近的枝葉上。（野桐花苞）

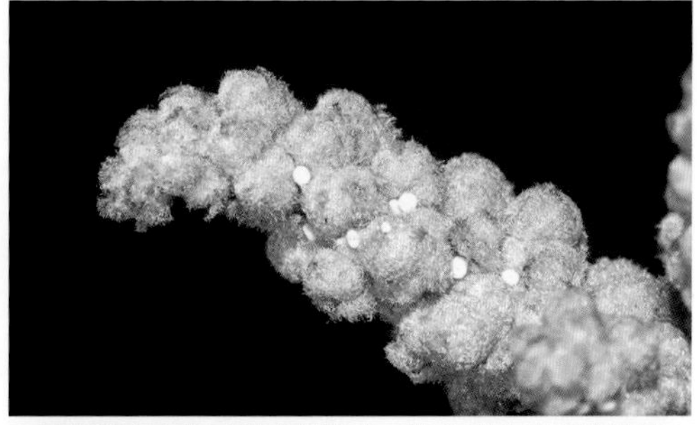

▲仔細觀察白匏子花序縫隙處，將有機會發現雌蝶精心產下的卵粒隱藏其中。

▲臺灣黑星小灰蝶幼蟲體色隨著攝食植物花色而有變化，圖為攝食野桐花序的終齡幼蟲，有時幼蟲身旁會有螞蟻伴隨保護著。

▲攝食桶鉤藤的幼蟲體色呈綠色，依舊是絕佳的保護色彩。幼蟲達化蛹前體色則轉為粉紫色。

▲臺灣黑星小灰蝶蛹體為黃褐色，表面散布許多大小不一的褐色斑紋，胸部位置具有一對明顯的黑色斑紋。

扛香藤 *Mallotus repandus* (Willd.) Muell.-Arg.

原生種

科　名｜大戟科Euphorbiaceae　　屬　名｜野桐屬

別　名｜糞箕藤、桶鉤藤、鉤藤

攝食蝶種｜凹翅紫小灰蝶、臺灣黑星小灰蝶

▲扛香藤廣泛分布於低海拔陽光充足的林緣環境，圖上方的葉子即為凹翅紫小灰蝶製作蟲巢的模樣。

植物性狀簡介

扛香藤是常綠蔓性攀緣灌木，生長在低海拔地區，溪邊、海岸叢林中也常見。枝條有星狀絨毛，單葉互生，葉菱形全緣，柄長，葉脈交接處有腺點，葉背有絨毛。花淡黃綠色，單性花，雌雄異株，雄花圓錐花序頂生，雄蕊多數，雌花總狀花序，柱頭2裂，果實為扁球形蒴果，表面有黃褐色絨毛。

▶凹翅紫小灰蝶於後翅前緣及肛角處均有自然凹陷缺口而獨具特色。成蝶偏好棲息於略開闊明亮的林蔭或林緣環境，有時則會飛往向陽環境訪花吸蜜。

花期｜1 2 3 4 **5 6 7 8** 9 10 11 12

蝴蝶生態啟示錄

扛香藤為臺灣產大戟科野桐屬植物中，唯一的蔓性攀緣植物，其根、莖、葉在民間傳統中藥使用上具有祛風活絡，舒筋止痛及治療肝病等療效。扛香藤目前已知為臺灣黑星小灰蝶及凹翅紫小灰蝶的寄主植物，但兩者分別攝食該植物不同部位。臺灣黑星小灰蝶幼蟲以花及花苞為食，雌蝶僅於扛香藤開花季節產卵利用之。屬於單食性的凹翅紫小灰蝶則以扛香藤為唯一的寄主植物，其幼蟲攝食葉片並吐絲製作蟲巢躲藏其中，藉此躲避天敵。凹翅紫小灰蝶雖無豔麗的外表，但翅膀有著天然缺陷而獨具特色，牠雖廣泛分布臺灣全島低海拔山區且一年四季可見，但以中、南臺灣低海拔地區較為常見。

▶凹翅紫小灰蝶卵呈饅頭型，表面具有細緻的刻紋與刺突。

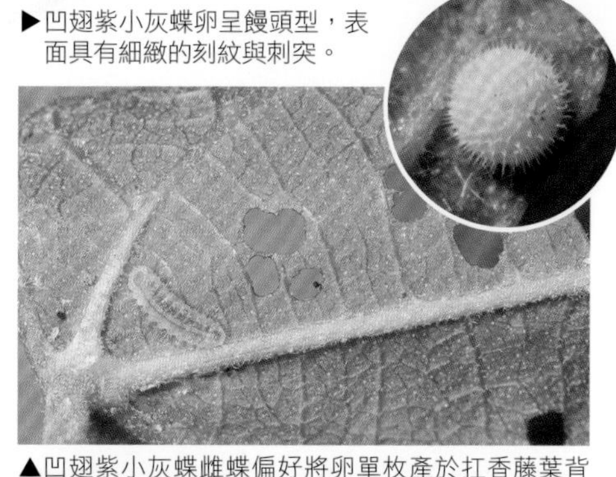

▲凹翅紫小灰蝶雌蝶偏好將卵單枚產於扛香藤葉背處，幼齡幼蟲常躲藏於葉背。

▲終齡幼蟲身體扁平，綠色的身體於中央處具有黃綠色的條紋，體側則有顯眼的白色氣孔。

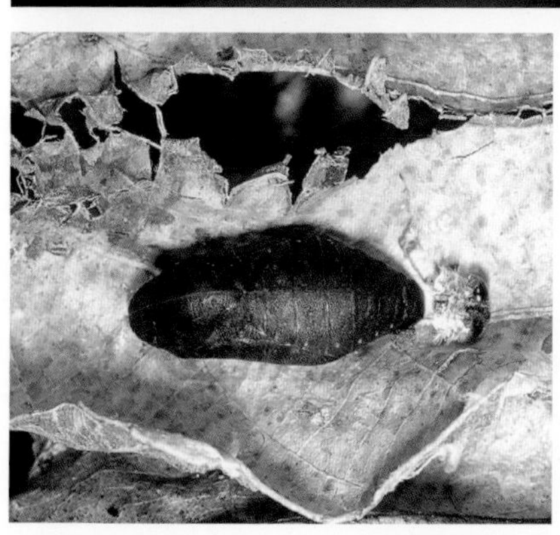

◀▼凹翅紫小灰蝶化蛹前幼蟲體色變深，常化蛹於寄主植物鄰近落葉間。

▲體型較大的三齡及終齡幼蟲吐絲將葉片捲折製成蟲巢，白晝躲藏其間。

蓖麻 *Ricinus communis* L.

科　名｜大戟科Euphorbiaceae　屬　名｜蓖麻屬
別　名｜紅篦麻、篦麻子
攝食蝶種｜樺蛺蝶

花序　葉序

植物性狀簡介

蓖麻是常綠灌木，原產於印度及北非地區，引進栽培後野生化，生長在低海拔原野地區。全株光滑，單葉互生，葉掌狀裂，柄長。花淡黃色，單性花，雌雄同株，總狀花序，無花瓣，雄花生於花軸下方，雄蕊多數，雌花生於花軸上方，柱頭3裂呈暗紅色，果實為球形蒴果，表面有刺狀凸起，種子扁球形紫色，上有白色斑紋。

▶原產於印度及北非的蓖麻經引進後，現於全島低海拔地區普遍易見。

花期｜1 2 3 4 5 6 7 8 9 10 11 12

▶樺蛺蝶體型不大，翅膀背面呈棕褐色，並散布許多黑色波浪狀線條，近翅端處還有一枚白色斑點。

蝴蝶生態啟示錄

蓖麻原產於印度及北非地區，其種子含有蓖麻油、蓖麻毒蛋白和蓖麻鹼等成分，直接攝取對人體具有毒性，但具醫療及工業潤滑油之多重用途，近年更是巴西提煉製造生質柴油的重要原料。樺蛺蝶幼生期目前僅知攝食蓖麻，牠對於北臺灣民眾而言較為陌生，因其主要分布於中、南臺灣地區，在上述地區普遍易見。樺蛺蝶在北臺灣紀錄不多，筆者僅曾於淡水及北投貴子坑地區觀察紀錄過，其中貴子坑地區族群自西元2003年至2004年8月期間由臺灣蝴蝶保育學會研調組持續監測，但2004年9月後即未再有紀錄，可見縱使蓖麻於北臺灣不算罕見，但仍有環境或其他因子限制著牠的分布。

▲樺蛺蝶偏好將卵單枚產於葉表面處，最特殊之處在於其外表如仙人掌般布滿著刺毛。

▲樺蛺蝶二齡幼蟲頭部即長出一對短角，之後隨著幼蟲齡期增長，頭部短角與身上棘刺逐漸明顯。（三齡幼蟲）

▲樺蛺蝶幼蟲偏好停棲於葉片表面處，終齡幼蟲渾身棘刺且背部摻雜顯眼的白色、紅色斑紋，樣貌駭人。（終齡幼蟲）

▲樺蛺蝶蛹體具有褐色及綠色兩型，模樣酷似一片捲曲的葉片。

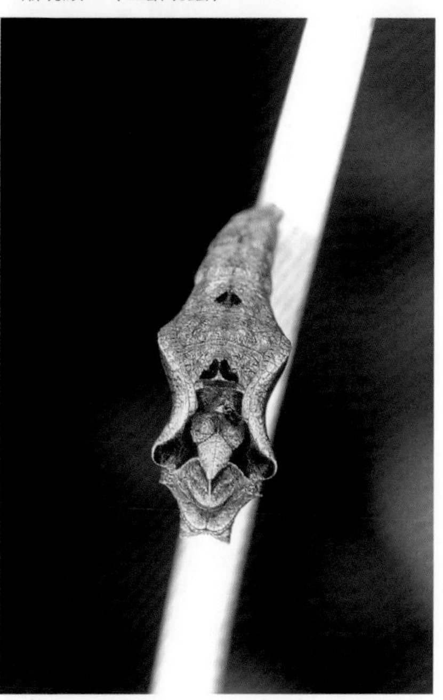

▲由蛹體的背部觀察，可見其胸部及腹部前段具有特殊的深色斑紋。

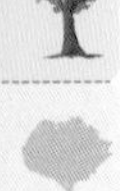

臺灣假黃楊 *Liodendron formosanum* (Kanehira & Sasaki) Keng

科　名｜大戟科Euphorbiaceae　　屬　名｜假黃楊屬

別　名｜鐵屑仔

攝食蝶種｜蘭嶼粉蝶、雲紋粉蝶、尖翅粉蝶

花序　葉序

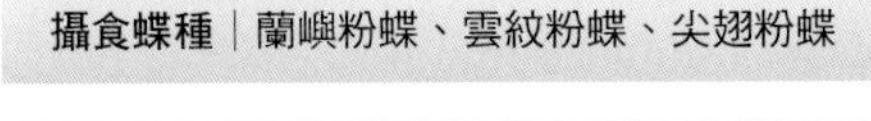

▲臺灣假黃楊的小枝條光滑略成「之」字形。

植物性狀簡介

臺灣假黃楊是常綠喬木，生長在低海拔森林及海岸叢林地區。小枝條光滑略成「之」字形，單葉互生，葉長橢圓形，全緣或淺齒緣，葉面光滑油綠，基部葉形明顯傾斜一邊。單性花，雌雄異株，雄花穗狀或總狀花序腋出，雄蕊2枚，雌花單生腋出，柱頭3裂，果實為橢圓形核果，表面有絨毛。

▶雲紋粉蝶後腹翅呈黃褐色，並有複雜的黑褐色及米白色雲狀斑紋摻雜其中，雌蝶翅膀表面黑色斑紋發達。

花期｜1 2 **3 4 5** 6 7 8 9 10 11 12

鐵色 *Drypetes littoralis* (C. B. Rob.)Merr.

原生種

科　名｜大戟科Euphorbiaceae　屬　名｜鐵色屬

別　名｜鐵色樹、環蕊木

攝食蝶種｜蘭嶼粉蝶、雲紋粉蝶、尖翅粉蝶

花序 

葉序 

▲鐵色那革質堅硬的葉片及鐮刀狀彎曲長橢圓形葉形，讓人十分容易辨別。

植物性狀簡介

鐵色是常綠小喬木，生長在恆春半島及蘭嶼低海拔森林地區。小枝圓形平滑，單葉互生革質，葉面光滑，長橢圓形呈鐮刀狀彎曲，全緣。花淡黃綠色，單性花，雌雄同株，花單生或3～4個簇生腋出，雄花與雌花萼片皆為4～6，無花瓣，雄蕊少數至多數。果實為卵形核果，成熟時為橙紅色。

▶尖翅粉蝶外觀上雄雌異型，雄蝶翅膀近乎潔白，前翅翅端顯得特別尖銳。成蝶飛行迅速，偏好訪花吸蜜及吸水。

花期｜1｜2｜**3**｜**4**｜**5**｜6｜7｜8｜9｜10｜11｜12

蝴蝶生態啟示錄

鐵色自然分布於恆春半島南端及蘭嶼地區的低海拔森林及珊瑚礁海岸林，其葉厚革質，表面像塗了層蠟可減少水分散失及抗風耐旱，對環境有著較強的適應力，再加上鐮刀狀彎曲長橢圓形葉形以及由黃轉紅的成熟果實極具觀賞價值，近年廣為庭園造景、行道樹及公園綠地栽種。蘭嶼粉蝶、雲紋粉蝶及尖翅粉蝶為臺灣產三種攝食鐵色的蝴蝶，受限於寄主植物的自然分布牠們呈現臺灣南、北分布的現象。蘭嶼粉蝶以蘭嶼及東北角地區族群較為穩定；雲紋粉蝶分布較廣，但以東部及南部數量較多；尖翅粉蝶則以恆春半島、臺東、蘭嶼及東北角地區族群量較多。這三種飛行能力不錯的粉蝶因幼蟲也會攝食大戟科的臺灣假黃楊，再加上鐵色逐漸被人們廣泛種植利用，哪天您在他處見觀察到牠們可別太意外！

雲紋粉蝶

▲雲紋粉蝶幼蟲形態與尖翅粉蝶相似，但其體表以藍色為底色，體側並具黃色縱線。

尖翅粉蝶

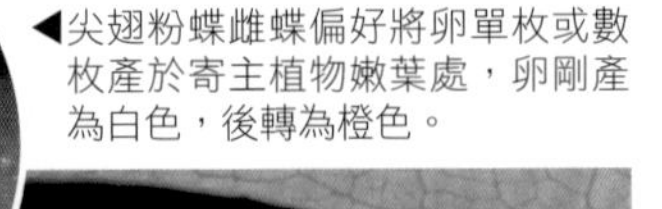

◀尖翅粉蝶雌蝶偏好將卵單枚或數枚產於寄主植物嫩葉處，卵剛產為白色，後轉為橙色。

▲尖翅粉蝶雌蝶依翅膀底色差異分為白色型及黃色型，但兩者黑色斑紋差異不大。

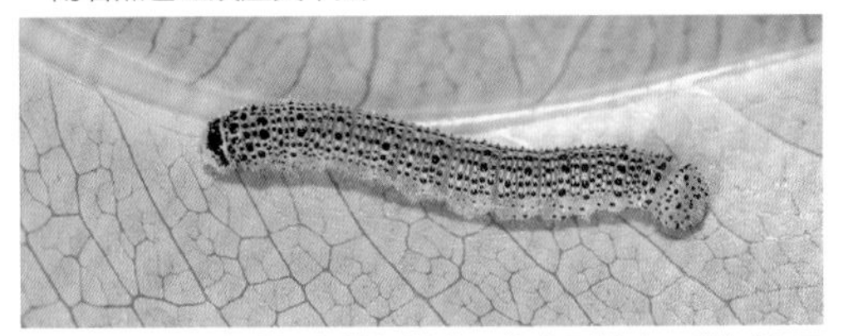

▲尖翅粉蝶幼蟲僅攝食鐵色嫩葉，幼蟲形態自三齡以後至終齡階段幾無變化，淺黃色的頭殼及黃綠色身體密布著藍黑色的瘤突。幼蟲受到干擾常吐絲垂降離開植物。

▲尖翅粉蝶雌蝶前翅及後翅表面外緣處，有著較雄蝶發達的黑色斑紋。

◀尖翅粉蝶蛹體具綠色及褐色兩型，頭頂具彎曲突起構造，並有兩列藍黑色斑點排列於胸部及腹部兩側。

柑橘類 *Citrus* spp.

栽培種

科　名｜芸香科Rutaceae　　屬　名｜柑橘屬

攝食蝶種｜大鳳蝶、黑鳳蝶、無尾鳳蝶、烏鴉鳳蝶、白紋鳳蝶、玉帶鳳蝶、臺灣鳳蝶、柑橘鳳蝶

花序 　葉序 

▲金桔、柑橘、柚子、檸檬等柑橘類植物為居家常見的植物，也是多種鳳蝶幼蟲會攝食的選擇。

植物性狀簡介

柑橘類是常綠灌木或喬木，廣泛種植於全島各地，是臺灣重要的經濟作物。枝條上常有銳刺，樹齡越小，刺就越多，單葉互生，單身複葉，葉片有許多透明腺點，揉搓後有香味。花白色芳香，單生或簇生，雄蕊多數，花絲合生，果實為球形柑果。

花期｜1 2 3 4 5 6 7 8 9 10 11 12

烏柑仔 *Severinia buxifolia* (Poir.) Tenore

原生種

科　名｜芸香科Rutaceae　　**屬　名**｜烏柑屬

別　名｜山柑仔、常山

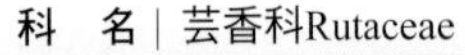

攝食蝶種｜玉帶鳳蝶、無尾鳳蝶、恆春琉璃小灰蝶

▲烏柑仔主要分布於南臺灣地區，是珊瑚礁岩上海岸灌木叢中具代表性的有刺小灌木。

植物性狀簡介

烏柑仔是常綠小灌木，生長在恆春半島海岸地區，耐旱、抗風是最佳的海濱物種。枝條葉腋有銳刺，單葉互生革質，全緣，前端鈍或微凹，葉片有許多透明腺點，揉搓後有香味。花白色芳香，單生或簇生，花瓣3～5，雄蕊10枚長短不一，果實為球形漿果，成熟時黑色，故稱烏柑仔。

▶恆春琉璃小灰蝶分布於臺南以南的低海拔地區，幼蟲攝食烏柑仔嫩葉，雌蝶產卵也偏好將卵單產於嫩葉處。

花期｜1 2 3 4 5 6 7 8 **9** **10** **11** 12

賊仔樹 *Tetradium glabrifolium* (Champ.*ex* Benth.) T. Hartley

科　名	芸香科Rutaceae	屬　名	賊仔樹屬
別　名	臭辣樹、山漆		
攝食蝶種	烏鴉鳳蝶、臺灣烏鴉鳳蝶、白紋鳳蝶、臺灣白紋鳳蝶、大白裙弄蝶、臺灣大白裙弄蝶		

▲賊仔樹不僅是多種鳳蝶的寄主植物，夏季開花季節更是理想的蜜源植物。

植物性狀簡介

賊仔樹是落葉喬木，生長在低、中海拔森林中。小枝條有柔毛，葉對生、一回奇數羽狀複葉，小葉2～9對，對生，小葉基部明顯歪斜，葉兩面光滑，葉背灰白色。花黃白色，單性花，雌雄異株，聚繖花序，萼片與花瓣皆為5，雄蕊數4或5枚，果實為球形蓇葖果，分開或部分生在一齊。

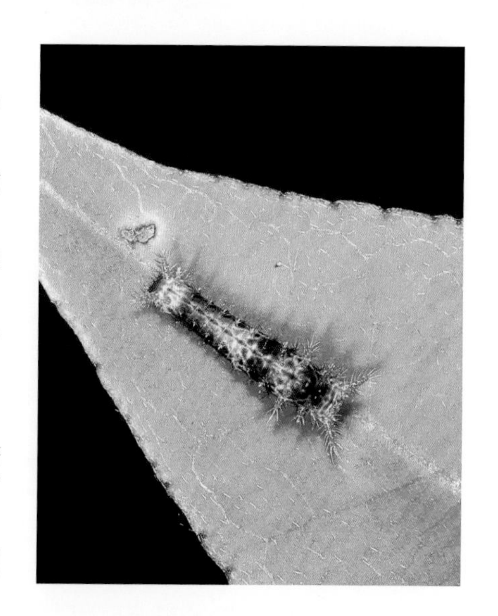

▶鳳蝶一齡幼蟲從卵孵化後會將卵殼吃光，此時體表多具有短刺毛。（賊仔樹上的烏鴉鳳蝶一齡幼蟲）

花期 1 2 3 4 5 6 **7 8 9** 10 11 12

飛龍掌血 *Toddalia asiatica* (L.) Lam.

原生種

科　名｜芸香科Rutaceae　　屬　名｜飛龍掌血屬

別　名｜小葉黃肉樹

攝食蝶種｜玉帶鳳蝶、白紋鳳蝶、臺灣白紋鳳蝶、黑鳳蝶、琉璃紋鳳蝶、雙環鳳蝶、臺灣鳳蝶、琉璃帶鳳蝶

花序

葉序

▲飛龍掌血屬常綠攀緣灌木，全株皆密生小鉤刺，觸碰時應多加留意。

植物性狀簡介

飛龍掌血是常綠攀緣灌木，生長在低、中海拔次生林或荒野地區。全株皆密生小鉤刺，葉互生，3出複葉，小葉全緣或細鋸齒，葉片有許多透明腺點，揉搓後有香味。花黃綠色，單性花，雌雄異株，聚繖或圓錐花序，雄花內有退化雌蕊花柱，花瓣5，雄蕊5枚，果實為球形核果，成熟時黃褐色。

▶鳳蝶雌蝶偏好選擇寄主植物的嫩芽或新葉處，將卵單枚產於葉表或葉背處。（飛龍掌血上的黑鳳蝶）

花期 1 2 **3 4 5 6** 7 8 9 10 11 12

食茱萸 *Zanthoxylum ailanthoides* Sieb.& Zucc.

原生種

科　名｜芸香科Rutaceae　　**屬　名**｜花椒屬

別　名｜紅刺蔥、鳥不踏

攝食蝶種｜玉帶鳳蝶、白紋鳳蝶、臺灣白紋鳳蝶、烏鴉鳳蝶、臺灣烏鴉鳳蝶、雙環鳳蝶、琉璃帶鳳蝶、黑鳳蝶、臺灣大白裙弄蝶、大白裙弄蝶、柑橘鳳蝶

花序 　葉序 

植物性狀簡介

食茱萸是落葉中大喬木，生長在低海拔森林向陽地區，全株樹幹有瘤刺，小枝有銳刺，葉互生、一回羽狀複葉，小葉7～15對，對生基部略歪斜，葉背灰白，葉片有許多透明腺點，揉搓後有香味。花小淡黃色，單性花，雌雄異株、頂生平展的聚繖花序，雄蕊3～8枚，果實為球形蓇葖果，種子黑色。

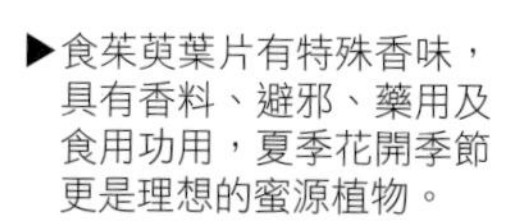

▶食茱萸葉片有特殊香味，具有香料、避邪、藥用及食用功用，夏季花開季節更是理想的蜜源植物。

◀攝食芸香科的鳳蝶幼蟲達四齡幼蟲以前外貌酷似鳥糞，其主要停棲於葉表處。（食茱萸上的柑橘鳳蝶四齡幼蟲）。

花期 1 2 3 4 5 6 **7 8 9** 10 11 12

雙面刺 *Zanthoxylum nitidum* (Roxb.) DC.

科　名｜芸香科Rutaceae　　屬　名｜花椒屬

別　名｜崖椒、鳥踏刺

攝食蝶種｜黑鳳蝶、玉帶鳳蝶、琉璃紋鳳蝶

花序　葉序

▲雙面刺在莖、枝條、葉軸及小葉兩面都有刺而得名，尤其在幼苗葉片更為明顯。

植物性狀簡介

雙面刺是攀緣性本質藤本，生長在低海拔闊葉林下層，北部山區容易看見。莖、枝條，葉軸及小葉兩面都有刺，葉互生，一回奇數羽狀複葉，小葉2～4對，對生，葉片有許多透明腺點，揉搓後有香味。花黃白色，雜性花或雌雄異株的單性花，聚繖花序，雄蕊3～8枚，延伸到花瓣外，果實為球形蓇葖果。

花期｜1 2 3 4 5 6 7 8 9 10 11 12

過山香 *Clausena excavata* Burm. f.

原生種

科　名｜芸香科Rutaceae　　屬　名｜黃皮屬

別　名｜蕃仔香草、山黃皮

攝食蝶種｜玉帶鳳蝶、無尾鳳蝶、臺灣白紋鳳蝶

花序 　葉序

▲過山香主要分布於恆春半島，也造就了該地區玉帶鳳蝶的週期性大發生景象。

植物性狀簡介

過山香是落葉灌木或小喬木，生長在恆春半島森林或平野地區，莖與葉都具有特別濃郁氣味，葉互生，小葉多數約17～30片，對生或互生，葉形基部歪斜如鐮刀狀，葉片有許多透明腺點，揉搓後有香味。花淡黃色，圓錐花序頂生，花瓣4～5，雄蕊8～10枚，果實為長橢圓形漿果，成熟時紫紅色略透明。

▶攝食芸香科植物的鳳蝶種類卵外觀為圓球形，隨種類及發育程度而為深淺不一的米白色、黃色或黃褐色。（過山香上的臺灣白紋鳳蝶）

花期 1 2 **3 4 5** 6 7 8 9 10 11 12

芸香科

蝴蝶生態啟示錄

黑色的鳳蝶因體型碩大且色彩華麗，往往成為人們欣賞觀察的焦點，在生活周遭人們很容易栽種金桔、柑橘、柚子、胡椒木……等芸香科植物，這些植物恰巧成為鳳蝶產卵繁衍的庇護所，而牠們也是許多入門者及孩童從事飼養觀察的最佳選擇。臺灣本島已紀錄41種蝶種類中，鳳蝶屬成員占了近50%，其中除了黃鳳蝶以繖形科植物為食外，其餘鳳蝶屬幼生期均以芸香科植物為食，其大多數種類對所攝食

成蟲

鳳蝶多數以黑色為底色，後翅表面及腹面之斑紋排列為種類辨識依據。

大鳳蝶（雄蝶）

大鳳蝶（有尾型雌蝶）

臺灣鳳蝶（雄蝶）

臺灣鳳蝶（雌蝶）

玉帶鳳蝶（擬態型雌蝶）

玉帶鳳蝶（玉帶型雌蝶）

▼臭角是鳳蝶科蝴蝶特有的防禦武器，隨著鳳蝶種類的差異各有其不同的顏色，其可成為辨識幼齡階段幼蟲之參考依據。（大鳳蝶四齡幼蟲）

白紋鳳蝶

的芸香科植物選擇廣泛（含跨芸香科十屬植物，其中以黑鳳蝶及玉帶鳳蝶食性選擇最廣），其中又以臺灣鳳蝶及玉帶鳳蝶跨食樟科植物現象較為特殊。在人為飼養下，有時因寄主植物不足而選擇替代植物餵食，但在野地實務觀察得知，各種鳳蝶是有其特別偏好產卵、攝食的寄主植物。芸香科植物主要為鳳蝶科鳳蝶屬蝴蝶的選擇，但也有兩種小灰蝶及弄蝶種類選擇利用。

▶大鳳蝶、烏鴉鳳蝶等種類，幼蟲達四齡階段體色已逐漸轉變為過渡的綠色。（賊仔樹上的烏鴉鳳蝶四齡幼蟲）

▼無尾鳳蝶是都會地帶柑橘植物上最常見到的鳳蝶種類，其臭角具兩截色彩。（終齡幼蟲）

◀發育成熟的終齡幼蟲常尋找隱蔽的枝葉間或樹幹上化蛹。（黑鳳蝶）

終齡幼蟲

終齡蟲階段體色為翠綠色，胸部及腹部的斑紋排列為種類辨識依據。

大鳳蝶

臺灣鳳蝶

柑橘鳳蝶

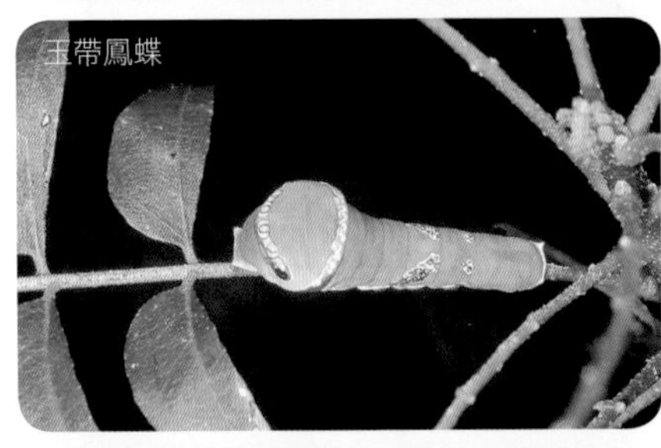
玉帶鳳蝶

無尾鳳蝶

臺灣白紋鳳蝶

黑鳳蝶

琉璃帶鳳蝶

烏鴉鳳蝶

蛹

攝食芸香科的鳳蝶蛹體顏色具綠色及褐色兩型，深淺並隨化蛹環境變化，蛹體頭部突起及胸部、腹部之突起角度為種類辨識依據。冬季期間蛹期時間明顯變長。

黑鳳蝶（上）
大鳳蝶（下）

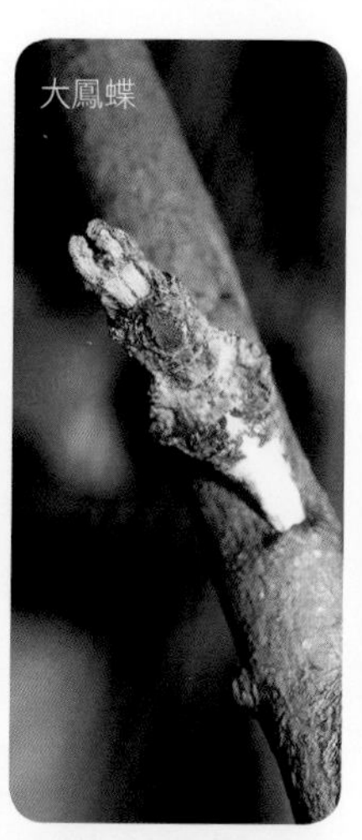
大鳳蝶

黑鳳蝶

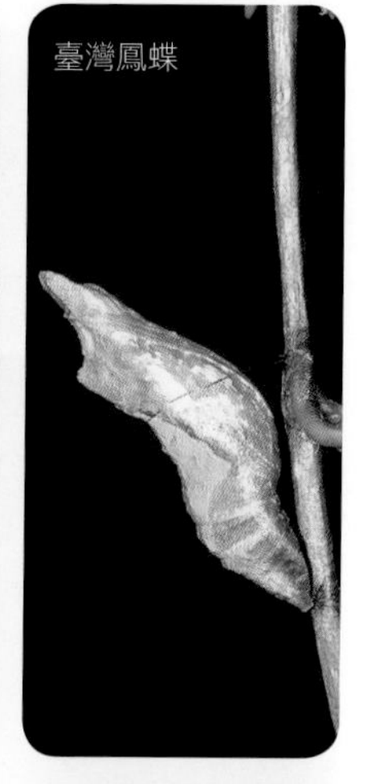
臺灣鳳蝶

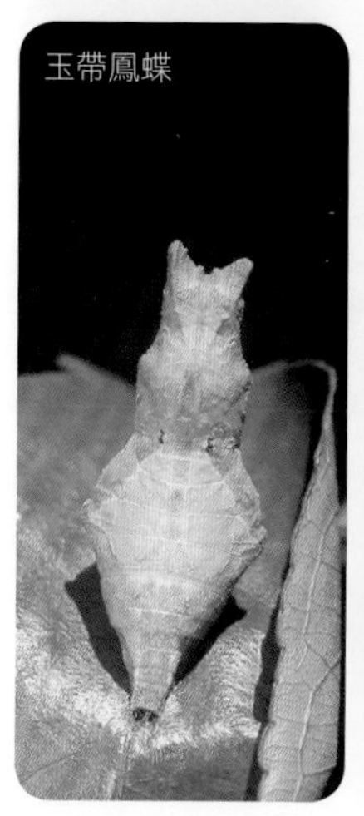
玉帶鳳蝶

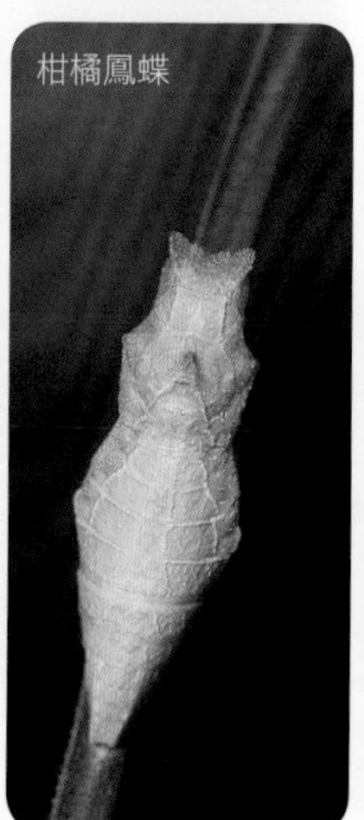
柑橘鳳蝶

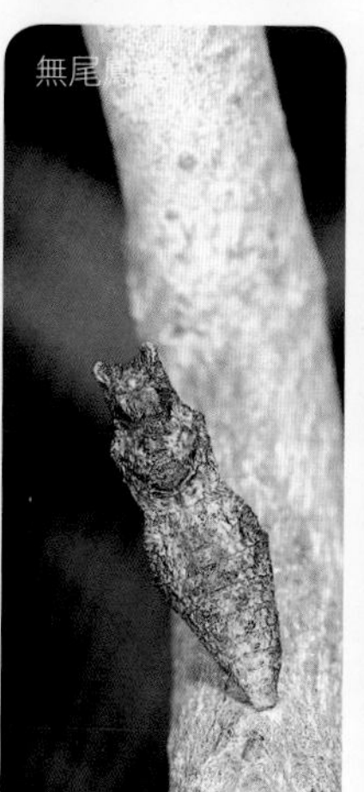
無尾

烏鴉鳳蝶

▲大白裙弄蝶為一年一世代蝶種，成蝶主要現蹤於春至初夏季節海拔較高的山區，訪花或吸水時翅膀總是攤展著。

▶大白裙弄蝶偏好將卵數個群產於植物葉尖處，圖為幼蟲孵化離開後殘留的卵殼。

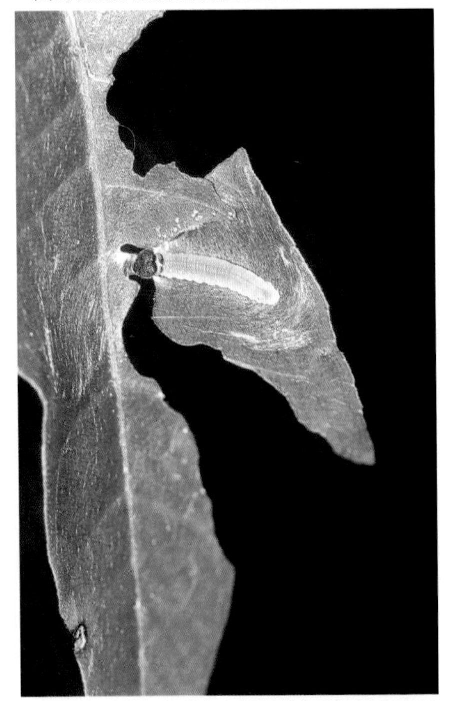

▲大白裙弄蝶與臺灣大白裙弄蝶幼蟲以芸香科的賊仔樹、吳茱萸、食茱萸為食，為弄蝶種類中食性較特殊的種類。（二齡幼蟲）

▲大白裙弄蝶會將寄主植物折製成蟲巢並躲藏其中，冬季期間以三齡幼蟲越冬。

石苓舅 *Glycosmis pentaphylla* (Retz.) A. DC.

科　名｜芸香科Rutaceae　**屬　名**｜石苓舅屬

別　名｜山橘

攝食蝶種｜無尾白紋鳳蝶、玉帶鳳蝶、無尾鳳蝶、姬黑星小灰蝶

▲石苓舅複葉互生的小葉因排列較為稀疏，而容易被誤以為是單葉互生的植物。

植物性狀簡介

石苓舅是常綠灌木或小喬木，生長在低海拔森林地區。小枝條與嫩芽有毛，複葉互生，具1小葉或3～5片奇數羽狀小葉，全緣，葉片有許多透明腺點，揉搓後有香味。花黃白色，兩性花，圓錐花序腋生，花瓣4～5，雄蕊8～10枚，果實為扁球形漿果，成熟時紫紅色略透明，內有種子1粒。

▶無尾白紋鳳蝶廣泛分布於全島低海拔山區，雄雌外貌相似，雌蝶前翅表面亞外緣處多一列白色斑點。（雄蝶）

花期 1 **2 3 4** 5 6 7 8 9 10 11 12

蝴蝶生態啟示錄

石苓舅廣泛分布於全島低海拔闊葉林中，由於其複葉互生的小葉排列較為稀疏而容易被誤認為單葉互生植物，再加上葉形多變化，因此不是那樣容易辨別。其果實成熟時為紫紅色的長橢圓形漿果，看似可口，因而又名山橘。石苓舅為無尾白紋鳳蝶、玉帶鳳蝶、無尾鳳蝶及姬黑星小灰蝶的寄主植物，然而可能因棲息環境的差異，野地裡在該植物上發現無尾鳳蝶產卵利用的機會較低，而無尾白紋鳳蝶及姬黑星小灰蝶幼生期則為單食性，僅攝食石苓舅單一一種芸香科植物。

姬黑星小灰蝶

▲姬黑星小灰蝶廣泛分布全島低海拔山區，後腹翅前緣具一明顯黑點。成蝶飛行緩慢，除訪花吸蜜外偏好棲息於林蔭環境。

◀姬黑星小灰蝶雌蝶偏好將卵單枚產於石苓舅紅褐色的新芽或附近處，由於新芽的選擇性少而常形成多枚卵群聚情景。

▼姬黑星小灰蝶幼蟲偏好攝食嫩葉部位，但也可觀察到攝食花瓣或刮食老葉，幼蟲身旁常有螞蟻伴隨保護著。

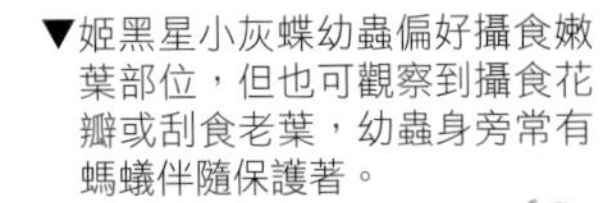

▲終齡幼蟲化蛹前偏好移至植栽近地表處的石苓舅老葉或落葉間化蛹，圖右方是已羽化殘留的蛹殼。

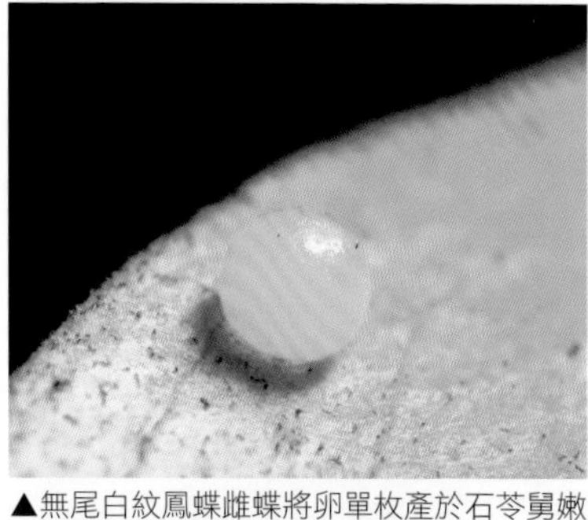

▲無尾白紋鳳蝶雌蝶將卵單枚產於石苓舅嫩葉葉背處，卵為淺黃色的圓球形。

▲無尾白紋鳳蝶一齡幼蟲外貌與多數鳳蝶屬鳳蝶相似，體色淺褐色且具有短刺毛。

▲終齡幼蟲綠色的體表並無明顯條紋，而是均勻散布著深淺複雜斑紋，並於前胸及腹部末端各有一對黃色突起構造。

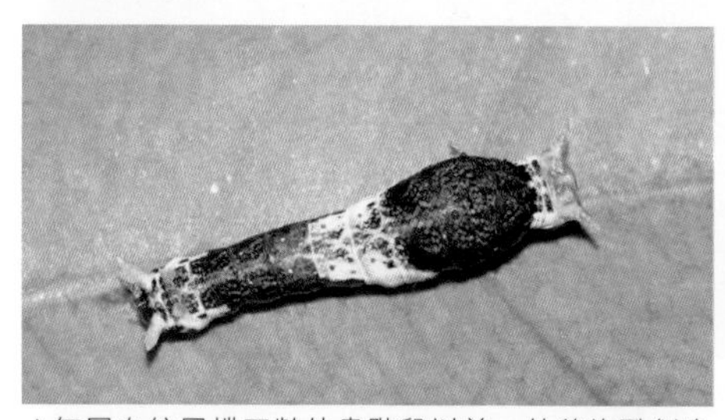

▲無尾白紋鳳蝶四齡幼蟲階段以前，外貌均酷似鳥糞，腹部末端的白色突起構造偏黃。（三齡幼蟲）

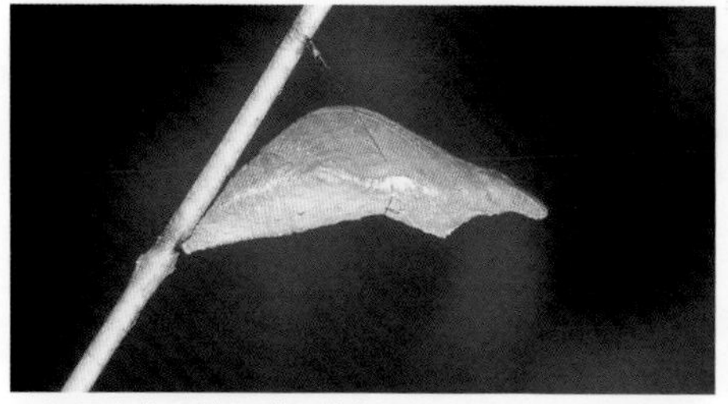

▲無尾白紋鳳蝶蛹體具綠色及褐色兩型，綠色型蛹體於近胸部位置具淺色斑紋。

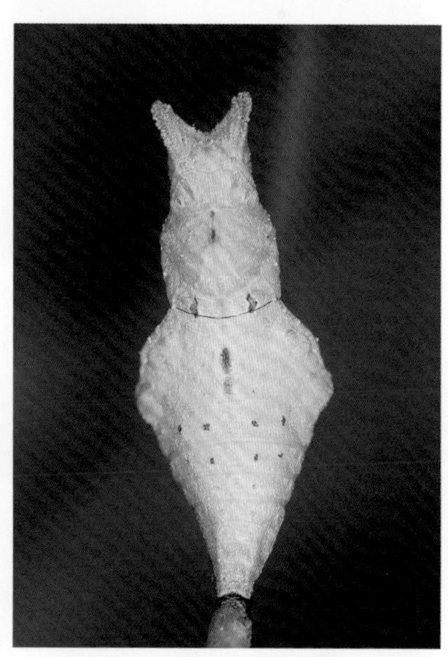

▲正視蛹體時，其頭部突起角度超過90度。

三腳虌 *Melicope pteleifolia* (Champ.*ex* Benth.) T. Hartley.

科　名｜芸香科Rutaceae　屬　名｜三腳虌屬
別　名｜百樹仔
攝食蝶種｜大琉璃紋鳳蝶

植物性狀簡介

三腳虌是常綠灌木至小喬木，生長在低、中海拔森林中。小枝條前端扁平，葉對生，3出複葉，葉柄較短略向下垂，小葉披針形，兩面光滑，前端漸尖，葉脈上常被毛。花黃白色，單性花，聚繖花序腋出，萼片4，雄蕊4枚，果實為球形蓇葖果，果皮外表有密毛，內有黑色種子1～4粒。

▶三腳虌葉柄較短且略為下垂，小葉為披針形於末端漸尖。

◀三腳虌花為黃白色的聚繖花序，其中萼片及雄蕊均為4枚。

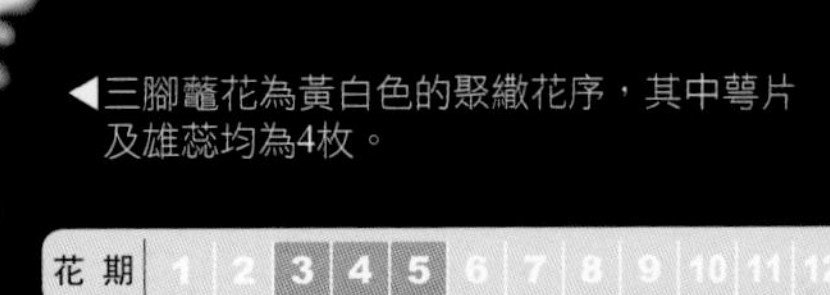

山刈葉 *Melicope semecarpifolia* (Merr.) T.Hartley

原生種

科　名｜芸香科Rutaceae　　屬　名｜三腳虌屬

別　名｜阿扁樹、山芥菜

攝食蝶種｜大琉璃紋鳳蝶

花序

葉序

植物性狀簡介

山刈葉是常綠灌木至中喬木，生長在低海拔闊葉森林中。小枝條前端粗大扁平，葉對生，3出複葉，長葉柄向上，小葉橢圓形，兩面光滑，前端鈍或圓。花黃綠色，單性或兩性花，聚繖花序腋出，萼片4，雄蕊4枚，果實為球形蓇葖果，果皮外表有密毛及凹溝，內有黑色種子1～4粒。

▶山刈葉小葉柄較長且朝上，小葉呈橢圓形至倒卵形，末端較圓鈍或略凹。

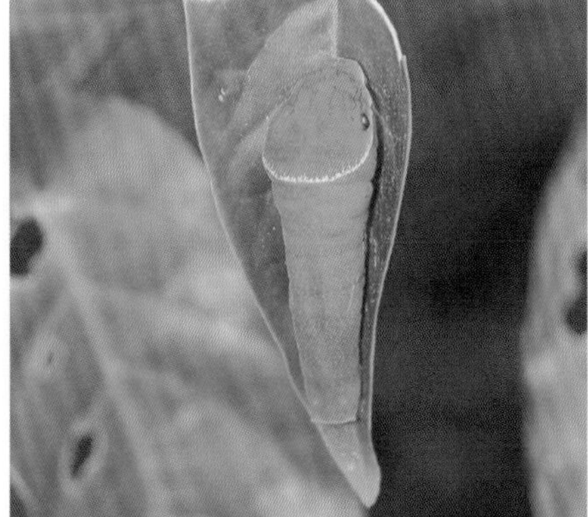

◀於山刈葉上的大琉璃紋鳳蝶終齡幼蟲。

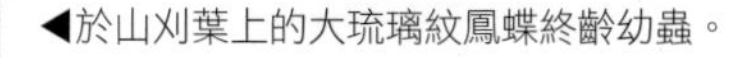

花期｜1 2 3 4 5 6 7 8 9 10 11 12

蝴蝶生態啟示錄

三腳虌及山刈葉是低海拔闊葉森林中常見的植物，兩者與同屬芸香科三腳虌屬的假三腳虌形態相似，彼此最大差異在於雄蕊數不同，三腳虌及山刈葉雄蕊4枚，假三腳虌則為8枚。三腳虌及山刈葉兩者形態亦十分相似，一般而言山刈葉小葉柄較長，小葉較大且呈橢圓形至倒卵形（先端較圓鈍或略凹），兩者花形態相似但主要花期不同，山刈葉為夏末秋初季節開花，三腳虌則為春季開花。三腳虌及山刈葉是大琉璃紋鳳蝶幼生期於野地裡主要攝食的植物，其幼蟲形態雖與琉璃紋鳳蝶、烏鴉鳳蝶等近緣種相似，藉由幼蟲停棲、攝食植物種類可為判斷依據。大琉璃紋鳳蝶屬一年多世代蝶種，冬季期間成蝶、幼蟲及蛹均可見。有趣的是，大琉璃紋鳳蝶攝食的寄主植物全島可見，卻僅侷限分布於北臺灣低海拔地區，什麼樣的因素牽制著牠的自然分布，始終是一個耐人尋味的研究課題。

◀大琉璃紋鳳蝶形態及習性與琉璃紋鳳蝶相似，但主要分布於新竹及宜蘭蘇澳以北的低海拔山區，彼此差異在於本種後翅表面琉璃斑紋較圓弧及完整，多數個體前翅表面亞外緣處無綠色帶狀鱗粉，多數個體雄蝶不具絨毛狀鱗毛。

◀大琉璃紋鳳蝶一齡幼蟲至三齡幼蟲外觀為橄欖綠，不像多數攝食芸香科植物的鳳蝶幼齡蟲般酷似鳥糞，其腹部第2至4節具有顯眼的白色斑紋。（二齡幼蟲）

▼大琉璃紋鳳蝶幼蟲偏好停棲於寄主植物葉面表面近中肋處，四齡幼蟲體色轉綠，雖腹部白色斑紋依舊清晰可見，但末端處具有黃色的突起。

▼終齡幼蟲體色轉為翠綠色，胸側具有鮮紅色假眼紋，受到驚擾常舉起頭胸部並左右搖晃，甚至翻吐出橙色的臭角。

▶大琉璃紋鳳蝶蛹體具綠色型及褐色型兩種，其外觀與烏鴉鳳蝶及其他近緣種鳳蝶十分相似，其中正視蛹體時，烏鴉鳳蝶綠色型蛹體之胸部及腹部交接處常有褐色長方形斑紋。

猿尾藤 *Hiptage benghalensis* (L.)kurz.

原生種

科　名｜黃褥花科Malpighiaceae　**屬　名**｜猿尾藤屬

別　名｜風車藤

攝食蝶種｜鸞褐弄蝶、淡綠弄蝶、臺灣琉璃小灰蝶

花序　葉序

▲猿尾藤灰褐色的枝條被毛且具明顯皮孔，葉形為長橢圓形的單葉對生，其桃紅色的新生嫩葉是淡綠弄蝶及臺灣琉璃小灰蝶主要攝食部位。

植物性狀簡介

猿尾藤是常綠木質藤本或灌木，生長在低、中海拔地區。小枝條被毛且有明顯皮孔，灰褐色，單葉對生，革質全緣，長橢圓形，葉面近基部有2腺體。花黃白或淡粉紅，總狀花序，花瓣5，邊緣細裂，雄蕊10枚，其中有1枚特別突出，果實為翅果，有三片大小不一的弧形薄翼，可在空中旋轉並隨風飄流而降。

▶鸞褐弄蝶是弄蝶科成員中少數美麗鮮豔的種類，其翅膀橙色且後翅外緣具橘紅色緣毛。由於成蝶偏好於晨昏時刻活動且行動敏捷，野地觀察機會不多。

花期 1 2 **3** **4** 5 6 7 8 9 10 11 12

蝴蝶生態啟示錄

每到春天來臨，黃褥花科的猿尾藤的花總會開滿整個山頭，其獨特的花形加上剛長出來桃紅色的嫩葉引人矚目。關於猿尾藤名稱由來有幾種說法，有人說因其粉紅色的花瓣中摻雜黃色如同猴子屁股，加上弧形彎曲的雄蕊與雌蕊像猴子尾巴而得名；另有一說，因它木質化的莖幹常扭曲且富彈性，擺蕩如猿尾。不過，顯然當初命名者不太清楚靈長目動物的猿與猴是不一樣的，兩者外觀上最大差異處在於「猿」的前肢比後肢長且沒有尾巴，而「猴」則相反。因此，光看猿尾藤這植物名稱，其實是矛盾錯誤的。

猿尾藤是鸞褐弄蝶及淡綠弄蝶幼蟲的唯一寄主植物，兩者幼蟲外觀鮮豔各具特色，彼此雖利用相同植物卻各攝食不同部位以避免資源競爭，至於臺灣琉璃小灰蝶則屬於幼蟲多食性蝶種，猿尾藤只是其攝食植物之一。

鸞褐弄蝶

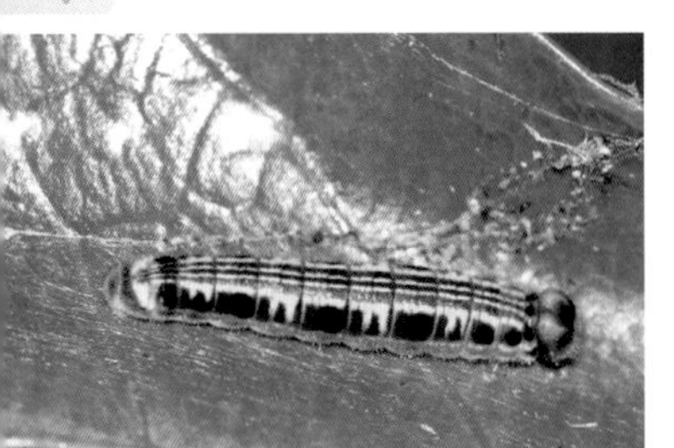

▲鸞褐弄蝶雌蝶偏好將卵單枚產於猿尾藤非鮮嫩的葉片表面或葉背處，幼蟲外觀則隨著齡期增長逐漸鮮豔。（二齡幼蟲）

▲秋末至冬季期間，野地可見鸞褐弄蝶非休眠幼蟲所製作外觀已枯萎的越冬蟲巢，圖中之越冬蟲巢為三齡幼蟲製作躲藏。

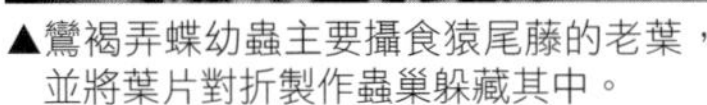

▲鸞褐弄蝶幼蟲主要攝食猿尾藤的老葉，並將葉片對折製作蟲巢躲藏其中。

▶躲藏於蟲巢中的鸞褐弄蝶終齡幼蟲，其頭殼色彩鮮豔宛如國劇的大花臉。

▼蛹體表面具白色粉狀代謝物，並摻雜黑色斑點。

▲鸞褐弄蝶三齡至終齡幼蟲形態相似，黑色底色的體表摻雜著白色、黃色及紅色線條與斑紋。色彩鮮豔的幼蟲白晝多蟄伏於蟲巢中，利用傍晚或黑夜才活動進食。（四齡幼蟲）

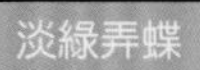

淡綠弄蝶

▶淡綠弄蝶因前翅狹長又名「長翅弄蝶」，其腹部具淺褐色環狀斑紋頗為獨特。牠雖廣泛分布臺灣全島，但北臺灣族群量遠不如中、南臺灣地區。

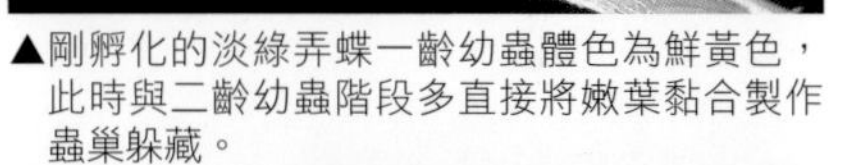

▲剛孵化的淡綠弄蝶一齡幼蟲體色為鮮黃色，此時與二齡幼蟲階段多直接將嫩葉黏合製作蟲巢躲藏。

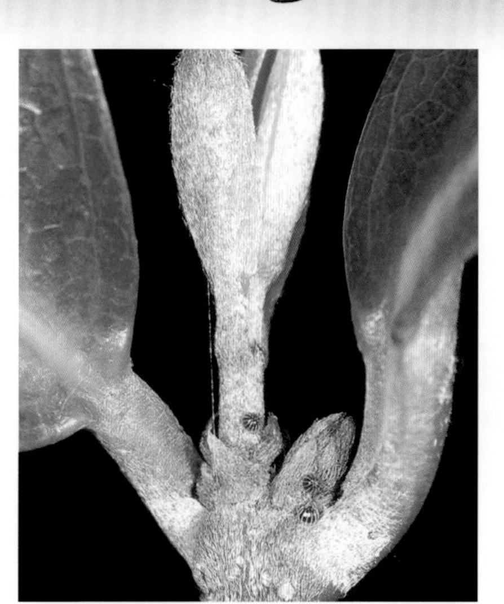

▲淡綠弄蝶卵形態與鸞褐弄蝶相似，但體型較小且雌蝶偏好將卵單枚產於將萌芽的生長點或嫩葉處，卵剛產下時為乳白色，隔一天後即轉為鮮豔的紅色。

▲淡綠弄蝶二齡幼蟲體色為黃綠色，體表並多了顯眼的褐色條紋。

▲淡綠弄蝶終齡幼蟲頭殼為黃褐色，其中並散布黑色斑點。由於體色與攝食習性的差異，不難與鸞褐弄蝶區分。

▲淡綠弄蝶三齡幼蟲至終齡幼蟲樣貌變化不大，黃綠色的體表散布著縱橫交錯的黑色線條。（終齡幼蟲）

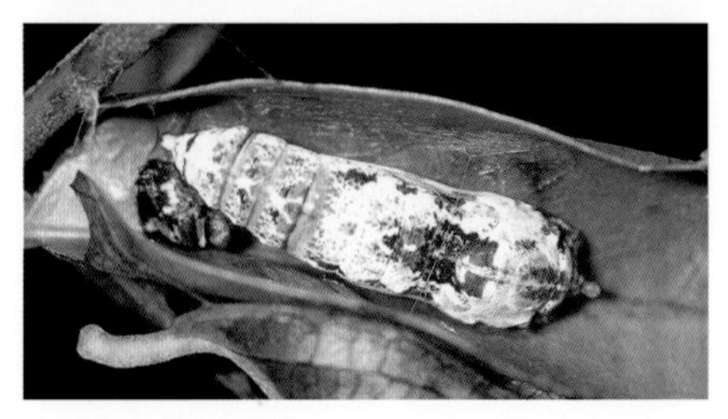

▶淡綠弄蝶蛹體為黃褐色並摻雜著黑色斑點，表面具有白色粉狀代謝物，模樣宛如發霉或遭真菌感染。

無患子 *Sapindus saponaria* L.

原生種

科　名｜無患子科Sapindaceae　屬　名｜無患子屬

別　名｜黃目子

攝食蝶種｜恆春小灰蝶、墾丁小灰蝶、蓬萊烏小灰蝶、臺灣琉璃小灰蝶

花序 

葉序 

▲無患子淡黃色的花序也是一些小型昆蟲及蝴蝶訪花吸蜜的選擇。

植物性狀簡介

無患子是落葉喬木，生長在低海拔次生林中，為重要的民俗植物。葉互生，一回偶數羽狀複葉，小葉8~16對，對生，葉全緣基部歪斜，花淡黃綠色，圓錐花序頂生或腋生，雜性花，雌雄同株、異株或雜性，花瓣5，雄蕊8～10枚，果實為褐色離生的球狀核果，果皮含有皂素，可當清潔劑使用。

▶無患子成熟的果實果皮含有皂素，用水搓揉便可產生泡沫，是早年洗滌衣物、器具及身體重要的民俗植物。

花期｜1 2 3 4 5 **6 7 8** 9 10 11 12

蝴蝶生態啟示錄

屬落葉喬木的無患子，每到秋冬季節即可看到原本滿樹青綠的葉片逐漸轉為金黃，讓人即便遙望也能輕易辨別。當寒冬時序，無患子葉片已落光徒留枝幹而顯蕭瑟，直到初春來臨才再萌生新葉。

無患子是蓬萊烏小灰蝶幼蟲唯一的寄主植物，僅攝食嫩葉的牠與無患子巧妙地搭配，成為低海拔地區較為少見的一年一世代蝶種，雌蝶產卵後以卵形態蟄伏了8、9個月，直到隔年初春無患子萌芽長新葉才孵化攝食成長。恆春小灰蝶、墾丁小灰蝶及臺灣琉璃小灰蝶同為多食性蝶種，無患子只是其多種利用植物選擇之一，耐人尋味的是牠們卻分別利用無患子的果實、花及嫩葉組織，各取所需而不競爭。其中，臺灣琉璃小灰蝶幼蟲攝食對象含跨8科植物（包含殼斗科的麻櫟，榆科的石朴，豆科的盾柱木、翼柄決明，薔薇科的山櫻花、桃花、玫瑰，大戟科的刺杜密、細葉饅頭果、菲律賓饅頭果、錫蘭饅頭果，黃褥花科的猿尾藤，無患子科的荔枝、無患子，槭樹科的樟葉槭、臺灣紅榨槭……等），堪稱臺灣食性最廣的蝴蝶，相信除上述植物以外未來還有新的發現。

▲蓬萊烏小灰蝶幼蟲在4月分陸續化蛹，經過10餘天的蛹期即羽化成蝶。蛹為翠綠色，並具黑色斑點整齊排列。

▶蓬萊烏小灰蝶除選擇於無患子化蛹外，多數個體也會於鄰近其他植物葉下處化蛹。

蓬萊烏小灰蝶

▲蓬萊烏小灰蝶廣泛分布臺灣全島低海拔山區，腹面翅膀具白色線條，前翅外緣排列由小至大的黑色斑點。因屬一年一世代蝶種，成蝶主要於5、6月份可見。

▲雌蝶將卵產於無患子樹皮縫隙處，以卵度過漫長的夏、秋、冬季，於隔年3月的初春孵化並攝食無患子嫩葉迅速成長。（終齡幼蟲）

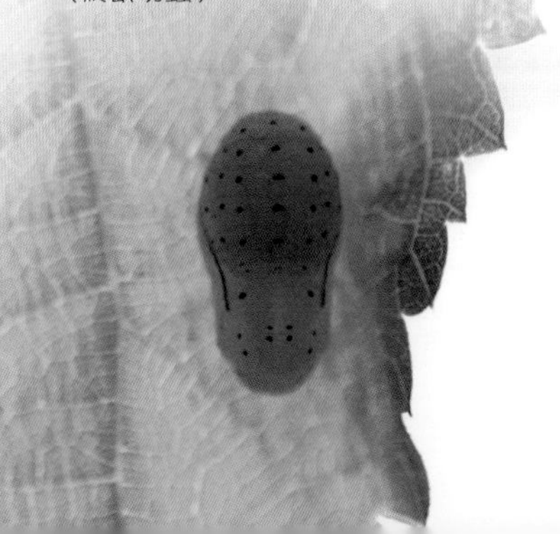

恆春小灰蝶

▲恆春小灰蝶常現身於蜜源植物間訪花吸蜜，後翅具有顯眼的橙紅色假眼及外翻的耳狀突起及尾狀突起，人們近距離觀察時，牠常轉向並擺動著上述假眼假觸角構造，企圖矇騙過關。

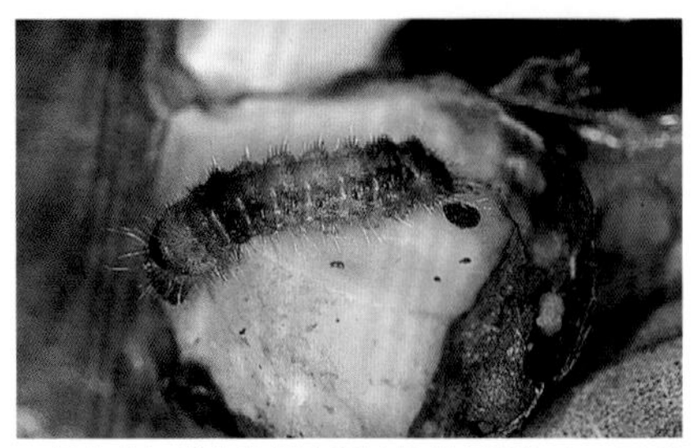

▲恆春小灰蝶幼蟲以多種植物的果實為食，已紀錄植物種類有無患子科的無患子、荔枝、龍眼，山龍眼科的，柿樹科的柿子、軟毛柿及豆科的菊花木。（陳燦榮攝）

墾丁小灰蝶

▲墾丁小灰蝶成蝶形態及習性與恆春小灰蝶相似，其幼蟲主要攝食植物的花，為桶鉤藤、山黃麻、九芎、相思樹、無患子、克蘭樹。

臺灣琉璃小灰蝶

▲臺灣琉璃小灰蝶廣泛分布於臺灣全島低、中海拔地區，為野地普遍易見的種類，這應歸功於幼生期攝食植物選擇廣泛，堪稱臺灣蝴蝶種類最繁雜蝶種，甚至連玫瑰花也吃！（產卵於細葉饅頭果嫩葉的雌蝶）

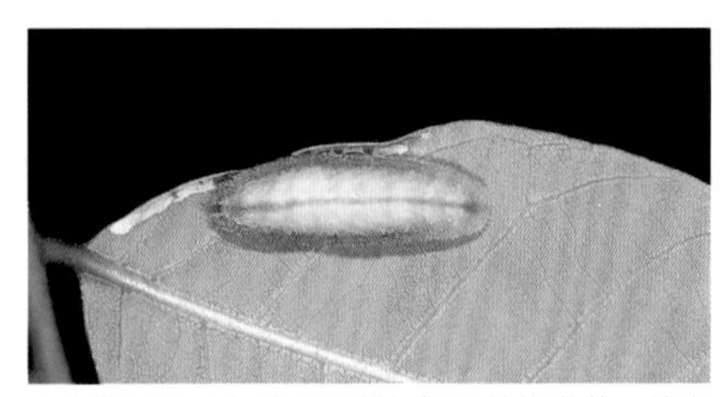

▲臺灣琉璃小灰蝶幼蟲偏好攝食植物嫩葉，幼蟲體色隨攝食植物變異大，通常為綠色、黃綠色或紅褐色，並於背中央具深色縱條紋且兩側為淺色斜條紋。（攝食龍眼的終齡幼蟲）

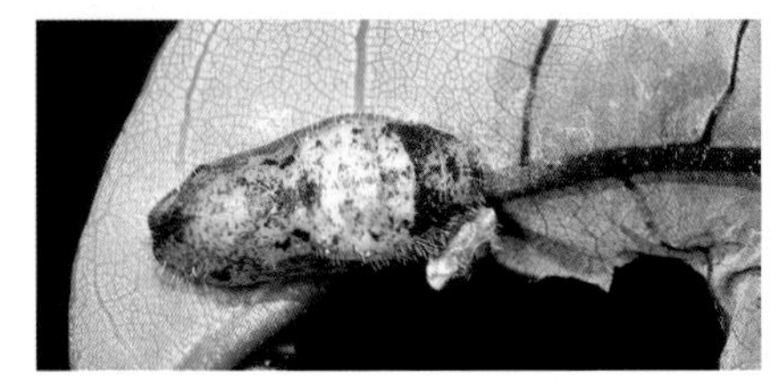

▶臺灣琉璃小灰蝶常化蛹於植物枝葉或落葉間，蛹體淺褐色並散布許多黑色與深褐色斑紋，並於頭部中央及腹部末端處具明顯的黑色斑塊。

鐘萼木 *Bretschneidera sinensis* Hemsl.

原生種

科　名｜鐘萼木科Bretschneideraceae　**屬　名**｜鐘萼木屬

攝食蝶種｜輕海紋白蝶、臺灣紋白蝶

花序　葉序

▲每年4～5月分是鐘萼木主要花期，盛開的花朵將山野點綴得美麗動人。

植物性狀簡介

鐘萼木是落葉喬木，生長在北部低海拔陽光充足的次生林地區，曾公告為珍貴稀有保育類植物。葉互生，一回奇數羽狀複葉，葉柄基部膨大，小葉3～6對，對生，葉全緣基部歪斜，葉背有短毛。花淡粉紅色，總狀花序頂生，花萼筒如鐘的形狀，花瓣5，雄蕊8枚，果實為橢圓形蒴果，表面上有顆粒，種子紅色。

▶顧名思義，鐘萼木的花萼宛如鐘的形狀，其淡粉紅色的花瓣十分顯眼。

花期 1 2 3 **4** **5** 6 7 8 9 10 11 12

▲受寄主植物──鐘萼木的牽制，輕海紋白蝶為分布侷限的蝶種，其主要棲息於臺北盆地東北隅的基隆、陽明山大油坑、瑞芳、平溪、雙溪等地區之淺山地帶，在上述部分地區屬於普遍易見蝶種。

▲輕海紋白蝶後翅腹面呈淺黃色，雌蝶翅膀表面之黑色斑紋較雄蝶發達，前翅具黑色橫帶條紋且後翅外緣排列黑色斑紋。

▶雌蝶偏好將卵單枚產於葉片或新芽處，一齡幼蟲停棲於葉下處並採刮食葉下表的攝食方式。

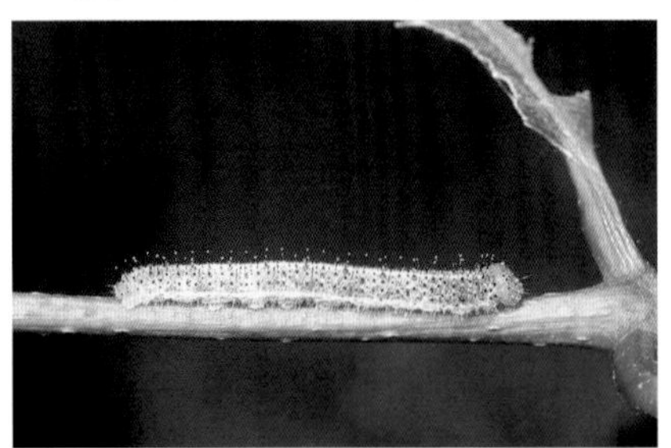

▲輕海紋白蝶幼蟲外觀變化不大，但頭尾兩端具橙黃色色彩頗為特殊。終齡幼蟲偏好停棲葉表處，體色帶淺藍色且具黃色側線。

▶輕海紋白蝶蛹體為綠色或褐色，黑色斑點整齊排列於胸部及腹部背面，腹側並有黃色線條及黑色突起。

蝴蝶生態啟示錄

鐘萼木是1981年才被發現的新紀錄種植物，全世界只有1科1屬1種，該植物過去被認為是中國大陸所特有的植物，如今在臺灣的發現意味著臺灣為該植物分布東界，在生物地理學上深具意義。鐘萼木侷限分布於基隆、臺北縣東北隅之低海拔陽光充足次生林地，曾為公告之珍貴稀有保育類植物。輕海紋白蝶為單食性蝶種，幼蟲僅攝食鐘萼木，其分布受限於寄主植物，牠外觀雖與紋白蝶或臺灣紋白蝶相似，但體型較大且行動較為敏捷，成蝶除偏好訪花吸蜜或吸水外，亦常成群於高空中行動敏捷地追逐、求偶。每年9月開始，鐘萼木的葉子由綠轉黃，準備以落葉來過冬，屬一年多世代的輕海紋白蝶於冬季以蛹越冬，當隔年春神降臨鐘萼木長出新葉，不久又開始見到成蝶飛舞的蹤影。

◀輕海紋白蝶卵為白色。

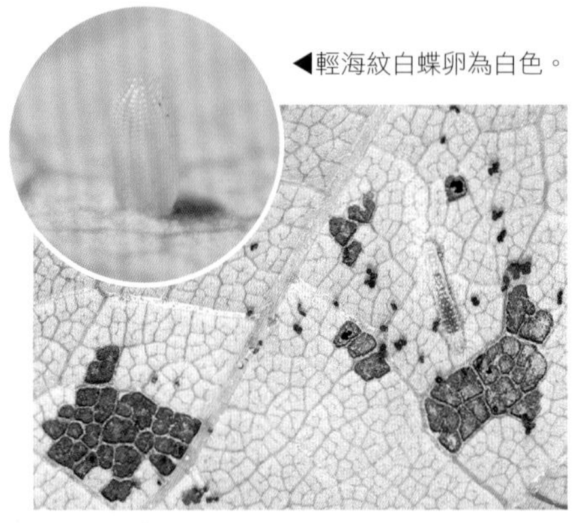

山豬肉 *Meliosma pinnata* (Roxb.) Maxim. subsp. *arnottiana* (Wight) Beus.

科　名｜清風藤科Sabiaceae　**屬　名**｜泡花樹屬

別　名｜漆樹泡花樹

攝食蝶種｜大綠弄蝶、流星蛺蝶、三尾小灰蝶、臺灣雙尾燕蝶

花序 

葉序 

▲山豬肉為一回奇數羽狀複葉，小葉葉序由基部朝外依序由小至大排列。

植物性狀簡介

山豬肉是常綠喬木，生長在北、中部低、中海拔闊葉樹林中。樹幹內皮呈淡褐色，葉互生，一回奇數羽狀複葉，葉柄基部膨大，小葉近對生，幼時為豬肝色，葉序在最前面的小葉最大，愈接近基部小葉愈小。花黃白色，圓錐花序頂生，花瓣5，其中有3瓣較大，雄蕊5枚，有3枚不孕，果實為近球形核果，成熟時紅褐色。

▶大綠弄蝶一身耀眼的金屬翠綠色，後翅腹面肛角處並具有顯眼的橙紅色斑紋，縱使成蝶行動敏捷但易於辨識。

花期｜1｜2｜3｜4｜5｜6｜**7**｜**8**｜**9**｜10｜11｜12

筆羅子 *Meliosma simplicifolia* (Roxb.) Walp. subsp. *rigida* (Sieb. & Zucc.) Beus.

科　名｜清風藤科Sabiaceae　　屬　名｜泡花樹屬

別　名｜野枇杷

攝食蝶種｜大綠弄蝶、流星蛺蝶

花序　葉序

▲筆羅子葉片屬單葉互生，葉片中肋及葉脈凸出明顯，葉緣有鋸齒，全株密布紅褐色絨毛。

植物性狀簡介

筆羅子是常綠小喬木，生長在低、中海拔闊葉林地區。全株密布紅褐色絨毛，單葉互生，葉柄基部膨大，革質，葉面脈有毛，葉背密生銹色毛，其中肋及葉脈凸出明顯，葉全緣至疏細鋸緣。花小白色，圓錐花序頂生，花瓣5瓣，其中有3瓣較大，雄蕊5枚，有3枚不孕。果實為近球形核果，成熟時為黑色。

▶流星蛺蝶廣泛分布臺灣全島低、中海拔山區，其翅膀雖乍看一片漆黑，但部分角度於光線照射下呈現耀眼的金屬色澤。成蝶不訪花吸蜜，而以樹液、腐果、動物排遺或屍骸為食。

花期  

蝴蝶生態啟示錄

每當生態解說提到本篇介紹的兩種蝴蝶幼蟲攝食山豬肉時，對植物較陌生的伙伴總是一臉狐疑，還心想著「這蝴蝶怎麼吃這麼好？」、「怎麼蝴蝶不僅吃葷，還吃山豬肉哩！」原來，山豬肉是一種植物的名稱，據說因橫剖其植物樹幹後，其內皮呈淡紅色且具白色縱紋，模樣與五花肉相似而得名。山豬肉與筆羅子為清風藤科泡花樹屬植物，這兩種植物主要是大綠弄蝶及流星蛺蝶的寄主植物，此外亦有著作記載該兩種蝴蝶也攝食同為清風藤科泡花樹屬的綠樟。大綠弄蝶及流星蛺蝶不算野地十分常見的蝶種，通常在林相良好的山區環境較有機會見著，這兩種蝴蝶雖均攝食葉片組織，但大綠弄蝶幼齡蟲明顯較偏好攝食嫩葉，而流星蛺蝶則對於新葉或老葉的利用程度較廣。

大綠弄蝶

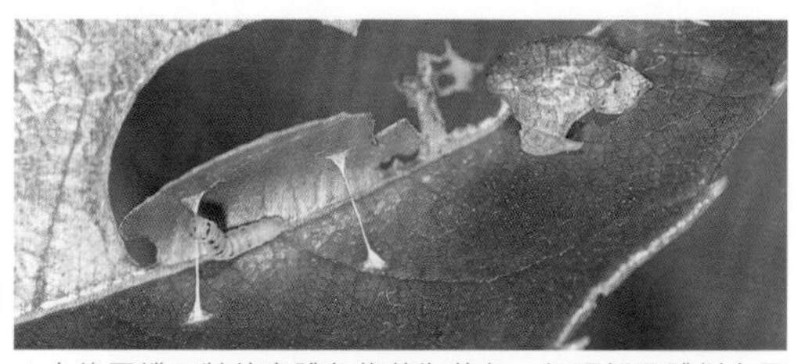

▲大綠弄蝶二齡幼蟲體色依舊為黃色，但頭部及體側多了黑色斑點。圖中幼蟲已捨棄右方一齡幼蟲時所製作蟲巢，正蓋一間更大的棲身蟲巢。

◀大綠弄蝶幼齡蟲雖攝食嫩葉，但雌蝶卻偶爾將卵單枚產於寄主植物的老葉及樹幹處。

▲幼蟲體表及頭殼外觀隨著齡期增長逐漸鮮豔，終齡幼蟲時體色為黑色及黃色摻雜的鮮豔色彩。

▲二齡幼蟲已完成蟲巢製作，上頭並製造了數個「氣窗」。幼齡幼蟲偏好利用嫩葉葉緣處製作蟲巢，隨著增長則逐漸選用新葉之中肋及葉尖處。

◀大綠弄蝶化蛹於捲葉蟲巢中，體表散布黑色斑點並密布白色粉狀代謝物。

▶冬季期間大綠弄蝶於蟲巢中化蛹渡冬，蛹期可長達3個月左右於隔年初春羽化。

流星蛺蝶

▲流星蛺蝶鮮紅色的口器在蝴蝶中頗為特殊。

▶流星蛺蝶雌蝶將卵單枚產於新葉或老葉葉背處，卵為米黃色表面並具有條紋。

▲二齡幼蟲頭上具很短的角，綠褐色的體側並具有白色側線及三條斜紋。

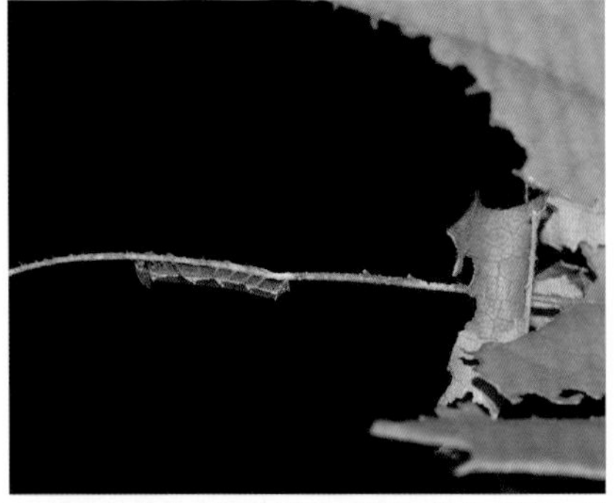

▲流星蛺蝶幼蟲孵化即利用嫩葉葉尖處開始攝食，牠並殘留部分枯萎的葉片於中肋處以供日常躲藏，這樣的防禦策略會一直運用到四齡幼蟲階段。（二齡幼蟲）

▲流星蛺蝶二齡至四齡幼蟲階段形態相似，頭部突角的長度比例為辨識依據。達終齡幼蟲階段前，除攝食外多停棲於葉背中肋處。（三齡幼蟲）

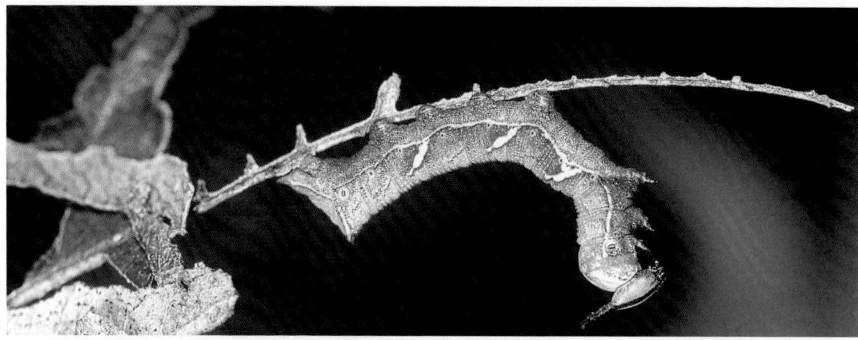

▲流星蛺蝶於三齡及四齡幼蟲階段，遇到驚擾時常昂舉著上半身及尾端，形成類似圖中的防禦姿態。（四齡幼蟲）

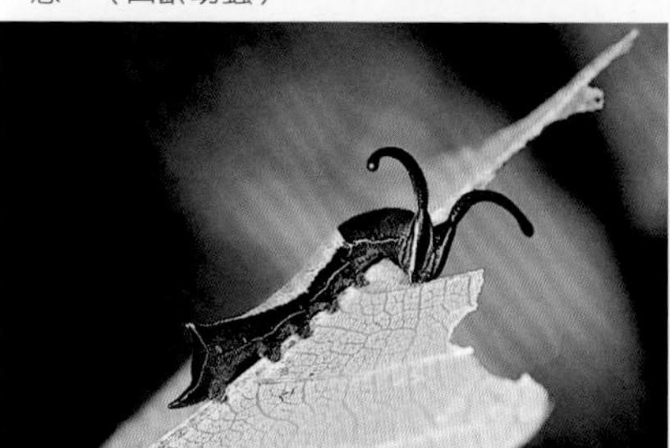

◀流星蛺蝶終齡幼蟲頭部有著如「麥當勞」商標醒目的突起，此時體色為深褐色，俯視腹背中央處則有一塊淺褐色長形斑紋。

▲終齡幼蟲偏好停棲於葉表處，遇到驚擾時會以頭部突角頂撞或將頭平貼於葉表不動。

▲成熟的終齡幼蟲體色轉為橄欖綠及淺綠色，此階段幼蟲體型已碩大。達化蛹前其體色又轉為原來的褐色。

▲流星蛺蝶蛹為褐色，外觀酷似枯萎的葉子，蛹體胸部背部具有一C型缺口而獨具特色。

桶鉤藤 *Rhamnus formosana* Matsumura

科　名｜鼠李科Rhamnaceae　　**屬　名**｜鼠李屬

別　名｜臺灣鼠李

攝食蝶種｜紅點粉蝶、北黃蝶、臺灣黑星小灰蝶、墾丁小灰蝶、三尾小灰蝶、姬三尾小灰蝶

▲桶鉤藤為單葉互生的植物，葉緣具細鋸齒，葉形多變化但常一大一小相互排列。

植物性狀簡介

桶鉤藤是常綠蔓性灌木，生長在低、中海闊葉林地區。枝條直無刺，強韌能耐彎，單葉互生，葉緣細鋸齒，葉形大小多變化，葉面及葉背皆為綠色，羽狀葉脈延伸到葉緣。花黃綠色，叢生於葉腋下，或呈總狀花序，或呈圓錐花序，花瓣4～5，雄蕊4～5枚，果實為球形核果，成熟時由紅轉為黑褐色。

▶紅點粉蝶因翅膀表面具紅色圓點而得名，該圓點於腹翅呈淺褐色，搭配後腹翅宛如葉脈的鱗翅，彷彿遭蟲啃咬的痕跡。成蝶廣泛分布全島低、中海拔較自然原始的山野。

花期｜1 2 3 4 5 6 7 8 **9** **10** 11 12

蝴蝶生態啟示錄

桶鉤藤由於植株的側枝常呈匍匐狀且韌性強具彎曲性，因此可彎曲為製作木桶提手而得名，它是臺灣特有種植物（又名臺灣鼠李），主要分布於海拔1000公尺左右之闊葉林或灌叢中，因本身是多種蝴蝶幼生期攝食的寄主植物，因此在人為營造棲地或蝴蝶園常被人們栽種作為誘蝶植物。目前已知6種攝食桶鉤藤的蝶種中，僅紅點粉蝶、北黃蝶及三尾小灰蝶以葉片為食，其中紅點粉蝶及北黃蝶為寡食性蝶種專攝食鼠李科植物，其餘4種蝴蝶為多食性蝶種，跨科攝食或隨季節差異攝食花果組織。紅點粉蝶成蝶以春、秋兩季節較容易見到，幼蟲還會攝食同為鼠李科的中原氏鼠李及小葉鼠李。

▲紅點粉蝶雌蝶偏好將卵單枚產於寄主植物嫩葉或新芽處，卵形態較一般粉蝶瘦長，剛產卵粒為青綠色，約2日後轉為淺黃色。

▲剛孵化的一齡幼蟲全身黃色，主要停棲於嫩葉處攝食。

▲中齡幼蟲後體色轉綠，此時至終齡幼蟲階段凡受到驚擾，常僅以尾足及後兩對腹足支撐起上半身昂舉警戒。（終齡幼蟲）

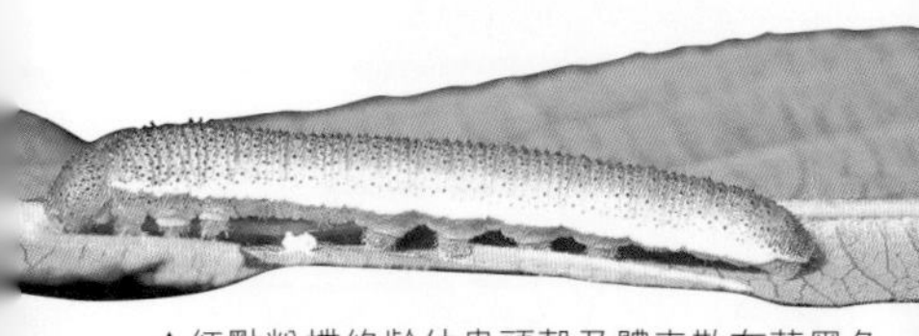

▲紅點粉蝶終齡幼蟲頭殼及體表散布著黑色斑點，體側具白色線條將上半部的藍綠色及下半部的青綠色做區隔。

▶紅點粉蝶蛹體具淺綠色及綠黃色，其腹面明顯膨大呈弧形，翅基處並具褐色斑紋。

短毛堇菜 *Viola confusa* Champ. *ex* Benth.

科　名｜堇菜科Violaceae　　屬　名｜堇菜屬

別　名｜菲律賓堇菜

攝食蝶種｜黑端豹斑蝶

▲短毛堇菜無地上莖，葉為闊卵形或三角形，前端鈍或圓，果實是橢圓形蒴果。

植物性狀簡介

短毛堇菜是多年生草本，生長在低海拔地區。無地上莖，單葉根生，有柄，葉闊卵形或三角形，前端鈍或圓，基部心形，葉緣圓鋸齒，托葉超過3／4部分與葉柄合生。花紫紅色，單生於葉腋，左右對稱，花梗有短密毛，萼片與花瓣皆5，中央花瓣楔形或略凹，花距長4～7mm，雄蕊5枚，果實為橢圓形蒴果，3瓣裂內含多數灰褐色種子。

▶黑端豹斑蝶翅膀兩面斑紋相似，但後腹翅底色為綠褐色、白色及黑色複雜交錯的斑點。雄蝶常於山頂稜線處占據地表處，但領域性並不強烈。

花期｜1 2 3 4 5 6 7 8 9 10 11 12

臺北堇菜 *Viola nagasawai* Makino & Hayata var. *nagasawai*

科　名｜堇菜科Violaceae　**屬　名**｜堇菜屬

攝食蝶種｜黑端豹斑蝶

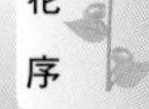

▲臺北堇菜僅分布於北部低、中海拔山區，春天開花時彷彿許多小蝴蝶在野地飛舞。

植物性狀簡介

臺北堇菜是多年生草本，生長在北部低、中海拔山區。全株有毛，有走莖，節處生根，故常整片生長，單葉根生，蓮座狀，葉柄有翼，葉卵形到圓形，前端圓，葉緣圓鋸齒。花淡紫至近白色，單生於葉腋，左右對稱，萼片與花瓣皆5，中央花瓣尖形，雄蕊5枚，果實為橢圓形蒴果，3瓣裂內含多數灰褐色種子。

▶黑端豹斑蝶廣泛分布於臺灣全島低、中海拔地區，成蝶偏好活動於開闊向陽環境處訪花吸蜜。

花期 | 1 | **2** | **3** | **4** | **5** | **6** | 7 | 8 | 9 | 10 | 11 | 12

堇菜科

▲黑端豹斑蝶雄雌外觀略有差異，雌蝶翅表翅端處具有明顯的黑白摻雜斑紋。成蝶雖四季可見，但以6至9月分為數量最多的季節。

▲雌蝶除將卵單枚產於寄主植物植珠上，亦常產於鄰近非寄主植物、枯枝、石頭等處。

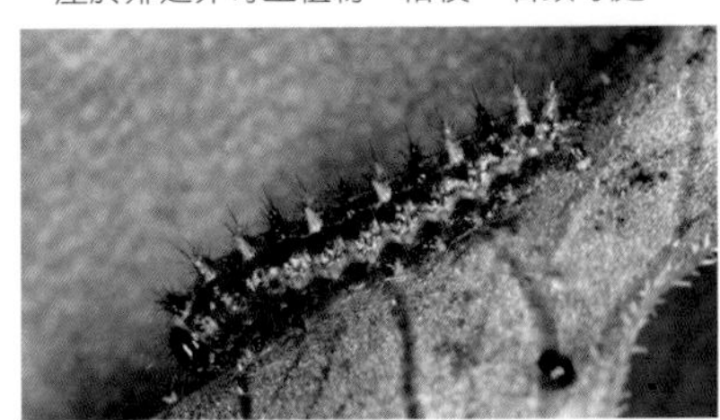

▲二齡幼蟲體表具黑色及橙色棘刺。（陳燦榮攝）

蝴蝶生態啟示錄

堇菜科植物臺灣原生近20種，它們植株不高且生長於地表，花形似蝴蝶獨具特色，尤其5枚花瓣中於最下方的唇瓣基部延伸形成一個筒狀的花距構造，具蜜腺可分泌花蜜吸引昆蟲訪花授粉。有趣的是，多數堇菜會生長出兩種形態的花，一種為正常開花並藉由昆蟲授粉而結果；另一種花則由花苞內的雄蕊及雌蕊採「閉鎖式受精」的自花授粉方式結果，通常後者的花很小且幾乎無花瓣。臺灣攝食堇菜科蝴蝶僅有黑端豹斑蝶一種，牠廣泛攝食堇菜屬的小堇菜、喜岩堇菜、短毛堇菜、箭葉堇菜、臺北堇菜、如意草、臺灣堇菜，甚至連園藝栽種的三色堇、香堇菜幼蟲也能攝食。美麗的黑端豹斑蝶野地並非隨處可見，夏季期間前往較為開闊向陽的山野、稜線或蜜源處較容易觀察。不同於多數雌蝶精準且迅速的產卵行為，黑端豹斑蝶雌蝶產卵時常於地表處爬行尋找植物，由於卵常未必精準地產於寄主植物上，因此牠那三不五時就彎起腹部試圖產卵的動作，可把緊盯在旁的賞蝶者耍得團團轉！

◀黑端豹斑蝶幼蟲體表密布短棘刺，黑色體表的背中央及腹部棘刺基部為紅色，呈現出顯眼的警戒色彩，在野地不難發現。

▲黑端豹斑蝶蛹體具褐色及黑褐色兩型，其背部具有許多尖銳突刺，前胸至第二腹節另具有似金屬焊接的銀色突起。

◀黑端豹斑蝶終齡幼蟲食量驚人，每當堇菜被攝食殆盡時，幼蟲常在地表上四處遊蕩尋找寄主植物。

樹杞 *Ardisia sieboldii* Miq.

科　名｜紫金牛科Myrsinaceac　屬　名｜紫金牛屬

別　名｜白無常

攝食蝶種｜埔里波紋小灰蝶

花序　葉序

▲樹杞為單葉互生，葉面深綠常呈卵形且先端鈍頭，側脈多數不明顯。

植物性狀簡介

樹杞是常綠灌木或喬木，大多生長在低海拔迎風面的森林中。側枝與主幹交接處，常凸出如拳狀，樹幹有圓圈狀遺痕，單葉互生，全緣，前端圓、鈍或尖，側脈多數不明顯，常叢生枝端。花白或淡紅色，繖形花序，花瓣5，上面有腺點，雄蕊5枚，雌蕊花柱特別細長，果實為球形核果，成熟時由紫紅轉為黑色。

▶樹杞主要於春夏之交的時序開花，每朵帶梗的小花齊生於一點，花成簇展開十分美麗。

花期 1 2 3 **4 5 6** 7 8 9 10 11 12

春不老 *Ardisia squamulosa* Presl.

栽培種

科　名｜紫金牛科Myrsinaceac　屬　名｜紫金牛屬
別　名｜東方紫金牛
攝食蝶種｜埔里波紋小灰蝶

花序　葉序

▲春不老是常見的庭園景觀及綠化植物，花為白或淡紅色，為腋生的繖形花序，紅褐色嫩葉是蝴蝶主要的攝食部位。

植物性狀簡介

春不老是常綠灌木或小喬木，引進栽培種，常用來庭園觀賞及綠化。側枝與主幹交接處，常凸出如拳狀，單葉互生，全緣，前端尖，側脈多數不明顯，葉柄常呈紫紅色。花白或淡紅色，繖形花序腋生，花瓣5，雄蕊5枚，雌蕊花柱特別細長，果實為扁球形核果，成熟時由淡紅轉為紫黑色。

▶埔里波紋小灰蝶廣泛分布於臺灣全島低、中海拔山區，成蝶偏好活動於森林邊緣環境訪花吸蜜或吸水。相較幾種外觀相似蝶種，其腹翅白色波浪線條較複雜，底色則為灰褐色。

花期｜1｜2｜3｜**4**｜**5**｜**6**｜7｜8｜9｜10｜11｜12

臺灣山桂花 *Maesa perlaria* var. *formosana* (Mez) Yang

科　名	紫金牛科Myrsinaceac	屬　名	山桂花屬
別　名	山桂花、鯽魚膽		
攝食蝶種	埔里波紋小灰蝶		

▲臺灣山桂花葉片邊緣為波浪狀鋸齒緣，花白色為密集細小的總狀或圓錐花序。

植物性狀簡介

臺灣山桂花是常綠灌木或小喬木，生長在低、中海拔林緣或平野的優勢樹種。全株近光滑無毛，枝條細長，單葉互生，紙質，葉波狀粗鋸齒緣，葉面側脈凹陷。花白色，兩性或雜性花，總狀或圓錐花序腋生，密集甚小，花冠鐘形5裂，雄蕊5枚，子房半下位，果實為球形漿果，成熟時為白色。

▶埔里波紋小灰蝶雄蝶展翅可見不算耀眼的淺藍色金屬色澤，雌蝶於外緣處具明顯的黑褐色斑紋。

花期	1	2	3	4	5	6	7	8	9	10	11	12

蝴蝶生態啟示錄

樹杞與春不老同為紫金牛科紫金牛屬植物，兩者側枝與主幹交接處均常突出如拳狀或腫狀，每當枝條脫落後便在樹幹上留下一圈一圈的痕跡，如同大小不等的錢幣烙印在樹幹上面，非常特別。這兩種植物略微相似，樹杞是常綠灌木或喬木，葉片較大且嫩葉為黃綠色，屬於原生種的它主要分布於自然山野中；相較之下，春不老的植株及葉片均較小，嫩葉為紅褐色，因屬人為引進之園藝種而常見於都會綠地，兩者花開亦具明顯差異。春不老由於葉片四季濃密、結果量多，被人們視為象徵多子多孫、長春不老的吉祥樹，再加上其耐修剪、抗污染、萌芽性強、花及嫩葉美觀等特性，目前已成為人們廣為栽種的植物。埔里波紋小灰蝶幼蟲以上述紫金牛屬及山桂花屬的臺灣山桂花嫩葉為食，該種蝴蝶也是目前已知唯一幼生期攝食本篇所介紹之3種紫金牛科植物的蝴蝶。

▲三角蟹蛛常埋伏於大花咸豐草花朵下方，靜候訪花昆蟲自動上門，圖中埔里波紋小灰蝶已遭獵捕。

◀埔里波紋小灰蝶偏好選擇森林底層較遮陰環境的寄主植物，將卵單枚產於嫩葉、芽點或附近莖葉處。

▲剛孵化的一齡幼蟲體色為乳白色，體表並有白色刺毛。本種於幼蟲階段均偏好攝食嫩葉。

▲攝食樹杞嫩葉的埔里波紋小灰蝶終齡幼蟲，因具有喜蟻器而身旁常有螞蟻相伴隨。（終齡幼蟲）

◀埔里波紋小灰蝶終齡幼蟲為黃綠色，背部與背側具有紅褐色條紋，其體色並隨攝食環境略有變化。

▶埔里波紋小灰蝶化蛹於寄主植物葉背、枝條或落葉縫細處淺褐色的蛹體散布著黑色及淺褐色斑點。

烏面馬 *Plumbago zeylanica* L.

歸化種

科　名｜藍雪科Plumbaginaceae　屬　名｜烏面馬屬

別　名｜白花藤、白雪花

攝食蝶種｜角紋小灰蝶

花序　葉序

▲烏面馬葉片質感為單薄的紙質，葉緣光滑且前端尖銳。

植物性狀簡介

烏面馬是多年生蔓性亞灌木，生長在低海拔地區或草原地。莖上有細稜，單葉互生，紙質，全緣，前端漸尖，葉基有2個早落的耳形附屬物。花淡紫白色，穗狀花序頂生，花萼筒形，表面密生黏毛，花冠高筒形，花瓣5，雄蕊5枚，花柱細長，果實為長橢圓形胞果，宿存在花萼內的胞果，會藉由花萼上的黏毛，附著於人畜上。

▶烏面馬花為白色，花萼筒形且表面密生黏毛，外觀秀氣且具特色。

花期｜1 2 3 **4 5 6 7 8 9 10** 11 12

蝴蝶生態啟示錄

烏面馬藉由花萼上的黏毛黏附於人畜上傳播，而廣泛分布於臺灣全島低海拔地區，其莖葉具有毒性，但民間卻流傳將葉片搗碎外敷用以治療跌打損傷、筋骨酸痛的草藥，因而常有人因此導致皮膚灼熱、變黑、起水泡、潰爛成接觸性皮膚炎而送醫。

角紋小灰蝶幼蟲是臺灣目前已知唯一以藍雪科植物為食的蝴蝶，除攝食該科烏面馬屬的烏面馬及園藝引進的藍雪花外，還曾有攝食豆科的毛胡枝子、闊葉大豆、野木藍、臺灣灰毛豆、細花乳豆、田菁、水黃皮……等紀錄。牠雖廣泛分布臺灣低海拔至高海拔山區，甚至海拔約3200公尺的合歡山地區筆者亦曾紀錄成蝶訪花（玉山飛蓬）的蹤影，但在臺北縣市的北臺灣地區本種倒不易見到。

▲角紋小灰蝶腹翅具有顯眼的白色扭曲條紋，後翅並具有兩枚橙色假眼紋，形態獨特容易辨別，成蝶偏好訪花吸蜜及吸水。

◀剛孵化的角紋小灰蝶一齡幼蟲。

▲角紋小灰蝶雌蝶偏好將卵單枚產於寄主的花部附近，幼蟲偏好攝食植物的花或果。圖為攝食毛胡枝子花的終齡幼蟲。

▶角紋小灰蝶幼蟲外觀依攝食植物的不同，而有綠色及紫紅色兩型，圖為攝食烏面馬花朵的綠色型幼蟲。

▼角紋小灰蝶常化蛹於寄主植物的枝條、葉片或花序處，褐色的蛹體摻雜黑色及黑褐色斑點，背部中央具有一條黑色縱線。

爬森藤 *Parsonia laevigata* (Moon) Alston

科　名｜夾竹桃科Apocynaceae　屬　名｜爬森藤屬

別　名｜乳藤

攝食蝶種｜大白斑蝶、端紫斑蝶、黑脈樺斑蝶

花序　葉序

▲爬森藤葉片中肋側脈及葉柄常帶紫紅色，葉尖端處具有尖突，花開則為昆蟲喜歡的蜜源植物。

植物性狀簡介

爬森藤是攀緣灌木，生長在海岸地區灌叢中，常見於岩石海岸及珊瑚礁上。莖光滑無毛，單葉對生，革質，全緣，葉中肋側脈及葉柄常帶紫紅色，前端凸尖，有白色乳汁。花黃白色，聚繖花序，頂生或腋生，花冠裂片5，呈狹長狀，花藥基部有距，伸出花冠筒外，果實為長條形蓇葖果，種子扁平並有一束毛，可隨風飄送。

▶爬森藤侷限分布於珊瑚礁海岸或近海濱的森林中，為耐旱抗風的海濱植物。

花期｜1 2 3 **4 5 6 7 8** 9 10 11 12

蝴蝶生態啟示錄

爬森藤主要分布於臺灣本島東北角（含基隆、龜山島）、恆春半島及綠島、蘭嶼的海濱地區，近年由於人們將它視為理想的誘蝶植物而廣泛種植，舉凡各地蝴蝶網室或人為營造棲地均可見到。爬森藤主要為大白斑蝶所攝食，此外尚有黑脈樺斑蝶及端紫斑蝶攝食紀錄。

大白斑蝶的分布與爬森藤息息相關，除上述地點可見大白斑蝶蹤影外，近年則在人為經營的蝴蝶園或營造棲地附近偶爾可見逸出或野放的成蝶，這些蝴蝶在當地提供幼蟲穩定爬森藤食源下形成局部分布族群。

大白斑蝶在自然因素下形成地理隔離分布，近年卻因人們善意「復育」行動的飼養或野放作為，使得牠開始出現在原本不應出現的地區，讓原本幾乎不可能自然交流的南、北兩地大白斑蝶族群發生交流機會，對於物種的遺傳（基因）多樣性造成負面影響。外觀上，綠島的大白斑蝶成蟲及幼蟲形態因具較顯著差異被認定為獨立亞種。

▲體型碩大的大白斑蝶因飛行緩慢容易徒手捕捉而被暱稱「大笨蝶」，牠那形態多變且各具特色的生活史階段，以及飼養繁殖容易及成蝶壽命長的特性，已成為近年人工蝴蝶園網室中必見的明星蝶種。

▲大白斑蝶偏好將卵單枚產於葉背處，卵為砲彈型，表面密布刻紋。

▲剛產下的卵為白色，隨後由頂端至底部逐漸轉為粉紅色，圖為於人工網室內以植栽集中產卵的情景。

▲大白斑蝶幼蟲於中胸、後胸及第二、八腹節背部具有黑色突起的肉棘，體色主要為黑白搭配的警戒色。（一齡幼蟲）

▶隨著幼蟲齡期增加，體側具有明顯的紅色圓形斑紋，但黑、白、紅三種色彩的搭配比例隨產地或個體差異略有變異。（進入前蛹階段的終齡幼蟲）

◀大白斑蝶蛹體碩大，耀眼的金黃色金屬色澤中摻雜了黑色斑紋，幼蟲常選擇寄主植物或鄰近物體下方化蛹。

尖尾鳳 *Asclepias curassavica* L.

科　名｜夾竹桃科Apocynaceae　屬　名｜尖尾鳳屬
別　名｜馬利筋
攝食蝶種｜樺斑蝶

花序　葉序

▲尖尾鳳雖是有毒植物，但由於栽種容易、花期長且美麗，更是理想的蜜源植物，而廣為人們栽植於校園、公園、庭園等綠地。

植物性狀簡介

尖尾鳳是多年生直立草本，基部木質化，自美洲熱帶引進栽培，常用來庭園觀賞及綠化，在低海拔空曠地上也常見。全株光滑無毛，單葉對生，披針形，全緣，前端漸尖，有白色乳汁。花紅黃色，聚繖花序，頂生或腋生，花冠裂片呈紅色反捲，副花冠黃色，裂片5在中央，雄蕊花絲合生成筒狀，果實為紡錘形蓇葖果，種子扁平並有一束毛，可隨風飄送。

▶樺斑蝶雖廣泛分布臺灣全島低海拔地區，但主要出現在大量種植其寄主植物的開墾環境，自然原始的山野間反而罕見。

花期 1 2 3 4 5 6 7 8 9 10 11 12

釘頭果 *Asclepias fruticosa* L.

栽培種

科　名｜夾竹桃科Apocynaceae　屬　名｜尖尾鳳屬

別　名｜唐棉、河豚果

攝食蝶種｜樺斑蝶

花序

葉序

▲釘頭果的葉片與花形與尖尾鳳相似，但花色與果實明顯不同。

植物性狀簡介

釘頭果為常綠灌木，自非洲引進栽培，常用來庭園觀賞及綠化，屬於觀果植物。全株近光滑無毛，分枝多，單葉對生，披針形，全緣，前端漸尖，有白色乳汁。花白色，繖形花序，頂生或腋生，花冠裂片呈白色反捲，副花冠淡紫白，裂片5在中央，雄蕊花絲合呈成筒狀，果實為球形蓇葖果，表面密布粗毛，種子扁平並有一束毛，可隨風飄送。

▶釘頭果的果實為球形蓇葖果，因外型與河豚相似又名「河豚果」，常見於園藝或花藝用途。

花期｜1 2 3 4 5 6 7 8 9 10 11 12

蝴蝶生態啟示錄

尖尾鳳有個更耳熟能詳的名字「馬利筋」，其英文名字為Milkweed，意指它是會分泌乳汁的草本植物，人們只要攀折枝葉即可見到牛乳般的白色乳汁迅速分泌出來，若不幸誤食會有腫脹、衰弱、發燒、脈搏加快但微弱及呼吸困難等現象產生，這正是多數夾竹桃科植物避免遭受侵犯的防禦機制。有趣的是，樺斑蝶專門攝食這種有毒植物，牠將毒素殘存體內並轉化為自我防禦武器，該現象普遍存在於斑蝶亞科成員上，牠們幼蟲與蛹形態較為鮮豔耀眼，成蝶因「穆氏擬態」而外貌相似，並總有恃無恐地緩慢飛行。

樺斑蝶常現蹤於有寄主植物的非自然環境，由於尖尾鳳及釘頭果多屬人為密集栽植的園藝植物，樺斑蝶常在大量產卵、幼蟲孵化攝食殆盡後，即離開尋覓另一個合適環境，堪稱蝴蝶中的喜歡流浪漂泊的蝶種。本篇所介紹的兩種外來園藝植物最常被樺斑蝶攝食，有人推測牠很可能是隨植物引進而歸化的外來種，此外其幼蟲也有攝食魔星及原生的臺灣牛皮消及薄葉牛皮消之紀錄。

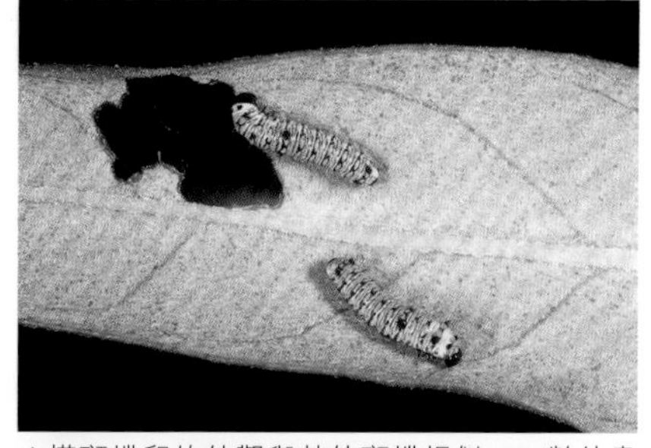

▲樺斑蝶卵的外觀與其他斑蝶相似，一齡幼蟲體表具細毛且外觀可見較淺的警戒色彩。

▲樺斑蝶幼蟲以有毒植物為食，其攝食植物葉片時常先將葉片中肋處葉脈咬斷，以阻絕並減少乳汁分泌再攝食。（終齡幼蟲）

▲樺斑蝶各齡幼蟲形態相似，偶爾牠也利用相同方式阻斷乳汁以攝食花朵。（終齡幼蟲）

▶樺斑蝶常選擇寄主植物或鄰近植物之葉下或枝幹處化蛹，蛹具有綠色及紅褐色兩型，其背部及腹部第三節處具有銀色、黑色及淺黃色合成的斑紋。

歐蔓 *Tylophora ovata* (Lindl.) Hook. ex Steud.

科　名｜夾竹桃科Apocynaceae　屬　名｜歐蔓屬

別　名｜卵葉歐蔓、卵葉娃兒藤

攝食蝶種｜琉球青斑蝶、姬小紋青斑蝶、青斑蝶

花序  葉序

植物性狀簡介

歐蔓是多年生纏繞性灌木，生長在低海拔林緣及海岸地區。莖柔軟有毛，老莖呈深裂皺紋，單葉對生，革質，大都成卵形，基部心形，前端突尖，葉背有柔毛，其乳汁透明。花紫紅色，短形總狀花序腋生，花冠裂片5呈星狀，副花冠裂片5肉質，果實為長條形對生的蓇葖果，種子扁平並有一束毛，可隨風飄送。

▶歐蔓為低海拔山區常見的蔓藤植物，葉片多為基部心形的卵形，葉背具絨毛。

▼歐蔓葉形變化大，有時較為狹長而容易與近似種混淆，紫紅色花為最容易辨識的依據。

花期　1 2 3 4 **5 6 7 8** 9 10 11 12

蝴蝶生態啟示錄

歐蔓廣泛分布於低海拔山區，其對環境適應力高且生長快速，是斑蝶所攝食夾竹桃科植物中最普遍易見且容易栽植的種類。歐蔓雖偶見青斑蝶幼蟲攝食，但野地自然情況下還是以琉球青斑蝶及姬小紋青斑蝶這兩種為主要攝食蝶種，前者亦攝食絨毛芙蓉蘭，後者則另攝食臺灣牛皮消、布朗藤，至於另兩種臺灣產歐蔓屬植物（臺灣歐蔓、疏花歐蔓）應該也會攝食。

琉球青斑蝶及姬小青斑蝶雖是「紫蝶幽谷」越冬蝶種之一，但兩者占越冬族群比例偏低且不分季節於全臺均有穩定族群紀錄，因而被認為應屬於非遷移越冬蝶種，然而西元2006年12月31日在臺東大武「紫蝶幽谷」中卻紀錄到由臺灣蝴蝶保育學會義工於臺北縣烏來山區所標放的琉球青斑蝶（而這也是國內第一筆由遙遠外地飛入「紫蝶幽谷」的斑蝶紀錄），這似乎意味著人們對於蝴蝶生態的瞭解還十分有限。

姬小紋青斑蝶

▼姬小紋青斑蝶是近似種中體型最小者，由於後翅腹面白色斑紋較寬大而整體色彩顯得偏白。

▲剛由卵孵化並轉身攝食卵殼的姬小紋青斑蝶一齡幼蟲。

◀姬小紋青斑蝶幼蟲形態與小青斑蝶相似，除兩者偏好攝食植物不同外，前者中胸肉棘之黑白兩面色彩之末端為黑色，第8腹節肉棘全為黑色。（終齡幼蟲）

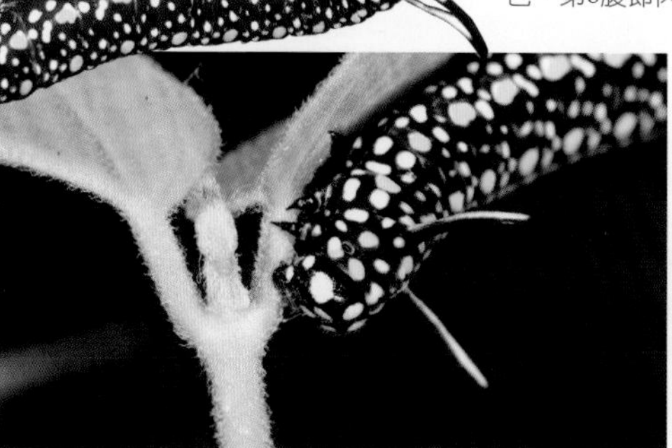

▲姬小紋青斑蝶達終齡幼蟲階段，如同多數斑蝶般有時在攝食前會至葉基處將中肋葉脈咬斷再攝食。

▶姬小紋青斑蝶蛹體為近似種中黑色斑點最繁多的，其背面腹部具三列黑色斑點（其中最後一列較為稀疏），並散布許多銀色金屬斑紋。

琉球青斑蝶

▲琉球青斑蝶廣泛分布臺灣全島低、中海拔山區，成蝶四季可見但冬季數量較少，後翅腹面底色略偏紅褐色而與前翅著對比差異。

▶琉球青斑蝶及姬小紋青斑蝶均偏好將卵單枚產於植物葉背處，兩者卵形態極為相似。

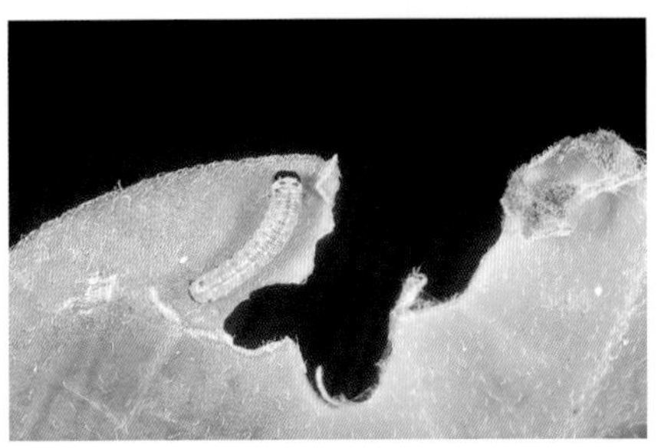

▲琉球青斑蝶一齡幼蟲體色為白色，但已具有極短的肉棘突起，此階段幼蟲形態與姬小紋青斑蝶之一齡幼蟲相似。

▲琉球青斑蝶二齡幼蟲體表已呈現較為鮮豔的警戒色彩，由於本種體表不具黃色斑紋而能與姬小紋青斑蝶清楚區分。

▲琉球青斑蝶三齡幼蟲（圖右）至終齡幼蟲階段形態變化不大，唯肉棘基部的紅色色彩逐漸鮮明。幼蟲主要停棲於葉背處。

▶本種蛹體外觀與絹斑蝶屬蛹蝶相似，蛹背部第一腹節處具兩枚黑色斑點為其辨識特徵。

臺灣牛皮消 *Cynanchum ovalifolium* Wight

科　名｜夾竹桃科Apocynaceae　屬　名｜牛皮消屬

別　名｜臺灣白薇

攝食蝶種｜黑脈樺斑蝶、姬小紋青斑蝶、樺斑蝶、青斑蝶

▲臺灣牛皮消生長於略向陽的環境，其肉質的對生葉面中肋處常帶紫紅色，葉柄與枝條交接處常有托葉狀的2小葉。

植物性狀簡介

臺灣牛皮消是多年生纏繞性灌木，生長在低海拔叢林地區或海岸邊。莖光滑或微柔毛，單葉對生，革質，全緣，葉面中肋常帶紫紅色，葉柄與枝條交接處常有托葉狀的2小葉，有白色乳汁。花淡綠中帶紅褐色，聚繖花序腋生，花冠裂片5肉質，副花冠筒形頂端淺裂，果實為成對或單一的蓇葖果，表面帶有皺摺。

薄葉牛皮消

薄葉牛皮消主要分布於中海拔山區林緣，葉片屬膜質的單葉對生，葉為全緣或波浪狀的心形，葉柄與枝條交接處常有托葉狀的2小葉，具白色乳汁。

花期 1 2 3 4 **5 6 7 8 9** 10 11 12

夾竹桃科

蝴蝶生態啟示錄

剛接觸植物時，總覺得於夾竹桃科裡頭多種攀緣灌木或藤本植物不甚容易辨識，其原因不外乎是這類植物葉片及花朵不顯眼且常纏繞著其他植物，加上又多生長在森林邊緣、底層、樹冠或草叢環境，若非刻意去找還真不容易察覺。筆者的經驗常常是因透過觀察雌蝶尋覓植物的產卵飛行姿態，才間接找到這類植物與微渺的卵粒。

夾竹桃科的牛皮消屬植物臺灣共有4種，本屬植物均為黑脈樺斑蝶幼蟲所偏好攝食，此外在自然情況下牠也曾有攝食爬森藤之觀察紀錄。在人為飼養情況下，有時斑蝶幼蟲因沒得選擇而攝食本書篇幅介紹以外的夾竹桃科植物（文獻資料中，牛皮消屬植物尚有樺斑蝶、青斑蝶、小青斑蝶、姬小紋青斑蝶4種蝴蝶攝食），部分個體甚至可能順利化蛹並羽化，只是在自然條件的野地觀察下，各種斑蝶還是有其所偏好利用的寄主植物。

▲黑脈樺斑蝶外觀與樺斑蝶相似，因翅脈具明顯黑色線條而得名。其棲息環境與樺斑蝶不同，一般以山野環境較為常見且可分布達中海拔山區。

▲雌蝶偏好將卵單枚產於葉背處。

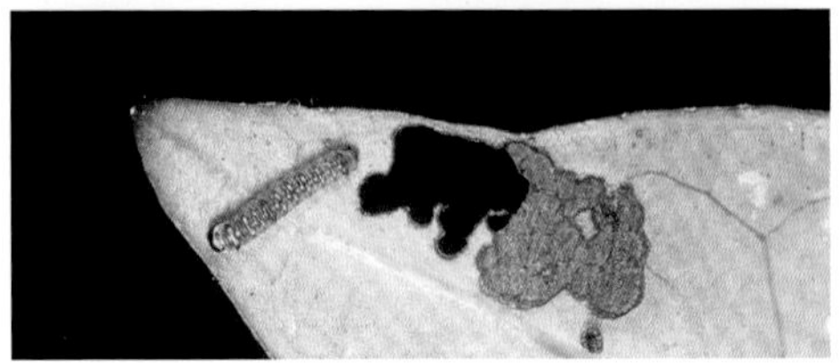

▲剛孵化的一齡幼蟲因口器尚未發達，於葉下表面採刮食方式攝取（如圖右方），此時已具短肉棘，並隨著植物攝取體色漸呈現斑駁色彩。

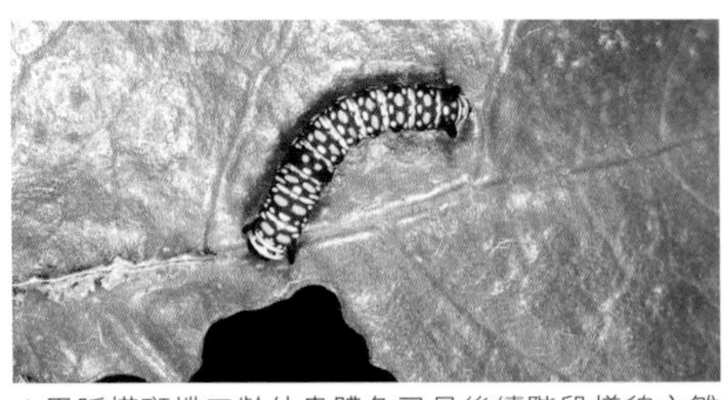

▲黑脈樺斑蝶二齡幼蟲體色已具後續階段樣貌之雛形，隨著齡期增長牠身上的三對肉棘會逐漸增長，色彩亦日趨鮮豔。

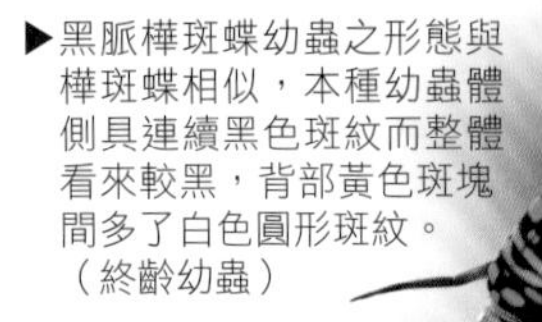

▶黑脈樺斑蝶幼蟲之形態與樺斑蝶相似，本種幼蟲體側具連續黑色斑紋而整體看來較黑，背部黃色斑塊間多了白色圓形斑紋。（終齡幼蟲）

▲黑脈樺斑蝶蛹體具綠色及紅褐色兩型，其表面不具黑色斑點，而在頭部、翅膀胸部附近散布金色金屬斑點。

華他卡藤 *Dregea volubilis* (L.f.)Benth.

原生種

科　名｜夾竹桃科Apocynaceae　屬　名｜華他卡藤屬

別　名｜南山藤、臺灣華他卡藤

攝食蝶種｜淡小紋青斑蝶

花序　葉序

▲華他卡藤整株光滑無毛，屬單葉對生，葉為全緣並略呈心形。

植物性狀簡介

華他卡藤是纏繞性灌木，主要生長在南部低海拔林緣或芒草地。整株光滑無毛，單葉對生，紙質或稍革質，葉略呈心形全緣，基部有許多腺體，有白色乳汁。花黃綠色，繖形花序腋生，花冠裂片5，呈卵形，副花冠裂片5，呈星狀，果實為長圓錐形單生的蓇葖果，表面黃棕色，上有多條縱稜，種子扁平並有一束毛，可隨風飄送。

▶華他卡藤的果實屬可愛的蓇葖果，其表面為黃棕色，隨著成長果實會越趨長圓錐形，種子扁平並有一束毛可隨風飄送。

花期｜1｜2｜**3**｜**4**｜**5**｜6｜7｜8｜9｜10｜11｜12

▲淡小紋青斑蝶翅膀底色較近似種為淺，斑紋則較寬大。牠廣泛分布臺灣全島低、中海拔山區，尤其以恆春半島具有穩定大量之族群，當地斑蝶並常群聚於避風處的白水木上吸食其枯枝敗葉。

蝴蝶生態啟示錄

「華他卡藤」名稱由來起因於過去學名曾為*Wattakaka volubilis*，直接依其屬名音譯而成，其主要分布於高雄、屏東等南部低海拔向陽或半遮陰環境，此外於苗栗、花蓮等地區亦有侷限分布。分布侷限的華他卡藤過去被認定為稀有植物，然而其栽植卻頗為容易，再加上淡小紋青斑蝶幼蟲對它屬一對一的單食性關係，因此近年這種原本罕見的稀有植物已廣為蝴蝶園或蝴蝶棲地營造所栽植。淡小紋青斑蝶雖廣泛分布臺灣全島，但北臺灣過去並無華他卡藤的分布，為北部地區青斑蝶類中族群數較少者，並以春夏季節較為常見。但由於牠飛行能力佳，近年只要在華他卡藤大量栽植的地區即可見到數量較多的族群。

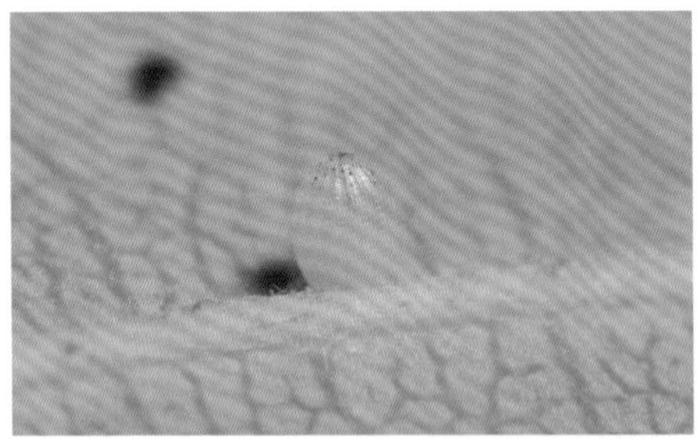

◀雌蝶偏好將卵單枚產於寄主植物葉背處，該習性及卵形態與多數斑蝶一致。

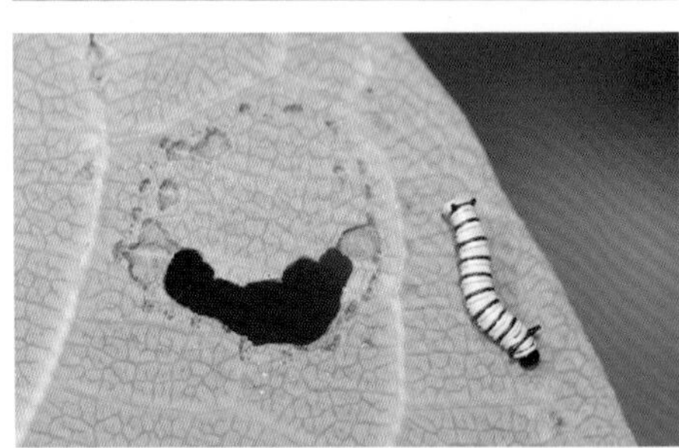

◀達二齡幼蟲階段的淡小紋青斑蝶已具黑白相間的警戒色彩，之後至終齡幼蟲前大多如此。幼齡幼蟲於攝食葉片前會先於其周圍啃咬出環狀食痕。

▼幼蟲受到驚擾常會採蜷曲身體的防禦策略。終齡幼蟲達化蛹前體色原白色部分逐漸轉黃，前蛹階段體色甚至轉為淺綠色。（終齡幼蟲）

▲淡小紋青斑蝶及小紋青斑蝶同為青斑蝶屬蝴蝶，兩者蛹體外觀與黑脈樺斑蝶相似，但蛹體表面之金屬斑點為銀色。

布朗藤 *Heterostemma brownii* Hayata

科　名｜夾竹桃科Apocynaceae　　屬　名｜布朗藤屬

別　名｜臺灣醉魂藤、奶汁藤

攝食蝶種｜小紋青斑蝶、姬小紋青斑蝶

花序　葉序

▲布朗藤特別偏好生長於潮濕環境。

植物性狀簡介

布朗藤是纏繞性灌木，主要生長在北部至西部低海拔山區林緣或溪谷兩側。整株光滑無毛，單葉對生，柄長，長卵形全緣，葉基3或5出脈，基部有許多腺體，其乳汁透明。花黃色中間帶紅，繖形花序腋生，花冠裂片5，呈闊三角形，副花冠裂片5突起，果實為蓇葖果。

▶小紋青斑蝶翅膀腹面底色為黑褐色，斑紋較為細緻。雄蝶於後翅近肛角處具耳狀突起性標，同為青斑蝶屬的淡小紋青斑蝶雄蝶亦具有這樣的特徵。

花期	1	2	3	4	5	6	7	8	9	10	11	12

蝴蝶生態啟示錄

屬於臺灣特有種植物的布朗藤確卻有個十足洋化的中文名字，這是由拉丁學名之種名音譯而來，其廣泛分布於臺灣北部至西部低海拔山區的森林底層、步道邊緣或溪谷兩側較潮濕環境，因此一般人對它感覺既陌生又罕見，但當它在春天綻放出星形、黃色搭配紅色的美麗花朵，想必不認得也難！

小紋青斑蝶幼蟲為單食性，僅以布朗藤為食。冬季期間，台東越冬蝶谷內的小紋青斑蝶獨樹一格，單種聚集於較高樹冠層，此時的北台灣成蝶已幾近罕見，直到翌年三、四月份的初春季節成蝶才明顯易見，此時所見多屬翅膀殘破的雌蝶，而這段期間也是布朗藤葉片上最容易發現卵與幼蟲的高峰期。綜合上述生態現象可合理推測，春季是小紋青斑蝶越冬個體北飛繁殖的時序，而這樣的推測則在西元2007年5月初獲得初步驗證，一位荒野保護協會志工於新竹北埔地區拍攝到同年1月30日由台東知本所標放的【M4-0130】小紋青斑蝶，這也是青斑蝶屬蝴蝶首次再捕獲記錄，而更多有趣的生態奧秘相信在更多專業及業餘研究者努力下逐漸揭開。

綜合上述現象可合理推測，春季是小紋青斑蝶越冬個體北飛繁殖的時序，而這樣的推測則在西元2007年5月初獲得初步驗證，一位荒野保護協會志工於新竹北埔地區拍攝到同年1月30日由臺東知本所標放的【M4-0130】小紋青斑蝶，這也是青斑蝶屬蝴蝶首次再捕獲紀錄，而更多有趣的生態奧秘相信在更多專業及業餘研究者努力下將逐漸揭開。

▲雌蝶偏好將卵單枚產於陰濕環境下的布朗藤老葉葉背處，剛孵化一齡幼蟲體表潔白並無肉棘，通常牠會將卵殼啃食殆盡。

▲二齡幼蟲已具短肉棘，體表亦呈現黑白相間色彩，本種幼蟲多停棲於葉背處，幼齡幼蟲並能直接攝食厚質的老葉。

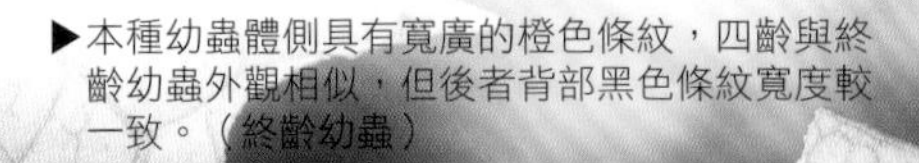

▶本種幼蟲體側具有寬廣的橙色條紋，四齡與終齡幼蟲外觀相似，但後者背部黑色條紋寬度較一致。（終齡幼蟲）

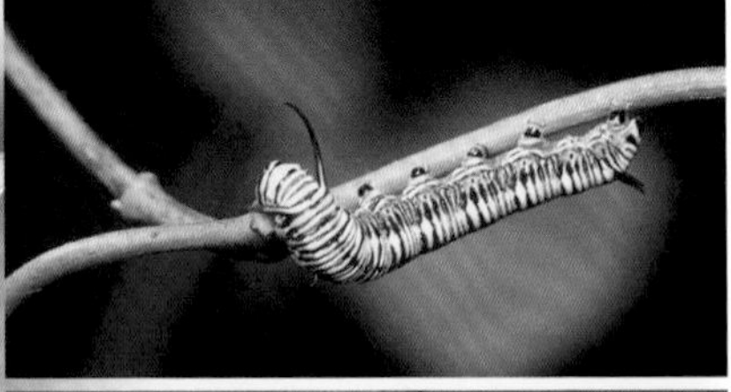

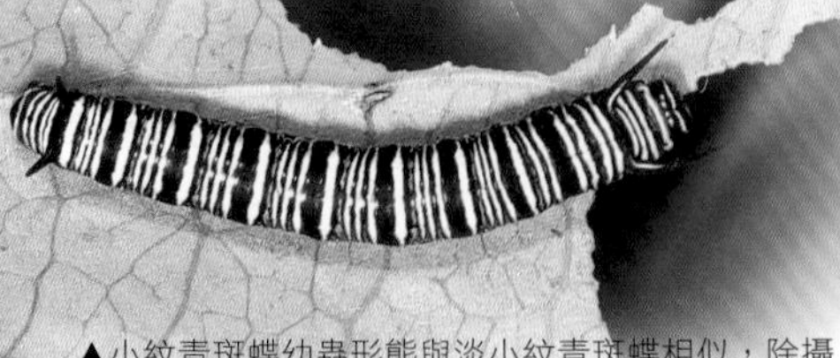

▲小紋青斑蝶幼蟲形態與淡小紋青斑蝶相似，除攝食植物選擇不同外，前者黑色條紋排列較為密集。（四齡幼蟲）

▶蛹體外觀為翠綠色，表面摻雜銀色及黑色所組合之條紋斑點，其外觀與淡小紋青斑蝶極為相似，但銀色金屬斑點較大且數量較少。（陳燦榮攝）

臺灣牛彌菜 *Marsdenia formosana* Masam.

原生種

科　名｜夾竹桃科Apocynaceae　屬　名｜牛彌菜屬

別　名｜臺灣牛嬭菜

攝食蝶種｜青斑蝶

花序　葉序

▲臺灣牛彌菜葉形為全緣的闊卵形，葉片厚實有時可張得很大一片。

植物性狀簡介

臺灣牛彌菜是纏繞蔓性灌木，生長在低、中海拔森林或林緣。幼莖有毛，單葉對生，革質，闊卵形全緣，葉面基部有許多腺體，葉片長9～15公分，白色乳汁特多。花淡黃綠色，繖形花序腋生，花冠裂片5，相疊，副花冠裂片5，常肉質，果實為卵形蓇葖果，種子扁平並有一束毛，可隨風飄送。

▶經青斑蝶攝食過的葉片，都會留下圈形食痕，食痕旁的白色物質即為已乾掉的乳汁。

花期｜1 2 **3 4 5** 6 7 8 9 10 11 12

蝴蝶生態啟示錄

臺灣牛彌菜主要分布在自然山野較陰暗潮濕的森林底層或林緣環境，它是青斑蝶最主要攝食的寄主植物，此外青斑蝶還可利用絨毛芙蓉蘭、毬蘭、歐蔓及臺灣牛皮消產卵、攝食。為更瞭解青斑蝶生態，近年臺灣與日本的蝴蝶研究者藉由在青斑蝶翅膀寫上黑色標記代碼後釋放的「標識再捕法」進行追蹤，其中西元兩千年兩隻在陽明山大屯主峰所標放的青斑蝶於日本鹿兒島及本州滋賀縣再捕獲，隔年則有兩隻由日本大阪及九州地區所標放的青斑蝶於恆春壽峠及陽明山再捕獲，近年則有於臺東、蘭嶼捕獲日方標放蝶隻，而成為國人關注焦點，然事實上，青斑蝶並不僅止於臺日兩地因季風吹送的交流。青斑蝶一年四季可見，但野地觀察數量不多，以臺北盆地地區為例，牠主要以3～5月分的春季及秋季期間成蝶數量較多，其中又以每年5月中旬至6月中旬陽明山國家公園的大屯山、七星山、面天山、竹子山等地區，因島田氏澤蘭盛開而吸引數以萬計斑蝶群聚的自然景致最為特殊。

▲青斑蝶廣泛分布臺灣全島低海拔至高海拔山區，成蝶偏好吸食菊科蜜源植物。雄蝶於後翅肛角處具有明顯的黑褐色圓形性標，這也是斑蝶亞科絹斑蝶屬雄蝶之特色。

▲青斑蝶偏好將卵單枚產於寄主植物葉背處，卵為白色且表面具刻紋的砲彈型。

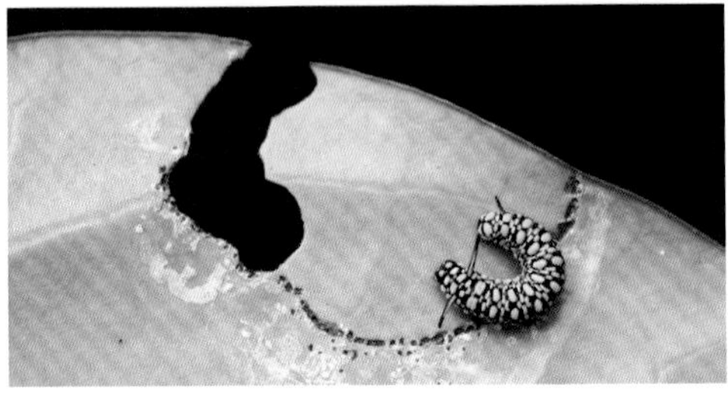

▲青斑蝶幼蟲主要停棲於葉片背面，由於臺灣牛彌菜所分泌乳汁甚多，幼蟲於攝食前多會先於葉下表面咬出環狀食痕以減少乳汁的分泌，再攝食葉片。

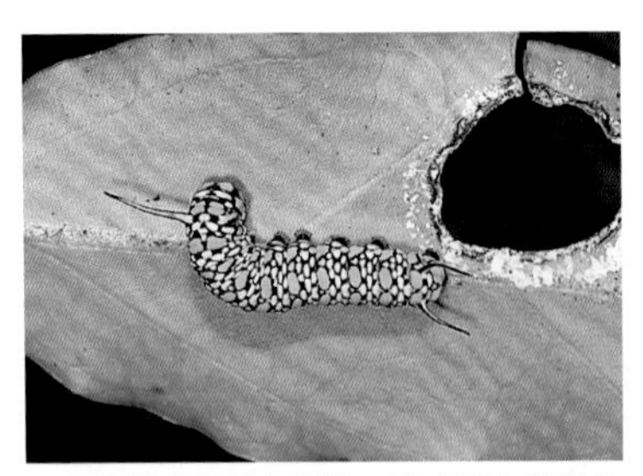

▲青斑蝶幼蟲體色鮮豔，體表具有顯眼的白色及黃色圓形斑紋，中胸及第8腹節各具一對肉棘。冬季期間以非休眠幼蟲渡冬。（終齡幼蟲）

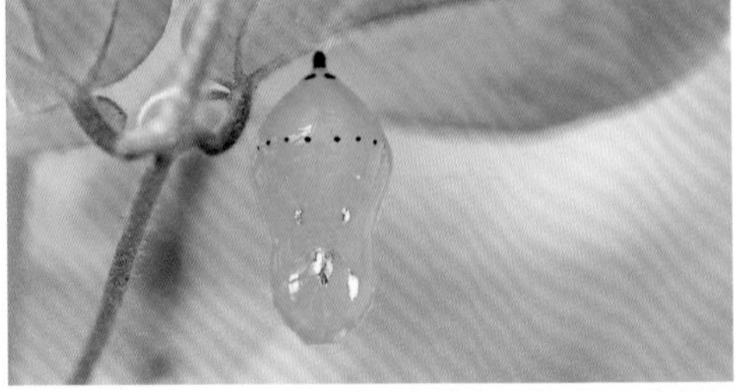

▲蛹體為翠綠色，於背面第三腹節處具排列整齊的黑色斑點，為近似中黑色斑點最少者，並於頭部、胸部處散布銀色金屬斑點。

絨毛芙蓉蘭 *Marsdenia tinctoria* R.Br.

原生種

科　名｜夾竹桃科Apocynaceae　屬　名｜牛彌菜屬
別　名｜芙蓉蘭
攝食蝶種｜小青斑蝶、青斑蝶、琉球青斑蝶

花序　葉序

▲絨毛芙蓉蘭葉形較歐蔓狹長，葉片質感較薄且葉背葉脈較為清楚。

植物性狀簡介

絨毛芙蓉蘭是纏繞性灌木，生長在低海拔森林或林緣。整株有短毛，單葉對生，長橢圓形全緣，葉脈清楚，葉面基部有許多腺體，其乳汁透明。花淡黃白色，繖形花序腋生，花冠筒狀肉質，裂片5相疊，副花冠裂片5，果實為長卵形蓇葖果，成熟時木質化褐色表面有長毛，種子前端有一束毛，可隨風飄送。

花期 1 2 **3 4 5** 6 7 8 9 10 11 12

▶絨毛芙蓉蘭果實為長卵形蓇葖果，成熟時木質化褐色表面有長毛。

蝴蝶生態啟示錄

絨毛芙蓉蘭常見於臺灣全島低海拔森林或林緣環境，其形態及分布環境及歐蔓有些相似因而常相混淆，本種葉形較狹長（歐蔓為較圓弧的卵形），葉片質感較薄且葉背葉脈較為清楚（歐蔓較厚質且葉背具柔毛），花色本種為黃白色，歐蔓為紫紅色，仔細觀察上述特徵之間的差異，相信讀者不難區別彼此。其實近幾篇所介紹的夾竹桃科纏繞性灌木植物果實多為這類型的蓇葖果，其扁平的種子一端具有降落傘功能的毛束，當果實成熟時則裂開隨風飄送，因此這類植物總攀附著植物枝幹往上攀爬，除爭取更多資源外也藉由高度優勢讓種子能飄送更遠。

小青斑蝶幼生期雖有部分書籍文獻記載攝食臺灣牛皮消、臺灣牛彌菜、歐蔓等夾竹桃科植物，但野地自然情況下雌蝶主要選擇絨毛芙蓉蘭產卵，該植物也是琉球青斑蝶喜愛利用的寄主植物。

▲小青斑蝶廣泛分布臺灣全島低至高海拔地區，其外觀與青斑蝶相似，本種除體型較小，翅膀表面前後翅膀底色一致且淺色斑紋透明度較佳，而腹部為紅褐色。

▲小青斑蝶三齡幼蟲中胸及第8腹節之兩對肉棘已明顯，頭尾兩端之黃色斑紋逐漸顯現。

▲小青斑蝶與姬小紋青斑蝶幼蟲外觀相似，兩者除攝食植物種不同外，本種肉棘顏色為一面不會有上下一半的明顯兩截。（終齡幼蟲）

◀小青斑蝶與近緣種幼蟲肉棘具有黑白兩色，因觀察角度差異而不同，幼蟲移動、攝食或受到輕微驚擾時，肉棘會隨機擺動十分可愛。（四齡幼蟲）

武靴藤 *Gymnema sylvestre* (Retz.) Schultes

科　名｜夾竹桃科Apocynaceae　**屬　名**｜武靴藤屬
別　名｜羊角藤
攝食蝶種｜斯氏紫斑蝶

植物性狀簡介

武靴藤是纏繞性灌木，生長在低海拔灌叢或平野地區。莖有短柔毛，單葉對生，革質，長橢圓形全緣，葉兩面光滑或略帶疏毛，有白色乳汁。花黃綠色，繖形花序腋生，花冠裂片5，肉質，副花冠裂片小，果實為長卵形蓇葖果，成熟時木質化褐色表面，呈單邊開裂，種子扁平並有一束毛，可隨風飄送。

▶武靴藤因果實造型像短短的羊角又名「羊角藤」，其葉片外觀與酸藤相似。

▼武靴藤的花為黃綠色。

蝴蝶生態啟示錄

武靴藤是斯氏紫斑蝶唯一的寄主植物，北臺灣地區以4至5月分的成蝶族群量較多，冬季期間則幾乎罕見。原來，冬季期間的斯氏紫斑蝶多數族群都棲息於高雄、屏東及臺東地區「紫蝶幽谷」中渡冬，由於春天正是大地回暖且武靴藤萌生新芽嫩葉的時序，偏好攝食嫩葉組織的斯氏紫斑蝶則選擇此時離開越冬山谷北遷繁殖。每到4、5月分期間，前往北臺灣及中臺灣分布大量武靴藤的地區，即可發現鱗翅殘破老舊的雌蝶產卵，並容易於嫩葉處發現蝶卵及幼蟲。透過臺灣蝴蝶保育學會義工多年的標放追蹤研究，初步證實苗栗竹南海濱地區的防風林為斯氏紫斑蝶越冬後北返的繁殖熱點之一，來自臺東大武、屏東春日及高雄茂林等地，翅膀上帶著不同標記代碼的斯氏紫斑蝶，不約而同地於春天選擇聚集在那兒繁殖。相信很多人跟筆者心存相同的感受，原來一片不起眼的海濱防風林，卻維繫著斯氏紫斑蝶族群的延續。

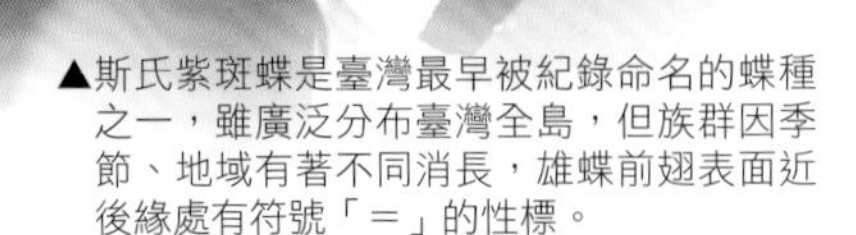

▲斯氏紫斑蝶是臺灣最早被紀錄命名的蝶種之一，雖廣泛分布臺灣全島，但族群因季節、地域有著不同消長，雄蝶前翅表面近後緣處有符號「＝」的性標。

▲雌蝶偏好將卵產於寄主植物嫩葉葉背處，好讓剛孵化的幼蟲即可攝食嫩葉。

▲斯氏紫斑蝶一齡幼蟲體色為黃綠色，二齡幼蟲階段於中胸、後胸及第8腹節處可見明顯肉棘，卵從孵化至化蛹最快僅需10餘天。

▲斯氏紫斑蝶外觀與臺灣產另三種紫斑蝶有顯著差異，其體色較單調且肉棘很長，偏黃色的身體背部略帶淺綠色，黑褐色的肉棘末端處為白色。（終齡幼蟲）

▲斯氏紫斑蝶選擇寄主植物葉下或鄰近植物枝條、葉下處化蛹，蛹初期為鮮黃色，隨後轉為綠色或褐色，隨著發育程度蛹體銀色金屬色澤及黑色斑點逐漸增加。

毛玉葉金花 *Mussaenda pubescens* Ait. f.

科　名｜茜草科Rubiaceae　　屬　名｜玉葉金花屬

別　名｜玉葉金花、白甘草

攝食蝶種｜單帶蛺蝶

▲毛玉葉金花因花開時葉狀的萼片雪白如玉，搭配金黃色的花冠而得名，葉為長橢圓形且具有短毛。

植物性狀簡介

毛玉葉金花是常綠蔓性灌木，生長在低、中海拔山區灌叢或林緣。枝條與葉有短毛，單葉對生，長橢圓形，托葉兩裂呈線形，花黃色，單性花，雌雄異株，聚繖花序頂生，花萼鐘形裂片5，其中一裂片擴大成淡綠白色或淡黃色的葉片狀，花冠長筒形裂片5，黃色，雄蕊5內藏，果實為橢圓形漿果，成熟時為黑紫色。

▶毛玉葉金花的花與果。

水金京 *Wendlandia formosana* Cowan

原生種

科　名｜茜草科Rubiaceae　　屬　名｜水錦樹屬

別　名｜假雞納樹、紅木

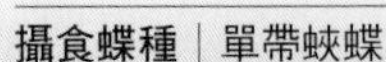

攝食蝶種｜單帶蛺蝶

葉序

▲水金京主要生長於較陰暗潮濕的森林環境，葉片光滑為長橢圓形，葉基中肋處常為紅色。

植物性狀簡介

水金京是常綠灌木或小喬木，生長在低海拔山區的闊葉林中，喜歡潮濕的環境。樹皮紅褐色並有扭轉細縱裂紋，單葉對生，長橢圓形，托葉三角形長約3mm，葉兩面光滑略成波浪形。花白色，聚繖花序頂生，花萼裂片4～5，花冠長筒形裂片4～5反捲，白色，雄蕊與花冠裂片數相同，果實為橢圓形蒴果，成熟時為黑紫色。

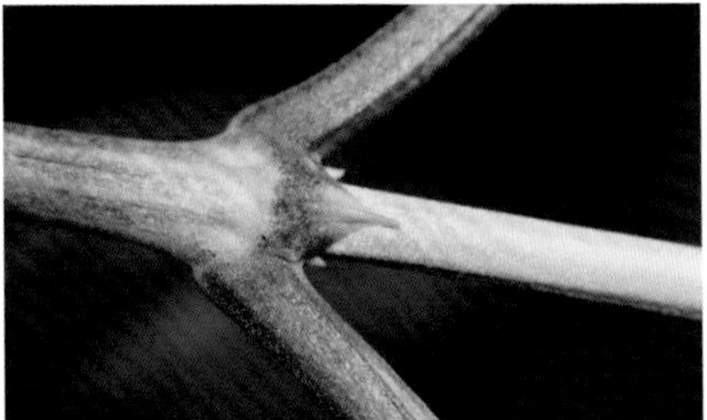

▶水金京及水錦樹外觀相似，前者之葉背及花梗無毛，且托葉為三角形（上圖），水錦樹之托葉為耳形反捲（下圖）。

花期｜1｜2｜3｜4｜5｜6｜7｜8｜9｜10｜11｜12

水錦樹 *Wendlandia uvariifolia* Hance

原生種

科　名｜茜草科Rubiaceae　　屬　名｜水錦樹屬
別　名｜紅木、毛水錦樹
攝食蝶種｜單帶蛺蝶

▲水錦樹以南臺灣地區較為常見，嫩葉為紅褐色，耳狀托葉十分顯眼易於辨識。

植物性狀簡介

水錦樹是常綠灌木或小喬木，生長在低、中海拔山區的闊葉林中，南部較多。枝條有短毛，單葉對生，長橢圓形，托葉耳形反捲，葉片長10～27cm，葉面近光滑或有直毛，葉背有短毛。花白色，聚繖花序頂生，花萼裂片4～5，花冠長筒形裂片4～5反捲，白色，雄蕊與花冠裂片數相同，果實為球形蒴果有毛，成熟時為黑紫色。

▶單帶蛺蝶。

蝴蝶生態啟示錄

對於北臺灣的民眾而言，水錦樹實在頗為陌生，因為它主要在南臺灣地區數量較多，其雖不如水金京於臺灣全島普遍易見，但垂直分布倒是可達中海拔山區，這兩種”命中帶水”且形態相似的植物均偏好生長於略潮濕的闊葉林環境。葉對生且具托葉是茜草科植物最大辨識特徵，藉由特殊的十字對生葉及三角形或耳形托葉形狀，相信讀者在野地不難辨別出水金京與水錦樹。

單帶蛺蝶幼生期以茜草科的玉葉金花屬（毛玉葉金花）、水錦樹屬（水金京、水錦樹）、鉤藤屬（臺灣鉤藤、鉤藤）及風箱樹屬（風箱樹）植物為食，上述幾種植物目前僅有單帶蛺蝶攝食，因此只要在植株上發現偽裝成糞便模樣躲藏於自製的糞橋、糞巢處的幼齡蟲，或是全身長滿橙紅色棘刺的終齡幼蟲，那肯定是牠了。即便寒冷的冬季，野地依舊可以發現成蝶與幼蟲。

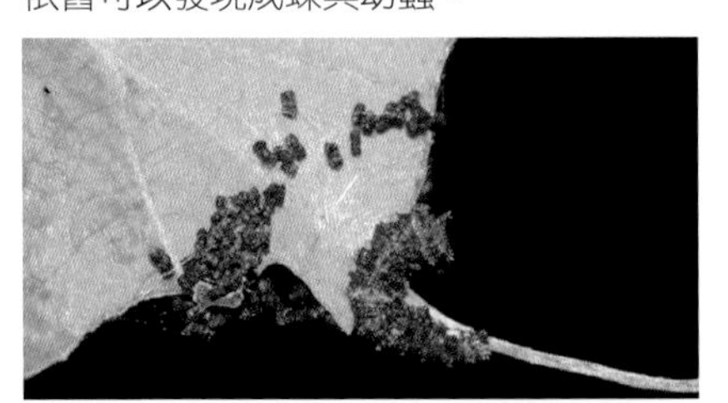

▲單帶蛺蝶一齡幼蟲至四齡幼蟲主要停棲於葉表末端中肋處附近，通常活動於自己以糞便堆砌的糞橋、糞巢及葉中肋區域。（三齡幼蟲）

▲單帶蛺蝶終齡幼蟲為綠色並長有橙紅色棘刺，第5腹節背部具有黑色斑紋，外觀與臺灣單帶蛺蝶相似。

▲單帶蛺蝶為雄雌異型的蝶種，雄蝶與臺灣單帶蛺蝶相似（本種前翅表面翅端處無橙紅色斑點且白斑較小），雌蝶則與一般所謂的三線蝶相似。

▲單帶蛺蝶偏好將卵單枚產於寄主植物葉表之尖端處，剛孵化之幼蟲即利用該位置延中肋攝食。

▲剛蛻皮進入終齡幼蟲階段初期體色為淺色。

▲單帶蛺蝶蛹體具金黃色的金屬色澤，外觀與白三線蝶相似，彼此最大差異為本種由背面觀察其尖銳突起為水平朝外延伸。

山黃梔 *Gardenia jasminoides* Ellis

科　名｜茜草科Rubiaceae　屬　名｜黃梔屬

別　名｜黃梔花、黃梔子、梔子花、黃枝

攝食蝶種｜綠底小灰蝶

花序　葉序

▲花開時節的山黃梔特別容易辨識，其白色花朵因成熟而逐漸轉黃，之後結果。

植物性狀簡介

山黃梔是常綠灌木至小喬木，生長在低、中海拔闊葉林中。單葉對生，長橢圓形近無柄，羽狀脈清楚，托葉合生成歪斜筒狀。花白色，單生，頂生或腋生，花萼裂片5～8線形宿存，花冠鐘形，裂片5～8呈倒卵形，花藥與柱頭突出，果實為橢圓形漿果，表面有5～8稜，成熟時為橙黃色不開裂。

▶山黃梔果實上若有蟲蛀的小孔，就是綠底小灰蝶幼蟲的傑作，若該食痕已乾涸則幼蟲已不在其中，反而成為其他生物的住所。

花期｜1｜2｜3｜**4**｜**5**｜**6**｜7｜8｜9｜10｜11｜12

蝴蝶生態啟示錄

山黃梔即為人們所熟悉的「梔子花」或「黃梔子」，它的果實過去是先民使用於織布、食品（醃蘿蔔、花茶香料）的黃色染料，亦是具療效的中藥材，近年則因其優美的樹型、顏色多變且美麗清香的花朵、造型逗趣且美麗的果實，成為庭園、校園、公園等綠地廣受青睞的植物。山黃梔主要分布於東亞至東南亞地區，在臺灣可是道道地地的原生種植物，全島的低、中海拔闊葉林環境不難見到它的身影。

▶綠底小灰蝶是少數腹面翅膀以綠色為底色的蝴蝶，其廣泛分布於臺灣全島低海拔山區，成蝶偏好訪花吸蜜。

山黃梔是綠底小灰蝶唯一的寄主植物，牠僅攝食植物的果實及花，青綠色未成熟的果實果壁十分堅硬，牠特別偏愛且有辦法鑽入不禁令人佩服。綠底小灰蝶野地並不普遍易見，具有大量山黃梔果實植株的附近較容易觀察到。

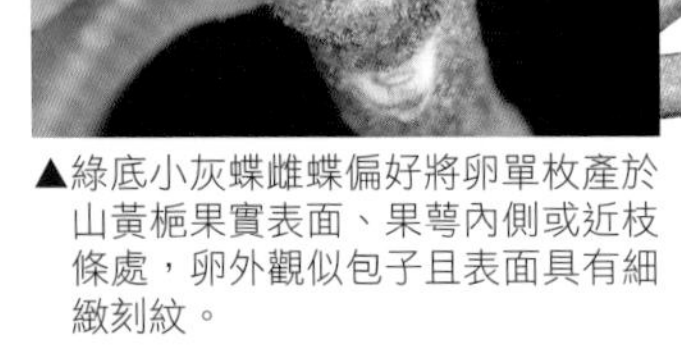

▲綠底小灰蝶雌蝶偏好將卵單枚產於山黃梔果實表面、果萼內側或近枝條處，卵外觀似包子且表面具有細緻刻紋。

◀綠底小灰蝶幼蟲孵化後立即將山黃梔果實鑽蛀小孔躲藏其中，圖中幼蟲已達終齡，雖躲藏果實內可避免捕食性天敵，然而卻逃不過寄生性天敵的侵犯。

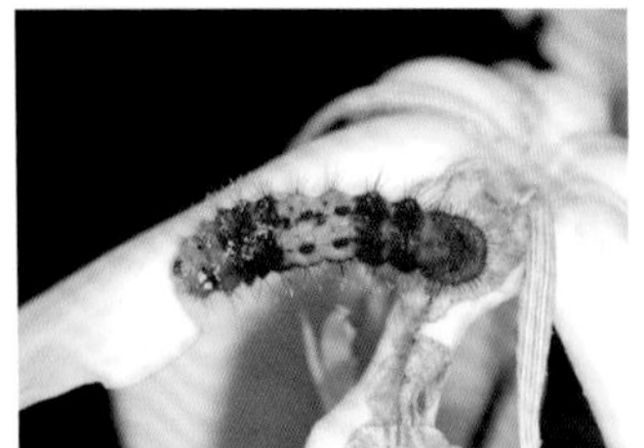

▲綠底小灰蝶雖主要攝食果實，但一次野地觀察中紀錄到終齡幼蟲單獨爬行至花朵上攝食花瓣，甚至躲藏於花冠基部縫隙處。

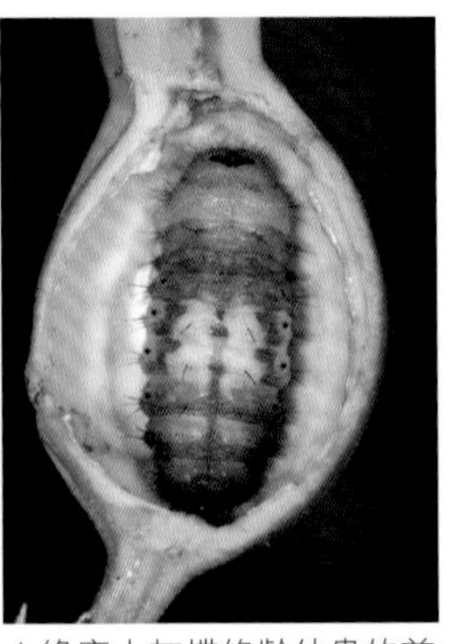

▲綠底小灰蝶終齡幼蟲的前蛹。

▲綠底小灰蝶將果肉攝食殆盡，終齡幼蟲即利用果實內空間化蛹，既可遮風避雨又不容易被發現。

旱田草 *Lindernia ruelloides* (Colsm.) Pennell

科 名｜玄参科Scrophulariaceae **屬 名**｜母草屬

攝食蝶種｜孔雀蛺蝶

花序  葉序

▲旱田草外觀與泥花草有點相似，但本種葉片有柄且葉緣細鋸齒狀。

植物性狀簡介

旱田草是多年生草本植物，生長在低海拔草原、濕生或荒廢地區。單葉對生，葉有柄，長橢圓形，葉緣細鋸齒，葉兩面粗糙。花藍紫色，總狀花序頂生，花萼5深裂線形，花冠筒狀，2唇形，上唇2短裂，下唇3裂，雄蕊2枚，假雄蕊2枚，果實為長筒形蒴果，其長度遠超過宿存的萼片。

花期 1 2 3 4 5 6 7 8 9 10 11 12

泥花草

泥花草是一年生草本植物，生長在低海拔草原、濕生或荒廢地區。單葉對生，無柄，葉緣鈍粗鋸齒。花淡紫色或白色，花萼5深裂線形，花冠筒狀，果實為長筒形蒴果，其長度遠超過宿存的萼片。

▲孔雀蛺蝶廣泛分布於臺灣全島及離島低、中海拔地區，是開闊向陽草原環境的代表性蝶種。

▲孔雀蛺蝶偏好將卵單枚產於寄主植物葉片、枝條或鄰近其他植物或雜物上，卵為綠色，表面具多條突起稜線。

蝴蝶生態啟示錄

泥花草、旱田草、水丁黃及定經草（心葉母草）這4種玄參科母草屬植物為孔雀蛺蝶寄主植物，其廣泛分布於低海拔潮濕的田地、草原、水池或溪流畔，只是植株矮小而常被人們忽略，大概只有花朵綻放的那一刻才吸引人們目光。這幾種植物昔日是農人視為田埂間雜草的一群，施以除草劑噴灑去除是對待的手段，再加上田埂的水泥化、外來植物競爭，使得它們生長環境日益縮減。然而，隨著生態保育觀念的普及，近年於庭園、校園、公園等綠地吹起一股生態池營造風潮，許多過去人們所忽略的水生植物成為人們保護與栽植對象，其中孔雀蛺蝶所攝食植物多數屬水生植物（生態池常見的爵床科大安水蓑衣及異葉水蓑衣亦為寄主植物，人工飼養亦可攝食爵床科的賽山藍、易生木），使牠成為濕地環境常見的指標性蝶種。大家不妨仔細觀察，四季可見的孔雀蛺蝶於冬季期間的翅膀形狀與斑紋，可有別於春季至秋季時期的個體呢！

▲孔雀蛺蝶幼蟲具淺褐色及黑褐色兩型，其前胸具橙色環紋，中、後胸具黃褐色環紋，淺褐色型之背部有黃色縱條及黑色斑紋。

▲近年廣為栽植的翠蘆利偶爾可見孔雀蛺蝶產卵於花苞處，然而孵化幼蟲並無法正常攝食成長。（一齡幼蟲）

▶孔雀蛺蝶蛹體形態與孔雀青蛺蝶、眼紋擬蛺蝶相似，但摻雜著深淺的黑色、褐色、白色斑紋而顯得色彩豐富。（陳燦榮攝）

爵床 *Justicia procumbens* L.var.*procumbens*

原生種

科　名｜爵床科Acanthaceae　屬　名｜爵床屬

別　名｜鼠尾紅

攝食蝶種｜孔雀青蛺蝶

花序 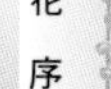　葉序 

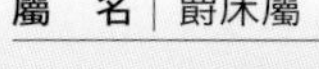

▲植株矮小的爵床常成群出現在草坪、路旁或空曠向陽環境。

植物性狀簡介

爵床是草本植物，生長在低、中海拔或海岸地區，常成群出現在草坪、路旁或空曠向陽環境。整株有毛，莖多分枝，節間略膨大，單葉對生，全緣，葉面有突出的針狀結晶體。花粉紅色或淡藍紫色，穗狀花序頂生，花萼4或5裂，花冠2唇形，上唇2裂小，下唇3裂大，雄蕊2枚，果實為細長形蒴果，位於宿存的萼片內。

▶爵床的粉紅色穗狀花序小巧可愛。

花期 1 2 3 4 5 6 7 8 9 10 11 12

蝴蝶生態啟示錄

爵床是都會綠地都可見到的草本植物，其植株矮小大概僅在粉紅色的穗狀花序開花時較引人矚目，其花序上具有保護花朵功能的色彩鮮明苞片，該構造為爵床科植物特色。爵床科的爵床及馬鞭草科的鴨舌癀為孔雀青蛺蝶的寄主植物，近年則有自然情況下於紫薇科（火焰木）、玄參科（泥花草、通泉草、毛蟲婆婆納）等植物上產卵並順利攝食羽化觀察紀錄，此外，亦有在人為飼養下以爵床科臺灣馬藍飼育成功。孔雀青蛺蝶偏好棲息於低海拔開闊向陽的草原、墾地或荒地環境，成蝶多停棲於地表處，過去十分普遍易見的牠近年則有減少趨勢。由於低海拔的開闊棲地與人類頻繁活動之環境相重疊，因此遭受人為密集干擾程度較高，使得許多偏好該棲地類型的草原性蝶種所遭遇威脅程度比森林性蝶種還嚴重，然而這情況卻常被人們所忽略。

▲孔雀青蛺蝶廣泛分布於臺灣全島低、中海拔地區，其中並以低海拔開闊向陽的草原、墾地或荒地較為常見，偏好停棲於地表或鄰近植物上。（雄蝶）

▲孔雀蛺蝶後翅表面具有耀眼的藍色物理色澤，雄雌外觀相似，但雌蝶翅表藍色色澤較不明顯，且外緣處假眼紋比雄蝶發達。（雌蝶）

▲俯視孔雀青蛺蝶幼蟲，其黑色的體表密布黑色的短棘刺，前胸具有顯眼的橙色斑紋。

▶孔雀青蛺蝶蛹體摻雜深淺不等褐色與黑褐色，個體差異明顯。

▲側視終齡幼蟲，其腹部體側具有一條白色細帶，頭殼、腹足、尾足與側面之棘刺基部具為橙黃色斑紋。

◀幼蟲經過前蛹階段蟄伏，蛻皮蛹化過程僅短短的2、3分鐘而已，最後努力扭動腹部將幼蟲階段的頭殼與表皮蛻去，即大功告成。

大安水蓑衣 *Hygrophila pogonocalyx* Hayata

特有種

科　名｜爵床科Acanthaceae　**屬　名**｜水蓑衣屬

攝食蝶種｜孔雀蛺蝶、枯葉蝶、黑擬蛺蝶、迷你小灰蝶

花序  葉序 

植物性狀簡介

大安水蓑衣是多年生的水生草本植物，生長在中臺灣低海拔濕地、池塘中。整株有毛，莖方形直立，節間略膨大，單葉對生，披針形至橢圓形，葉兩面有白色粗毛，花淡紫色，簇生於葉腋，花萼5裂，花冠2唇形，上唇2裂小，下唇3裂大有長軟毛，雄蕊4枚，2長2短，果實為細長圓柱形蒴果，種子扁平，表面有黏毛。

▶生命力強韌的大安水蓑衣因人為因素導致原生棲地植群遽減，如今卻在各地人工營造的生態池中普遍可見。

▶枯葉蝶廣泛分布於全島低、中海拔山區，其翅形酷似葉片，闔翅時腹面色彩則偽裝如枯葉，個體間並有極大的色彩差異。

花期　1 2 3 4 5 6 7 8 9 10 11 12

臺灣鱗球花 *Lepidagathis formosensis* Clarke *ex* Hayata

原生種

科　名｜爵床科Acanthaceae

屬　名｜鱗球花屬

別　名｜臺灣鱗花草

攝食蝶種｜枯葉蝶、眼紋擬蛺蝶

花序

葉序

▲臺灣鱗球花常見於低海拔山區的森林邊緣或林蔭環境，其花為白色的穗狀花序頗具特色。

植物性狀簡介

臺灣鱗球花是半灌木草本，生長在低海拔山區林緣或林蔭處。莖方形略木質化，單葉對生，長橢圓形，葉緣略波浪形，基部楔形，葉脈上有粗毛。花白色，穗狀花序，頂生或腋生，花萼5裂，花冠2唇形，上唇2裂小，下唇3深裂大，雄蕊4枚，2長2短，果實為圓錐形蒴果，內有扁平種子2或4粒。

▶眼紋擬蛺蝶雖廣泛分布臺灣全島，但北臺灣地區族群量不如南臺灣普遍易見。成蝶偏好活動於森林邊緣的向陽環境處訪花吸蜜，或停棲於近地表處。

花期 1 2 3 4 5 6 7 8 9 10 11 12

臺灣馬藍 *Strobilanthes formosanus* Moore

特有種

科　名｜爵床科Acanthaceae　　屬　名｜馬藍屬

別　名｜臺灣曲蕊馬藍

攝食蝶種｜黑擬蛺蝶、枯葉蝶、眼紋擬蛺蝶

花序 　葉序 

▲臺灣馬藍為特有種植物，主要分布於北臺灣低海拔山區，主要生長於較陰暗潮濕的森林邊緣或林蔭環境。

植物性狀簡介

臺灣馬藍是半灌木，生長在北部低海拔山區森林或林蔭處。整株有毛，莖方形，單葉對生，其對生的兩葉常大小不一，長橢圓形，葉緣鈍鋸齒，葉兩面都有粗毛。花淡紫藍色，聚繖花序，頂生或腋生，花萼5裂線形，花冠圓錐筒狀，裂片5近相等，呈波浪圓形，雄蕊4枚，2長2短，果實為錐狀橢圓形蒴果，內有種子4粒。

花期 1 2 3 4 5 6 7 8 9 10 11 12

蘭嵌馬藍

蘭嵌馬藍為特有種植物，主要分布於海拔較高的中海拔山區及東部海岸山脈。屬多年生草本植物，植株不高且莖部柔軟常平鋪於地表，每到春季花期時序十分美麗。該植物葉片為黑擬蛺蝶及白鬚黃紋弄蝶、蓬萊黃紋弄蝶等星弄蝶屬蝴蝶於中海拔山區的重要寄主植物。

曲莖馬藍 *Strobilanthes flexicaulis* Hayata

科　名｜爵床科Acanthaceae　**屬　名**｜馬藍屬

別　名｜曲莖山蘭

攝食蝶種｜黑擬蛺蝶、枯葉蝶、埔里小黃紋弄蝶

花序

葉序

▲曲莖馬藍為特有種植物，主要分布於中、南臺灣之中海拔山區，其枝條常呈「之」字形彎曲而得名。

植物性狀簡介

曲莖馬藍是半灌木，生長在中、南部中海拔山區森林中。枝光滑有狹翼，常呈之字形曲折，單葉對生，其對生的兩葉常大小不一，開花枝條上葉幾無柄，一般枝條上葉有柄，葉緣鋸齒。花淡紫藍色，穗狀花序，花萼5裂線形有腺毛，花冠圓錐筒狀，裂片5近相等，圓形微凹，雄蕊4枚，2長2短，果實為線狀圓筒形蒴果，內有種子4粒。

花期 | 1 | 2 | 3 | 4 | 5 | 6 | 7 | 8 | 9 | 10 | 11 | 12

蝴蝶生態啟示錄

本篇所介紹的爵床科馬藍屬（曲莖馬藍、臺灣馬藍、蘭嵌馬藍、腺萼馬藍、長穗馬藍）及鱗球花屬（臺灣鱗球花）植物，為廣泛分布臺灣全島低海拔的枯葉蝶、黑擬蛺蝶及眼紋擬蛺蝶幼蟲攝食寄主植物（這3種蝴蝶各有偏好攝食選擇）。牠們都是偏好棲息於森林環境的蝶種，雌蝶產卵常選擇生長於半遮陰且潮濕環境處的寄主植物，有別於多數雌蝶產卵時的挑剔與精準，上述3種雌蝶卻常將卵產於寄主植物鄰近的別種植物枝幹、葉片或枯葉、石頭等處，這樣的巧思耐人尋味。

在人為飼養下，大安水蓑衣因容易栽植且生長快速而成為枯葉蝶、黑擬蛺蝶的替代食源。大安水蓑衣原生於中臺灣之苗栗至臺中縣沿海地區的草澤、溝渠、池塘或農田濕地等環境，近數十年來因原生地溝渠整治及人為棲地破壞等因素而導致數量銳減。事實上，生命力強韌且生長快速的大安水蓑衣是非常容易人為栽培的，近年在生態保育及生態池營造觀念普及下，它也已成為各地人工濕地、生態池必備的植物，只是在自然環境下因枯葉蝶及黑擬蛺蝶棲息環境與對環境產卵的偏好，位處開闊向陽水池畔的大安水蓑衣是很難見到枯葉蝶飛去產卵，反倒是孔雀蛺蝶或迷你小灰蝶常成為座上嘉賓呢！

眼紋擬蛺蝶

▲眼紋擬蛺蝶幼蟲攝食爵床科的臺灣鱗球花、臺灣馬藍、賽山藍等植物葉片，二齡幼蟲階段起體表即密生棘刺。

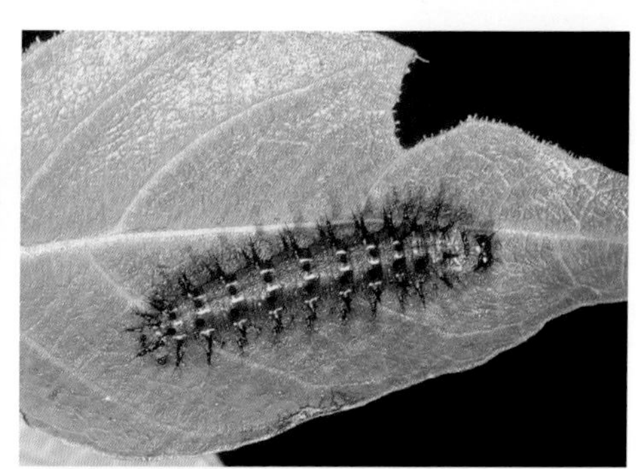

▲即將蛻皮的幼蟲於頭部後方的胸部可見明顯腫脹，此時期幼蟲常蟄伏不動且不適合過渡干擾。（四齡幼蟲）

▲眼紋擬蛺蝶幼蟲形態與孔雀青蛺蝶相似，兩者幼蟲前胸具顯眼的橙色斑紋，但本種黑色體表背部具兩列白色斑紋。（終齡幼蟲）

▶眼紋擬蛺蝶蛹體形態與孔雀蛺蝶及孔雀青蛺蝶極為相似，本種色彩介於兩種之間呈灰褐色。

▲枯葉蝶翅膀兩面色彩差異極大，偶爾可見其停於地表或高處正攤展翅膀享受日光浴。成蝶幾乎不訪花吸蜜，而偏好吸食樹液、熟果或動物排遺、屍骸。

◀枯葉蝶除了將卵單枚直接產於寄主植物上，亦常選擇鄰近非幼蟲攝食的植物枝葉、枯枝及許多意想不到的雜物上，是少數雌蝶產卵隨性的蝶種。

▲剛孵化的枯葉蝶一齡幼蟲體色為黑褐色，體表並密布著明顯的長毛。幼蟲偏好停棲於葉背處。

▲枯葉蝶終齡幼蟲棘刺基部之色彩轉為暗紅色，此時因體型碩大，體表棘刺與身軀比例顯得較不顯眼。本種幼蟲攝食多種爵床科植物（尤以馬藍屬植物為最愛），亦可攝食引進的易生木。

▲枯葉蝶二齡幼蟲頭部起長有一對突角，原長毛也轉變為棘刺，該形態至終齡幼蟲階段差異不大。圖中為三齡幼蟲，相較於二齡幼蟲其背部棘刺之基部為橙色。

▲枯葉蝶的蛹體腹部具有短小棘刺，外觀摻雜著淺褐色及黑褐色之斑駁色彩而具良好保護色。

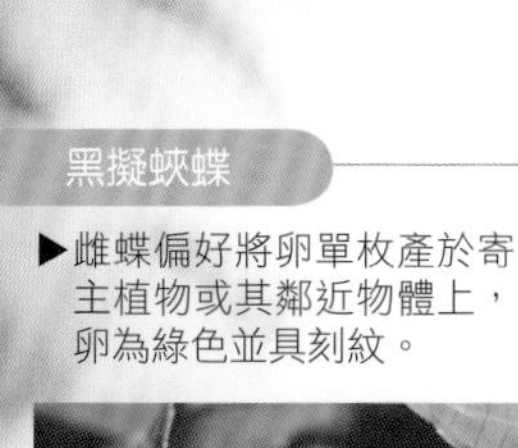

▲黑擬蛺蝶廣泛分布臺灣全島低、中海拔森林邊緣環境，為眼蛺蝶屬種類中體型最大者，但其翅膀並無假眼紋，成蝶偏好訪花吸蜜。

黑擬蛺蝶

▶雌蝶偏好將卵單枚產於寄主植物或其鄰近物體上，卵為綠色並具刻紋。

▲黑擬蛺蝶幼蟲攝食爵床科的臺灣馬藍、蘭嵌馬藍、曲莖馬藍、長穗馬藍及賽山藍等植物葉片，幼蟲偏好停棲於葉背處。（終齡幼蟲）

▲黑擬蛺蝶幼蟲體色黑褐色，體表具短棘刺且無特別明顯斑紋，遇到干擾有時會蜷曲身子掉落地表處。（終齡幼蟲）

▲黑擬蛺蝶蛹體為灰褐色，常化蛹於寄主植物或鄰近物體之下方隱蔽處。

埔里小黃紋弄蝶

▲曲莖馬藍葉片上折製成蟲巢的痕跡，透露出幼蟲躲藏其中的訊息。

▲埔里小黃紋弄蝶為一年一世代蝶種，幼蟲以曲莖馬藍葉片為食。（二齡幼蟲）

▶埔里小黃紋弄蝶三齡幼蟲身體為墨綠色，背部並有一對白色線條。

▲星弄蝶屬蝴蝶主要棲息於中海拔原始山林，成蝶偏好以攤展翅膀姿態訪花吸蜜或吸水。本屬蝴蝶臺灣共有6種，彼此形態極為相似而不易區分。

賽山藍 *Blechum pyramidatum* (Lam.) Urban.

科　名｜爵床科Acanthaceae　　屬　名｜賽山藍屬

別　名｜蝦蛄草、南部夏枯草

攝食蝶種｜黃帶枯葉蝶、枯葉蝶、孔雀蛺蝶、黑擬蛺蝶、眼紋擬蛺蝶、迷你小灰蝶

花序　葉序

▲賽山藍葉片並無特別起眼，但那層層堆疊宛如寶塔般的綠色苞片令人印象深刻。

植物性狀簡介

賽山藍是草本植物，引進栽培後成為歸化種，多產於南部地區。莖方形或圓柱形，有短毛或近光滑，單葉對生，闊卵形，近全緣，葉面有粗毛，葉背近無毛。花白色，穗狀花序頂生，苞片綠色有緣毛，層層堆疊，花萼5裂線形，花冠裂片5近相等，雄蕊4枚，2長2短，果實為卵形蒴果，內有種子多數。

▲迷你小灰蝶是臺灣產體型最小蝶種之一，其主要分布於中、南臺灣低海拔平地與淺山地區，臺北盆地偶有零星紀錄。本種形態雖與藍灰蝶屬小灰蝶相似，但前翅腹面之前緣中央處具一枚黑點為辨識特徵。

花期 1 2 3 4 5 6 7 8 9 10 11 12

蝴蝶生態啟示錄

原產於熱帶美洲地區的賽山藍為近年歸化的入侵外來種植物，目前廣泛分布於南臺灣低海拔地區，其穗狀花序外頭有披著綠色緣毛的苞片層層堆疊，宛如一座逐層搭建的綠色寶塔，白色花朵淺藏其中反而較不顯眼。目前已知攝食賽山藍蝶種中，僅迷你小灰蝶以花苞為食，另常見牠利用爵床科的大安水蓑衣及馬鞭草科的馬櫻丹花朵，想在野地裡觀察這微小蝶種的成蝶或幼生期，著實需具備敏銳觀察力或瞭解其生態習性。黃帶枯葉蝶則是主要分布於高雄、屏東及臺東地區的局部普遍蝶種，成蝶除冬季以外均可見到，不同於枯葉蝶的隱蔽神秘，牠偏好於林緣環境訪花吸蜜。過去文獻記載黃帶枯葉蝶幼蟲僅攝食賽山藍，然而牠不可能僅攝食單一種歸化的外來植物，筆者亦曾於爵床科的蘆利草上觀察到幼蟲。

迷你小灰蝶

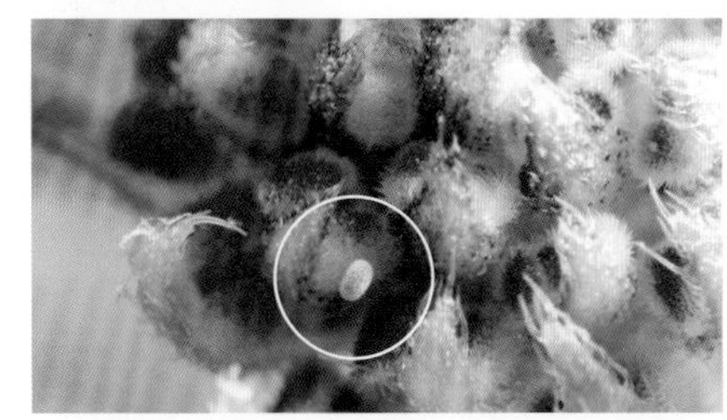

▲迷你的迷你小灰蝶蝶卵理所當然也十分地「迷你」，雌蝶偏好將卵單枚產於寄主植物花苞、新芽或上述鄰近葉片處，圖為產於馬櫻丹花苞縫隙處的卵粒。

▲迷你小灰蝶幼蟲背部具一條明顯的紅褐色縱條，幼蟲微小且具極佳保護色，尋找排遺、螞蟻或新芽、花苞處的新鮮食痕，是野地找尋的線索。（終齡幼蟲）

黃帶枯葉蝶

◀黃帶枯葉蝶翅膀腹面具白色寬帶縱紋，該縱紋於翅表色彩為橙黃色而得名。其主要分布於高屏及臺東低海拔山區，尤其恆春半島與臺東地區數量較多。

▲黃帶枯葉蝶幼蟲形態與枯葉蝶相似，但色彩較為鮮豔複雜。幼蟲體側氣孔下方棘刺基部具紅色斑紋及白色線條，俯視背部則有兩列顯眼的白色條紋。

▲黃帶枯葉蝶蛹體為黃褐色，背面之胸部及腹部具有短小刺突。

裡白忍冬 *Lonicera hypoglauca* Miq.

原生種

科　名｜忍冬科Caprifoliaceae　屬　名｜忍冬屬

別　名｜紅星金銀花

攝食蝶種｜臺灣星三線蝶、紫單帶蛺蝶

花序　葉序

▲裡白忍冬與忍冬（金銀花）形態相似，本種葉形先端漸尖，葉片兩面光滑或僅中肋處有毛，葉下表面具紅色腺點。

植物性狀簡介

裡白忍冬是常綠蔓性藤本，生長在北部、中部低、中海拔地區林緣或闊葉林中。枝條及葉柄有短毛，老枝條常呈紅褐色，單葉對生，全緣，紙質，兩面光滑或僅中肋有毛，葉背有紅色腺點。花初開時白色，後轉為金黃色，聚繖花序腋生，成對組成，花萼5淺裂，花冠筒長漏斗狀，唇形，5裂，其中1裂片深裂，雄蕊5枚，果實為球形漿果，成熟時為黑色。

▶臺灣星三線蝶翅膀腹面基部具數枚黑色斑點為辨識特徵，其廣泛分布於臺灣全島低海拔山區，成蝶偏好訪花吸蜜及吸食腐果。

花期｜1 2 3 **4 5 6 7 8** 9 10 11 12

忍冬 *Lonicera japonica* Thumb.

原生種

科　名｜忍冬科Caprifoliaceae　屬　名｜忍冬屬

別　名｜金銀花、毛金銀花

攝食蝶種｜臺灣星三線蝶、紫單帶蛺蝶

花序　葉序

▲忍冬與裡白忍冬花初開時為白色，之後逐漸轉為金黃色，因而可見同時綻放兩種不同花色的情景，每當成片綻放時更是夏季林緣野地的美麗景致。

植物性狀簡介

忍冬是常綠蔓性藤本，生長在低海拔地區林緣或闊葉林中。整株有毛，老枝條常呈紅褐色，單葉對生，全緣，紙質，兩面有柔毛。花初開時白色，後轉為金黃色，聚繖花序腋生，成對組成，花萼5淺裂，花冠筒長漏斗狀，唇形，5裂，其中1裂片深裂，雄蕊5枚，果實為球形漿果，成熟時為黑色。

▶紫單帶蛺蝶黑褐色的翅表摻雜著紅色斑點，並有一條顯眼的白色縱帶貫穿前後翅。

花期　1　2　3　**4　5　6　7　8**　9　10　11　12

蝴蝶生態啟示錄

金銀花造型美麗且花朵具有兩種色彩，加上又屬原生物種且栽植容易，是極具推廣價值的庭園景觀植物。在中醫藥用上它具有預防及治療呼吸道感染療效，民間將花苞曬乾後泡製花茶，有解毒、退火、消炎功效，西元2003年SARS流行期間還盛傳「喝金銀花茶抗SARS」的說法。

臺灣星三線蝶

▲臺灣星三線蝶偏好將卵單枚產於葉表尖端處，其卵外觀與紫單帶蛺蝶相似。

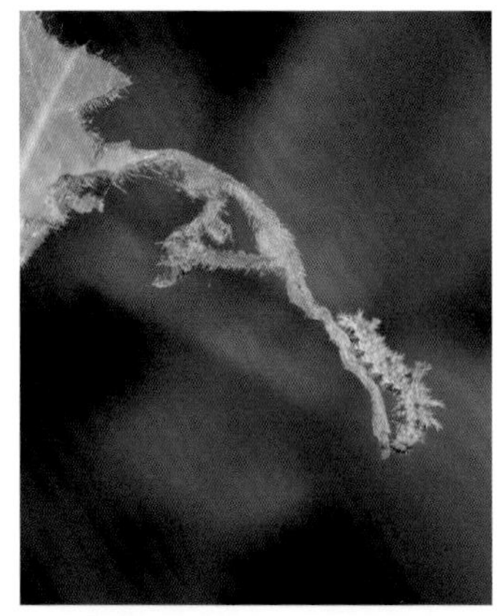

▶臺灣星三線蝶幼齡蟲偏好停棲於葉表中肋或側脈末端位置，並以糞便或部分枯萎葉片為偽裝躲藏。（三齡幼蟲）

▲臺灣星三線蝶四齡幼蟲頭部與體表棘刺已較為明顯，此階段幼蟲仍為近似枯葉的灰褐色，除攝食外通常不會離開葉片末端具隱蔽功能的蟲座。

▲臺灣星三線蝶終齡幼蟲全身翠綠，體側具黃白色條紋，並於中胸、後胸及第2、7、8節腹部背部具5對密生短刺的紅褐色長棘刺。圖為幼蟲受到干擾的防禦行為。

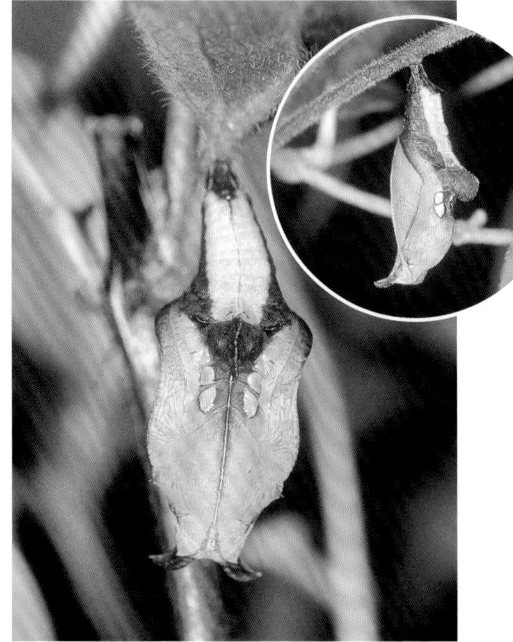

▲臺灣星三線蝶化蛹於寄主植物枝葉下方，蛹體色彩及造型特殊容易辨識，蛹體背面後胸及第1、2腹節具銀色斑點。

在植物分類學上，人們口中的金銀花可細分為「忍冬」及「裡白忍冬」兩種，彼此形態十分相似。幼生期攝食忍冬科忍冬屬植物的蝶種僅臺灣星三線蝶及紫單帶蛺蝶兩種（文獻記載兩者亦可攝食阿里山忍冬），這兩種蝴蝶在幼齡蟲階段的形態與習性十分相似，但終齡幼蟲、蛹及成蝶形態則大異其趣，成蝶均偏好於森林邊緣環境訪花吸蜜或吸食腐果、排遺等雜物，雄蝶則常見山頂稜線處展現其霸氣雄風，與其他體型相當的蝴蝶進行領域行為彼此追逐。

紫單帶蛺蝶

▶紫單帶蛺蝶腹翅密布淺紫色鱗粉，十分美麗特殊，成蝶除訪花吸蜜外，卻也常於地表處吸食水分、腐果，甚至是不雅的排遺或雜物，實在很難與牠美麗的外貌相連結。

▲紫單帶蛺蝶一齡幼蟲以葉脈為骨架，吐絲將自己排泄的糞便黏製延伸為糞橋（幼蟲停棲處右方）以為保護。

▲紫單帶蛺蝶幼齡蟲的形態與習性均與臺灣星三線蝶十分相似，受到干擾時常採圖中的防禦姿態。（三齡幼蟲）

▲紫單帶蛺蝶終齡幼蟲外貌非常奇特，除體表棘刺具鮮豔且複雜色彩外，位於腹部第2、7節背部的2對長棘刺，下半部光滑而末端卻膨大顯眼，視覺效果十足。

▶紫單帶蛺蝶蛹體顏色與寄主植物宛如銅線般的紅褐色枝條相似，並摻雜少數黑色斑點。由背面觀察可見頭部具一對宛如兔耳的突起構造。

甘藷 *Ipomoea batatas* (L.) Lam.

栽培種

科　名｜旋花科Convolvulaceae　屬　名｜牽牛花屬

別　名｜地瓜、番薯

攝食蝶種｜琉球紫蛺蝶

花序　葉序

▲甘藷是人們熟悉的食用植物，從平地到山區人為墾殖環境均可見到，卻也意外提供了琉球紫蛺蝶繁衍的棲息環境。

植物性狀簡介

甘藷是宿根性草質藤本，引進栽培後，被認為是良好的健康食物，從平野到郊山都有種植。莖蔓性或前端有時會纏繞，節處會長不定根，塊根可食。單葉互生，具長柄，葉形變化大，全緣或掌裂，花紅紫色到淡藍色，單生腋出，或排列成聚繖狀，萼片5，花冠漏斗狀，雄蕊5枚，果實為卵形的蒴果，內有種子4粒。

▶琉球紫蛺蝶廣泛分布臺灣全島及離島低、中海拔地區，其成蝶與紫斑蝶相似且雄雌異型。雄蝶後翅表面具藍紫色金屬圓斑，翅膀亞外緣不具有雌蝶獨具的白色圓形斑點排列。

花期｜1 2 3 4 5 6 7 8 9 10 11 12

金午時花 *Sida rhombifolia* L. subsp. *rhombifolia*

科　名｜錦葵科Malvaceae　　屬　名｜金午時花屬

別　名｜四米草、賜米草

攝食蝶種｜琉球紫蛺蝶

花序　葉序

▲花開黃色的金午時花因總在正午時刻才花開綻放而得名，早晨、傍晚或陰雨時花朵緊閉無綻放。因莖多分枝且常成群生長，植株總給人雜亂之感。

植物性狀簡介

金午時花是直立亞灌木，生長在低海拔田野、山坡、路旁、草叢地區。整株有毛，莖多分枝，單葉互生，菱形或披針形，鈍鋸齒緣，兩面有星狀毛。花黃色，單生腋出，萼片及花瓣皆為5，萼片有星狀毛，雄蕊多數，果實為扁球形蒴果，成熟開裂為8～10，每個裂瓣前端都有2突尖，內各有種子1粒。

花期｜1｜2｜3｜4｜5｜6｜7｜8｜9｜10｜11｜12

金腰箭

金腰箭因黃色微小的舌狀花幾乎隱藏於對生葉片之葉柄中，彷彿金箭藏於腰中而得名。其原產於南美洲，現已成為低海拔路旁、荒地、林緣環境常見的歸化種植物。目前唯有琉球紫蛺蝶單一蝶種之幼蟲攝食其葉片。

蝴蝶生態啟示錄

琉球紫蛺蝶幼蟲以旋花科牽牛屬的甘薯（地瓜葉）、甕菜（空心菜），以及錦葵科金午時花屬的金午時花及菊科金腰箭屬的金腰箭葉片為食，文獻紀錄另有賽葵、海牽牛、榕樹，筆者另於野地觀察過雌蝶將卵產於紅花野牽牛，亦曾見雌蝶徘徊於盒果藤附近展露產卵企圖，可見其為食性複雜的多食性蝶種。

由於地瓜葉、空心菜為人類食用的葉菜類植物，加上幼蟲飼養容易，琉球紫蛺蝶也是適合當作飼養觀察的對象。本種雌蝶常將卵產於寄主植物鄰近處，加上菜園總將葉菜植物成片栽種，若要像大海撈針般尋找蝶卵著實不容易。人們可藉由觀察徘徊或停棲於地表處作短距離移動並試圖產卵的雌蝶，透過觀察其產卵行為來找到蝶卵，實為較事半功倍的作法。本種雄蝶具強烈的領域性，常閉闔或半攤展翅膀駐守於森林邊緣中層或低層植物體上，並不時追趕經過蝶隻、昆蟲，筆者甚至觀察過不知好歹的雄蝶起身追逐燕子呢！

▲琉球紫蛺蝶為世界分布廣泛且遷移能力很強的蝶種，近年臺灣南部地區偶爾可見自然因素移入之後翅具白色斑塊的「大陸型」個體，與臺灣產分屬不同亞種。

◀琉球紫蛺蝶幼齡蟲頭殼為黑色，體表密布短刺毛，二齡幼蟲階段頭殼為橙色，並具有一對黑色的突起。（左為一齡幼蟲，右為二齡幼蟲）

▼琉球紫蛺蝶常選擇寄主植物鄰近的葉片、枝條、石塊下方化蛹，蛹體為黃褐色並摻雜部分黑色斑紋。

▲琉球紫蛺蝶常將卵單枚或數枚至10餘枚產於寄主植物葉下，或鄰近其他植物、落葉、石塊上。

▲琉球紫蛺蝶幼蟲形態與枯葉蝶相似，但本種頭部、胸足、腹足及體表棘刺為深淺不一的橙色，頭部並有一對黑色突起構造。（終齡幼蟲）

鼠麴草 *Gnaphalium luteoalbum* L. subsp. *affine* (D. Don) Koster

原生種

科　名｜菊科Asteraceae　　屬　名｜鼠麴草屬

別　名｜清明草、厝角草

攝食蝶種｜姬紅蛺蝶

植物性狀簡介

鼠麴草是二年生草本植物，生長在海邊、平地到中海拔開闊地區。整株都有白色柔毛，莖基部多分枝，單葉互生，倒披針形，全緣，葉前端突尖，兩面有白色柔毛。花黃色，頭狀花序頂生，呈繖房狀排列，總苞片亮黃色，果實為長橢圓形扁平的瘦果，其種子帶有黃白色冠毛，可藉由風力或動物來傳。

▶鼠麴草的莖葉整株都有白色柔毛，黃色頂生的頭狀花序十分特別，為野地普遍易見的植物。

▼姬紅蛺蝶雖屬小型蛺蝶，但廣泛分布臺灣全島及離島地區，垂直分布更可達3000公尺的高山，成蝶主要活動於較為開闊向陽環境訪花吸蜜。

菊科

▲姬紅蛺蝶形態與紅蛺蝶相似，除體型略小外，本種後翅表面呈現與前翅一致的色彩斑紋。

▲姬紅蛺蝶體表除具有黑色短棘刺外，更密生白色長毛，與一般僅密生棘刺的蛺蝶幼蟲形態不同。幼蟲體側氣孔下方具淺黃色線條，背部中央則有不甚清晰的黃色線條。

蝴蝶生態啟示錄

鼠麴草是民間廣為利用的民俗植物，先民除了取其嫩莖葉製成美味的「草仔粿」外，每到清明節亦會採摘其嫩葉曬乾搗碎，並加入糯米製成「清明粿」來掃墓祭祖，因而它有「清明草」的別稱。

鼠麴草目前僅有姬紅蛺蝶這單一蝶種幼蟲會攝食，此外牠還會利用同屬菊科的紅面番、艾草，以及錦葵科的華錦葵、冬葵，另曾有以蕁麻科青苧麻進行人工飼養紀錄。由於國外姬紅蛺蝶可攝食蕁麻科植物，加上本種幼生期及蛹體形態跟紅蛺蝶極為相似不易分辨，因而姬紅蛺蝶在自然情況下是否利用青苧麻值得後續觀察。放眼世界，除極地與南美洲以外，姬紅蛺蝶廣泛分布世界各地，為全世界分布最廣的蝶種之一，牠在臺灣分布廣泛但數量並不多。

▶姬紅蛺蝶蛹體型態與紅蛺蝶相似，但蛹體具銅色金黃色澤，背面具多對金色短刺突。

▲姬紅蛺蝶幼蟲有製作蟲巢的習性，倘若寄主植物較為細長，牠則吐絲將多片葉片包裹一起，這類型蟲巢顯得較為雜亂。

大薯 *Dioscorea alata* L.

栽培種

科　名｜薯蕷科Dioscoreaceae　屬　名｜薯蕷屬

別　名｜紫薯、山藥、田薯

攝食蝶種｜玉帶弄蝶、白裙弄蝶、蘭嶼白裙弄蝶

花序　葉序

▲大薯單葉對生柄有翅，莖右旋扭轉四稜具翅，是一般最常食用的山藥。

植物性狀簡介

大薯是一年生纏繞性草質或木質藤本，塊莖肥大肉白色或紫色，是本土性山藥分佈最廣的栽培種。莖右旋扭轉，四稜有翅，具餘零子，單葉對生，柄有翅，葉基戟狀心形，脈7～9條。單性花，雌雄異株，雄花為穗狀花序，雌花為總狀花序，花被片6，雄蕊6枚，果實為蒴果有3瓣，種子扁平有圓形薄膜翅。

▶玉帶弄蝶廣泛分布臺灣全島低、中海拔山區，成蝶多採攤展翅膀姿態訪花吸蜜，臺灣並無相似種而容易辨別。

花期	1	2	3	4	5	6	7	8	9	10	11	12

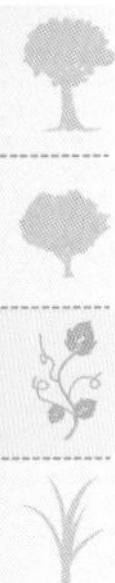

華南薯蕷 *Dioscorea collettii* Hooker f.

科　名｜薯蕷科Dioscoreaceae　　屬　名｜薯蕷屬

攝食蝶種｜玉帶弄蝶、白裙弄蝶、蘭嶼白裙弄蝶

花序　葉序

▲華南薯蕷莖左旋，其葉形變化大，葉緣微波浪狀，基部心形或耳形，葉柄基部有一對刺狀托葉。

植物性狀簡介

華南薯蕷是多年生纏繞性草質或木質藤本，生長在平地及低、中海拔山區。莖左旋，無餘零子，單葉互生，葉形變化大，葉緣微波浪狀，基部耳形，脈7條，葉柄基部有一對刺狀托葉。花黃白色，單性花，雌雄異株，穗狀花序，花被片6，可孕雄蕊3枚。果實為蒴果有3瓣，種子扁平有圓形薄膜翅。

▶華南薯蕷腋生的穗狀花序呈黃白色，花小並不顯眼。

花期｜1 2 3 4 5 6 7 8 9 10 11 12

裡白葉薯榔 *Dioscorea cirrhosa* Lour.

科　名｜薯蕷科Dioscoreaceae　　屬　名｜薯蕷屬

別　名｜薯榔、　白葉薯榔

攝食蝶種｜玉帶弄蝶、白裙弄蝶、蘭嶼白裙弄蝶

植物性狀簡介

裡白葉薯榔是多年生纏繞性草質或木質藤本，生長在平地及低、中海拔山區。塊莖肥大肉紅褐色，莖右旋，無餘零子，單葉對生或靠近莖基部互生，葉形變化大，葉背灰綠色，脈5～7條，葉柄基部有3～5凸棘。花黃色，單性花，雌雄異株，雄花為穗狀或圓錐花序，雌花為穗狀花序，花被片6，雄蕊6枚，果實為蒴果有3瓣，種子扁平有圓形薄膜翅。

▲裡白葉薯榔葉形雖多變化但較為狹長，常見於森林邊緣纏繞攀附於其他植物上，其分布於臺灣全島及蘭嶼綠島地區。

◀裡白葉薯榔的果實為蒴果有3瓣，種子扁平有圓形薄膜翅。

蝴蝶生態啟示錄

本篇所介紹的植物薯蕷科薯蕷屬植物為多年生纏繞草質或木質藤蔓，其具地下塊莖或根莖，由於部分種類可提供糧食中澱粉及蛋白質來源，亦具傳統醫藥及保健食品功效，因此成為國際性十大根莖類作物之一。臺灣已知的薯蕷科植物有十餘種，其中又以俗稱「淮山」的大薯（田薯）最讓人耳熟能詳，相信多數讀者都曾品嚐過。

在臺灣幼生期攝食薯蕷科植物葉片的蝶種分別為玉帶弄蝶、白裙弄蝶及蘭嶼白裙弄蝶3種，其中以蘭嶼白裙弄蝶地理分布較為侷限。這3種弄蝶無論是幼生期形態或生態習性均十分相似，已知幼蟲能攝食大薯、大薯、裡白葉薯榔、華南薯蕷、日本薯蕷、恆春薯蕷……等薯蕷科薯蕷屬植物。成蝶由於飛行迅速且時常倒吊於葉背處休息而較不容易觀察，但當牠現蹤於山野訪花吸蜜或展現領域行為時，人們很容易就能認出牠們。

玉帶弄蝶

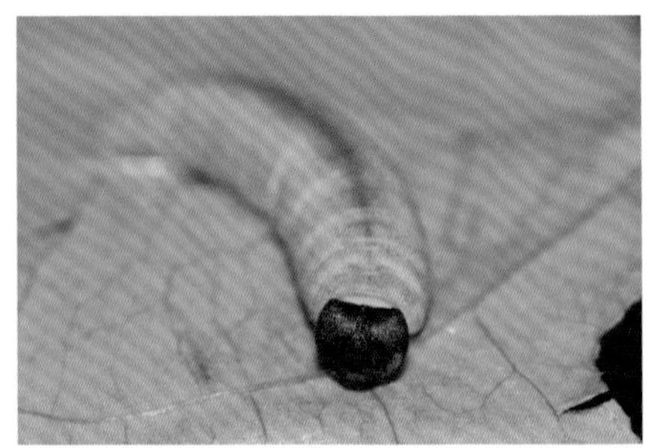

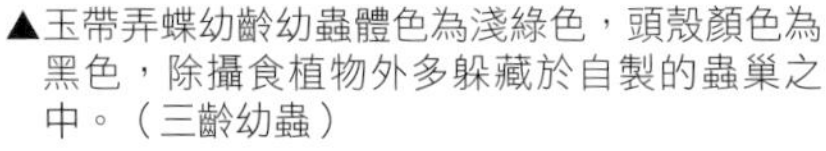

▲玉帶弄蝶幼齡幼蟲體色為淺綠色，頭殼顏色為黑色，除攝食植物外多躲藏於自製的蟲巢之中。（三齡幼蟲）

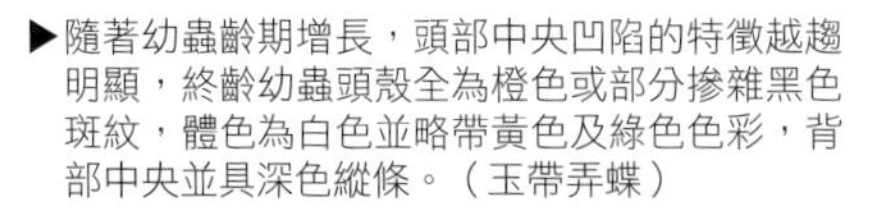

▶隨著幼蟲齡期增長，頭部中央凹陷的特徵越趨明顯，終齡幼蟲頭殼全為橙色或部分摻雜黑色斑紋，體色為白色並略帶黃色及綠色色彩，背部中央並具深色縱條。（玉帶弄蝶）

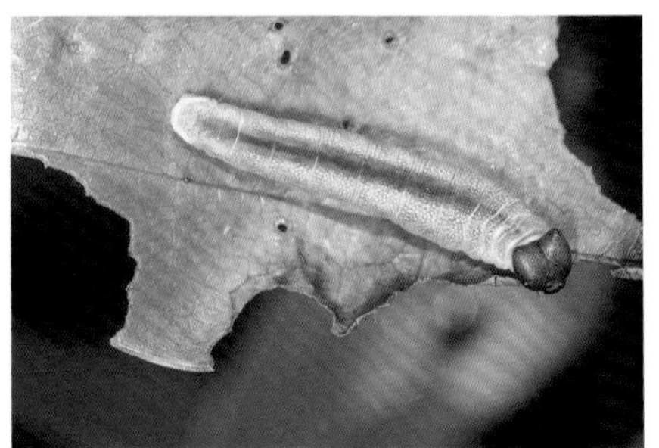

▲玉帶弄蝶蛹體為黃褐色，側面可見中胸及翅膀處各具一大一小的白色三角形斑紋，背面腹部兩側亦散布著白色斑紋。

白裙弄蝶

▼白裙弄蝶廣泛分布臺灣本島低、中海拔山區，其前翅中央表面不具大型白色碎斑，棲息環境、生態習性與玉帶弄蝶相似且重疊。

蘭嶼白裙弄蝶

▲蘭嶼白裙弄蝶主要分布於恆春半島及蘭嶼、綠島等熱帶地區，其形態與白裙弄蝶最大差異在於後翅表面外緣的黑褐色斑紋未延伸到臀區，且少了一列黑褐色斑紋，因而後翅顯得白色斑塊較大且完整。

▲蘭嶼白裙弄蝶將卵單枚產於植物葉表處，有時雌蝶會將腹部鱗毛黏附於卵表面以強化偽裝及防禦功能。（恆春薯蕷）

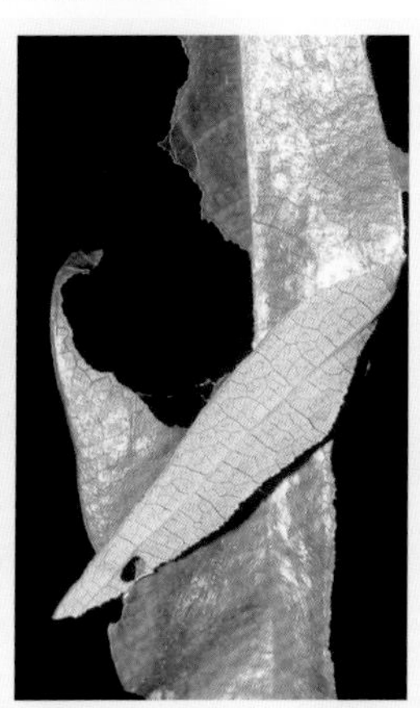

▲幼蟲自卵孵化後即沿著寄主植物葉緣製作蟲巢，隨著齡期增長會將原較小蟲巢棄置，並重新製作更大間蟲巢躲藏，其蟲巢形狀因幼蟲齡期、植物現況略有不同。

▲幼蟲休息時常將頭朝左或右後方擺而形成「J」字形，圖中幼蟲因受到干擾正開啟大顎威嚇警示著。

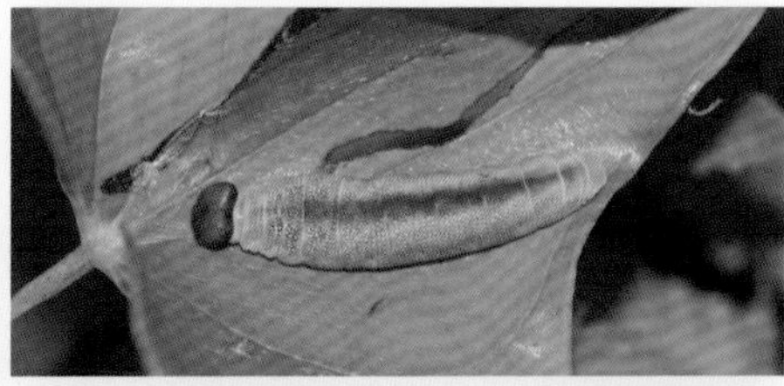

白裙弄蝶

▶攝食薯蕷科植物的三種弄蝶幼蟲及蛹的形態極為相似，野地目擊要鑑定種類時有困難。

平柄菝葜 *Heterosmilax japonica* Kunth

原生種

科　名｜菝葜科Smilacaceae　　屬　名｜土茯苓屬

別　名｜土茯苓

攝食蝶種｜琉璃蛺蝶、串珠環蝶

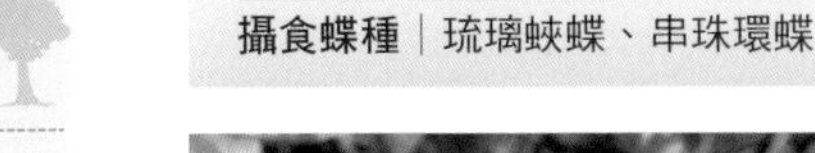

▲土伏苓屬的平柄菝葜為攀緣性草質藤本植物，其枝條光滑無刺且葉片常為基部心形的葉闊卵形。

植物性狀簡介

平柄菝葜是攀緣性草質藤本，生長在低、中海拔山區。枝條光滑無刺，單葉互生膜質，葉闊卵形，基部心形，葉柄有時呈扁平狀，葉鞘短有2條捲鬚。花淡黃綠色，單性花，雌雄異株，繖形花序腋生，花被片合生成筒狀，前端3鈍齒裂，雄蕊3枚，雌花或具有退化的雄蕊，果實為球形漿果，成熟時為暗紅色。

花期｜1 2 3 4 **5 6 7 8 9 10** 11 12

臺灣土伏苓

臺灣土伏苓是攀緣性木質藤本，生長在低、中海拔山區。枝條光滑無刺，單葉互生紙質或薄革質，葉闊披針形、橢圓或卵狀橢圓形，葉柄上的葉鞘約為葉柄長的1／4～1／3。常為單生繖形花序，果實為深藍色。

假菝葜 *Smilax bracteata* Presl

原生種

科　名｜菝葜科Smilacaceae　　屬　名｜菝葜屬

別　名｜狹瓣菝葜

攝食蝶種｜琉璃蛺蝶、串珠環蝶

▲假菝葜葉片多為長橢圓形，葉脈屬離基3出脈，葉鞘約為葉柄的1／3長。

植物性狀簡介

假菝葜是有刺攀緣藤本，生長在低、中海拔山區林緣或開闊地。枝條粗硬，散生鉤刺，單葉互生，葉長橢圓形，離基3出脈，葉柄上的葉鞘有2條捲鬚，其葉鞘約為葉柄長的1／3。花鮮紅色（花梗），單性花，雌雄異株，圓錐花序腋生，其花序是由3～7個繖形花序所構成，花被6，雄蕊6枚，雌花具有退化的雄蕊，果實為球形漿果，成熟時為紫色。

▲假菝葜的花是由3～7個繖形花序組合成的圓錐花序，花果外觀上與菝葜明顯不同。

花期 1 2 3 4 5 6 7 8 9 10 11 12

菝葜 *Smilax china* L.

原生種

科　名	菝葜科Smilacaceae	屬　名	菝葜屬
別　名	山歸來、金剛藤		
攝食蝶種	琉璃蛺蝶		

▲菝葜葉片多為闊卵形且尖端圓或略為凹陷，其葉鞘約為葉柄的2／3長。

植物性狀簡介

菝葜是有刺攀緣藤本，生長在低、中海拔山區林緣或開闊地。枝條粗硬，有疏鉤刺，單葉互生革質，葉闊卵形，前端圓或略凹陷，葉柄上的葉鞘有2條捲鬚，其葉鞘約為葉柄長的2／3。花鮮紅色（花梗），單性花，雌雄異株，繖形花序腋生，花被6，雄蕊6枚，雌花具有退化的雄蕊，果實為球形漿果，成熟時為紅色。

花期 1 2 3 4 5 6 7 8 9 10 11 12

臺灣油點草 *Tricyrtis fomosana* Baker

科　名｜百合科Liliaceae　　**屬　名**｜油點草屬

別　名｜竹葉草、石水蓮

攝食蝶種｜琉璃蛺蝶

花序　葉序

▲臺灣油點草因葉片表面常見似遭油玷污的深色斑點而得名，開花季節因生長環境及海拔而有差異。

植物性狀簡介

臺灣油點草是多年生草本，生長在低到中、高海拔山區，尤其是有滲水的潮濕山壁。地上莖彎斜有柔毛，單葉互生，全緣無柄，葉面無毛常散生油點，葉背有毛。花白紫色鮮艷，散布紫紅色斑點，聚繖花序圓錐狀，頂生或腋生，花被片6，花萼狹長在外輪，花瓣較寬在內輪，雄蕊6枚，雌蕊花柱3叉，每叉再分成2裂。果實為蒴果，表面上有3條縱稜。

▶琉璃蛺蝶為低海拔常見蝶種，成蝶偏好吸食腐果、樹液。其翅膀腹面摻雜著深淺不一的黑褐色斑紋，搭配其自然破碎的翅膀，宛如被火燒烤過的痕跡。

花期｜1 2 3 4 5 6 7 **8 9 10 11 12**

蝴蝶生態啟示錄

菝葜科植物臺灣共有20餘種，其中多數種類為具攀緣能力的木質藤本植物，其莖部常具有鉤刺，葉柄基部則有明顯的葉鞘、翼、捲鬚等構造。由於菝葜科植物枝條具營養枝及生殖枝兩類，生長於兩者枝條上之葉片形狀、大小略有差異，因而物種辨識上除依據葉片形狀、質感外，還需觀察花果、葉鞘、莖刺等細部構造。

琉璃蛺蝶為臺灣地區普遍易見蝶種，其幼生期攝食菝葜科及百合科之單子葉植物，算是傳統分類蛺蝶種類中的特例，其目前已知寄主植物有菝葜科的菝葜、假菝葜、糙莖菝葜、耳葉菝葜、臺灣土伏苓、大武牛尾菜、平柄菝葜及百合科的臺灣油點草。我們不難在野地森林邊緣半遮陰環境巧遇喜歡躲藏葉下的幼蟲，不過透過人為飼養經驗得知，其遭受小繭蜂寄生比例頗高。

串珠環蝶為西元1997年由臺灣蝴蝶保育學會陳光亮醫師於基隆海門天險新紀錄的外來蝶種，此後族群穩定繁衍於基隆地區，並陸續於瑞芳、萬里、野柳、汐止、翠湖、內溝里等地區紀錄到，其中臺北市東湖地區近年已見穩定繁衍族群，未來應有持續擴散趨勢。串珠環蝶成蝶偏好於晨昏時刻活動，其飛行緩慢且常見停棲於地表吸食腐果、水分或雜物。野地裡，串珠環蝶偏好將卵成堆產於菝葜科平柄菝葜及百合科船子草葉背處，但在人為飼養下則有廣泛攝食菝葜科（假菝葜、菝葜、臺灣土伏苓）、百合科（臺灣油點草、麥門冬）、棕櫚科（山棕、觀音棕竹、黃椰子、臺灣海棗）、芭蕉科（臺灣芭蕉）等多種植物葉片之紀錄。

琉璃蛺蝶

▲琉璃蛺蝶偏好將卵單枚產於寄主植物葉表上，有時一片葉子會分散產下多枚卵粒。

▲琉璃蛺蝶幼蟲偏好停棲於葉背處，休息或受到干擾時常蜷曲身體呈圖中的C字形姿態。（終齡幼蟲）

▲琉璃蛺蝶二齡幼蟲階段之後體表長有米黃色的短棘刺，其模樣固然駭人但卻嚇阻不了寄生性天敵的侵犯，野地個體常見遭小繭蜂寄生。（四齡幼蟲）

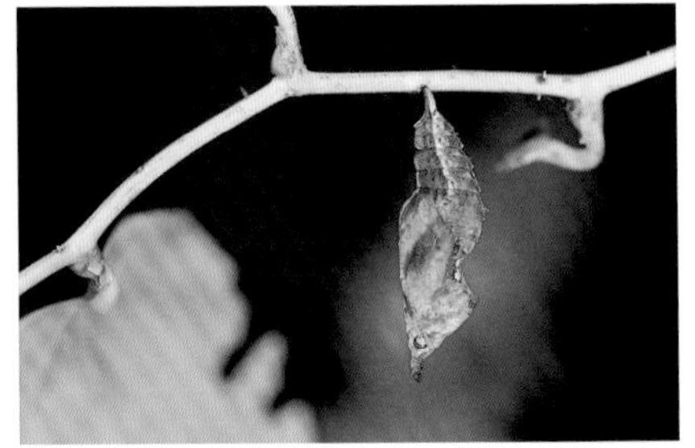

▲琉璃蛺蝶常於寄主植物枝葉下方化蛹，褐色的蛹體背部後胸及第一腹節各有一對銀色斑點。受到驚擾蛹體常劇烈扭動，時間可長達2、30秒鐘以上呢！

▲串珠環蝶有著碧藍的複眼，翅膀腹面排列著白色斑點，實為美麗特殊的蝶種。牠是二十世紀末入侵臺灣的外來蝶種，現於臺北、基隆地區呈局部普遍分布。

▲串珠環蝶偏好將卵數枚或10餘枚產於寄主植物葉背處，卵為白色球形且具紫紅色波浪線條。

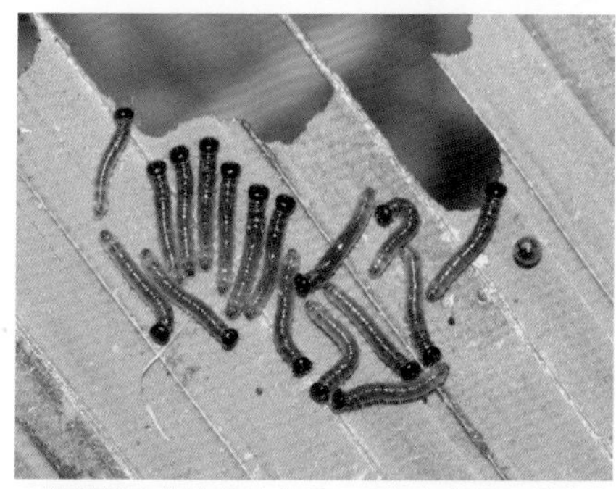

▲隨著攝食植物葉片成長，原為白色的一齡幼蟲體色逐漸轉為具良好保護色彩之黃綠色。

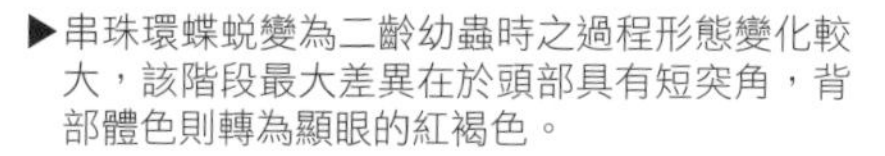

▶串珠環蝶蛻變為二齡幼蟲時之過程形態變化較大，該階段最大差異在於頭部具有短突角，背部體色則轉為顯眼的紅褐色。

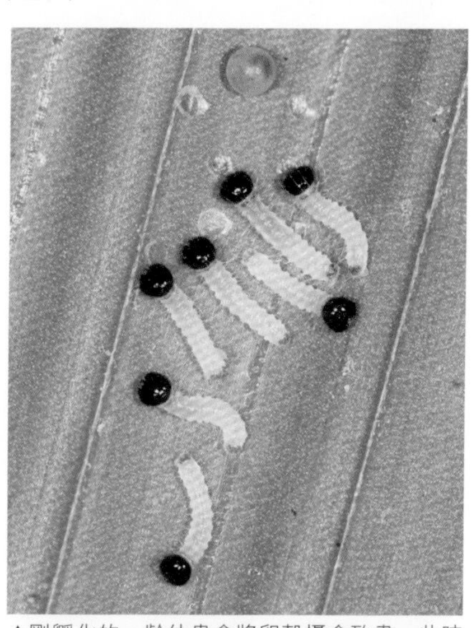

▲剛孵化的一齡幼蟲會將卵殼攝食殆盡，此時其體色為乳白色，體表具白色細毛。

▲串珠環蝶三齡幼蟲階段以後背部紅褐色體色更趨醒目，並有粗細不等黑色條紋摻雜其中，體表並密布白色的長毛。此後至終齡幼蟲階段在形態上幾無差異。（四齡幼蟲）

▲串珠環蝶一齡至四齡幼蟲階段有明顯的群聚性，終齡幼蟲食量大且逐漸分散生活。（終齡幼蟲）。

▲串珠環蝶二齡幼蟲階段以後頭部即長有一對短突角，由於形態無明顯差異，只能藉由幼蟲頭殼大小來區分齡期。（終齡幼蟲）

▲串珠環蝶蛹體為翠綠色，僅於氣孔及頭部突起構造具黃色色彩。

◀終齡幼蟲選定化蛹位置後即進入前蛹階段，此時幼蟲體背顏色轉為淺綠色。

臺灣蘆竹 *Arundo formosana* Hack.

科　名｜禾本科Poaceae　　**屬　名**｜蘆竹屬

攝食蝶種｜達邦褐弄蝶、狹翅弄蝶、星褐弄蝶、熱帶紅弄蝶、黑樹蔭蝶…等

花序　葉序

植物性狀簡介

臺灣蘆竹是多年生草本，生長在海邊及低、中海拔山區岩壁上。地下莖發達，稈中空，常下垂生長，稈節與稈節之間易斷裂。單葉互生，葉無柄，長披針形，平行脈非常細緻，基部有長毛，葉舌短膜質。花黃褐色，圓錐花序頂生，小穗內有2～5朵小花，雄蕊3枚，果實為綠褐色的穎果。

▶臺灣蘆竹常見於野地岩壁上，其地下莖發達而成片下垂生長。

▼達邦褐弄蝶後翅腹面具3枚大小不等之白色破碎斑紋。

五節芒 *Miscanthus floridulus* (Labill) Warb. *ex* Schum. & Laut.

科　名｜禾本科Poaceae　　屬　名｜芒屬

別　名｜菅草、寒芒

攝食蝶種｜狹翅弄蝶、狹翅黃星弄蝶、臺灣黃斑弄蝶、墨子黃斑弄蝶、熱帶紅弄蝶、黃紋褐弄蝶、臺灣大褐弄蝶、大波紋蛇目蝶、姬蛇目蝶、波紋玉帶蔭蝶、臺灣黃斑蔭蝶、雌褐蔭蝶、環紋蝶……等

花序　葉序

▲五節芒是開闊向陽環境的常見植物，其葉片邊緣具銳利硬細齒，鞘身及鞘緣光滑無毛且無白粉。

植物性狀簡介

五節芒是多年生草本，生長在低、中海拔破壞地。地下莖發達，稈直立叢生，單葉互生，寬2～3公分，長90～120公分，葉背綠色，邊緣具有銳利硬細齒，容易割傷皮膚，鞘身及鞘緣光滑無毛且無白粉。花色多變化從灰白到紅褐色都有，圓錐花序大型頂生，雄蕊3枚，果實為穎果，成熟時轉為黃色。

▶大波紋蛇目蝶為臺灣特有種蝴蝶，後翅腹面具2枚與3枚之眼紋組合。

花期｜1 2 3 **4 5 6 7** 8 9 10 11 12

白背芒 *Miscanthus sinensis* Anderss var. *glaber* (Nakai) J.T.Lee

科　名｜禾本科Poaceae　　**屬　名**｜芒屬

別　名｜無毛芒、芒

攝食蝶種｜狹翅弄蝶、狹翅黃星弄蝶、臺灣大褐弄蝶、臺灣黃斑弄蝶、黃紋褐弄蝶、黑樹蔭蝶、姬蛇目蝶、臺灣波紋蛇目蝶、大玉帶黑蔭蝶、臺灣黃斑蔭蝶、雌褐蔭蝶、白尾黑蔭蝶……等

花序　葉序

植物性狀簡介

白背芒是多年生草本，生長在低、中海拔向陽山坡處或破壞地。地下莖發達，稈直立叢生，單葉互生，寬0.6～1.8公分，長60～120公分，葉背粉綠色，邊緣具有銳利硬細齒，容易割傷皮膚，鞘身光滑無毛具有白粉，葉鞘邊緣有長毛。花色多變化，從灰白到紅褐色都有，圓錐花序大型頂生，雄蕊3枚，果實為穎果，成熟時轉為黃色。

▶白背芒與五節芒同樣常見於向陽山坡處或破壞地，其鞘身光滑無毛但具有白粉，且葉鞘邊緣有長毛。

◀大玉帶黑蔭蝶為臺灣特有種蝴蝶，雄蝶後翅腹面少了一枚眼紋。（雌蝶）

竹葉草 *Oplismenus compositus* (L.) P.Beauv.

科　名｜禾本科Poaceae　屬　名｜求米草屬

別　名｜大縮箬草

攝食蝶種｜臺灣單帶弄蝶、臺灣波紋蛇目蝶、小蛇目蝶……等

花序　葉序

植物性狀簡介

竹葉草是一年生草本，生長在低、中海拔林下蔭涼處。稈蔓延性，單葉互生，葉片披針形，葉緣及葉面均有短毛，花紫紅色，總狀花序頂生，花序長10～20公分，小穗與小穗間有明顯相隔，小穗內有2朵小花，雄蕊3枚，果實為橢圓形的穎果。求米草與竹葉草外形很像，求米草的葉片近無毛，花序短，小穗叢生可與竹葉草區別。

▶竹葉草是低、中海拔森林邊緣林蔭環境常見的禾草，秋季綻放紫紅色的總狀花序較為引人矚目。

花期 1 2 3 4 5 6 7 8 9 10 11 12

▼小蛇目蝶於腹面翅膀中央處具略帶淺紫金屬色澤之縱條眉線。

象草 *Pennisetum purpureum* Schumach.

歸化種

科　名｜禾本科Poaceae　屬　名｜狼尾草屬

別　名｜狼尾草

攝食蝶種｜臺灣黃斑弄蝶、墨子黃斑弄蝶、姬單帶弄蝶、竹紅弄蝶、熱帶紅弄蝶、臺灣單帶弄蝶、臺灣大褐弄蝶、黑樹蔭蝶、樹蔭蝶……等

花序　葉序

▲象草常見於河床、平野、山坡等向陽環境，秋季期間碩大的黃褐色花序容易辨識。

植物性狀簡介

象草是多年生草本植物，是一種很好的牧草，自非洲引進栽培後逸出，在河床、平野、山坡向陽地區可見。稈直立叢生，高可達3公尺，單葉互生，葉片大，線形，葉舌有一圈纖毛，葉鞘光滑無毛。花淡黃褐色，圓錐花序頂生，花序長15公分，小穗無柄內有2朵小花，雄蕊3枚，果實為橢圓形的穎果。

▶墨子黃斑弄蝶腹翅底色為深褐色，後翅淺色斑塊由深色翅脈明顯切割。

花期｜1 2 3 4 5 6 7 8 9 **10 11 12**

棕葉狗尾草 *Setaria palmifolia* (J.Konig) Stapf

科　名｜禾本科Poaceae　　屬　名｜狗尾草屬

別　名｜颱風草、風颱草

攝食蝶種｜竹紅弄蝶、臺灣單帶弄蝶、臺灣黃斑弄蝶、墨子黃斑弄蝶、小波紋蛇目蝶、臺灣波紋蛇目蝶、黑樹蔭蝶、樹蔭蝶、小蛇目蝶、切翅單環蝶……等

花序　葉序

植物性狀簡介

棕葉狗尾草是多年生草本，生長在郊野、山坡或低海拔林緣下。稈直立叢生，根莖短，單葉互生，葉片寬大，披針形，平行縱脈相當明顯，葉舌上有一圈叢毛，葉面上的橫向摺痕條數，據說可推測颱風來襲次數。花黃白色，圓錐花序頂生，花序可長達40公分，小穗內有2朵小花，雄蕊3枚，果實為橢圓形的穎果。

▶棕葉狗尾草又稱颱風草，其葉片寬大並具明顯縱條葉脈，是野地常見且容易辨識並進行尋找攝食禾本科植物之幼蟲的最佳入門植物。

▶小波紋蛇目蝶體型微小，後翅腹面具3組2枚眼紋相連之組合，冬季個體該眼紋縮小或幾近消失。

花期｜1 2 3 4 5 6 7 8 9 10 11 12

蝴蝶生態啟示錄

對一般民眾而言，禾本科植物常被視為荒蕪無用的雜草，然而對於喜愛自然的朋友而言，它們則是一群辨識不易且挑戰性極高的植物。禾本科植物多屬草本植物，葉片屬單葉且具葉鞘，莖多屬圓柱形或部分稍為扁平，莖上具明顯的節且各節間常為中空，花序由多數小穗聚合而成，通常小穗再聚集成穗狀花序、總狀花序或複合的總狀花序或圓錐排列。非開花季節，禾草顯得沉寂且不受人矚目，然而花期一到，花穗成片綻放的情景呈現數大之美。

攝食禾本科植物的蝶種以弄蝶亞科及眼蝶亞科蝴蝶為主，這類蝴蝶沒有美麗顯眼的外貌，就生態習性而言，多數種類喜歡棲息於略微陰暗的森林環境或偏好晨昏時刻活動，有些則飛行迅速或具良好保護色，再加上種類間彼此形態相似而加深辨識難度，對於多數賞蝶者而言屬於進階認識的蝶類。就幼生期觀察而言，俗稱蛇目蝶的眼蝶亞科種類因幼蟲外觀與習性較為隱蔽，野地找尋難度較高；弄蝶亞科幼蟲因均會吐絲將寄主植物葉片折製為蟲巢躲藏，藉此跡象探尋幼生期似乎容易許多。

▲黑樹蔭蝶幼齡蟲為群聚生活，幼蟲偏好停棲於葉背處。（圖為一群二齡幼蟲，左側並有一隻一齡幼蟲）

黑樹蔭蝶

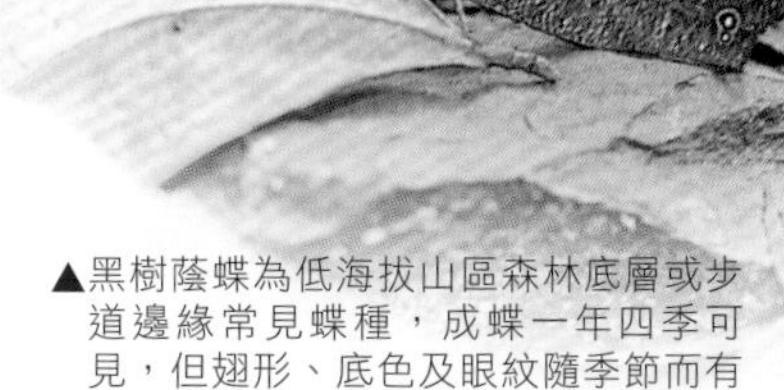

▲黑樹蔭蝶為低海拔山區森林底層或步道邊緣常見蝶種，成蝶一年四季可見，但翅形、底色及眼紋隨季節而有極大差異。（高溫型個體）

▲黑樹蔭蝶將卵單枚或數枚產於葉背處，卵為白色的圓球形，圖右側黑色卵粒為遭受寄生。

▲黑樹蔭蝶蛹體翠綠色且渾圓，中胸背部略微突出，常選擇於寄主植物葉背處化蛹。

◀幼蟲隨著齡期增長逐漸分散獨居，其頭部及腹末各具一對突角，終齡幼蟲頭殼多為綠色，並摻雜一對白色及黑色縱線，但亦可見黑色較發達個體。

臺灣波紋蛇目蝶

▲臺灣波紋蛇目蝶廣泛分布全島低、中海拔山區，成蝶偏好棲息於森林或步道邊緣環境，並於鄰近蜜源植物上訪花吸蜜。

▲臺灣波紋蛇目蝶將卵單枚產於寄主植物的花、莖、葉處，亦常見產於鄰近之落葉、土石、非寄主植物植株上。卵為綠色的圓球形，表面具細緻刻痕。

▲剛孵化之一齡幼蟲體表與頭殼散布短毛，身軀並具有粉紅色線條。

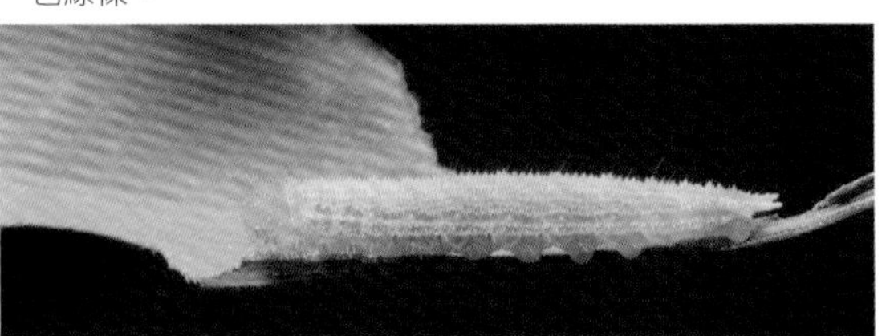

▲臺灣波蛇目蝶幼蟲攝食棕葉狗尾草、白背芒、竹葉草、兩耳草、柳葉箬…等禾本科植物，其二齡幼蟲體色轉綠，該形態至終齡幼蟲（四齡）階段大致相同。

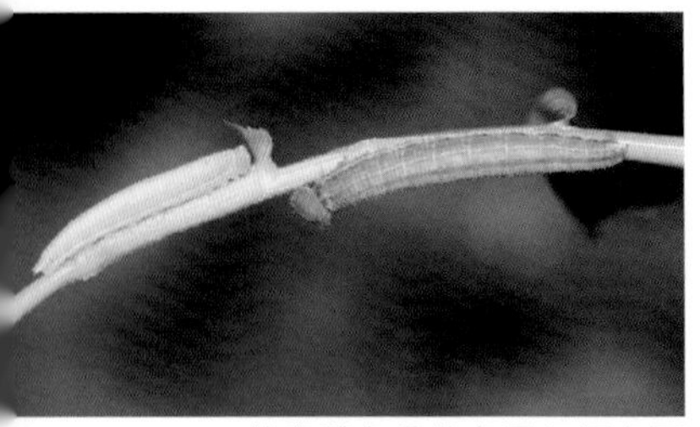

▲幼蟲體色具綠色及紅褐色兩型，背中央處具一褐色線條，受干擾由植物體掉落地表並蜷曲為C字形姿態。

▲蛹體具綠色及黑褐色兩型，綠色型蛹於頭部、翅膀邊緣及腹部鑲黑色邊線。

臺灣單帶弄蝶

▲臺灣單帶弄蝶是自然野地及人為活動之都會墾地常見蝶種，其前翅近後緣處具一枚非透明之米白色斑點為辨識特徵。

▶雌蝶將卵單枚產於寄主植物葉表或葉背處，卵為米白色且表面光滑之半球形，圖為幼蟲正準備咬破卵殼孵化情景。

▲一齡幼蟲體色呈黃綠色，該階段至三齡幼蟲頭殼為黑色，並於三齡幼蟲之後體背可見四條較明顯的白色縱線。（三齡幼蟲）

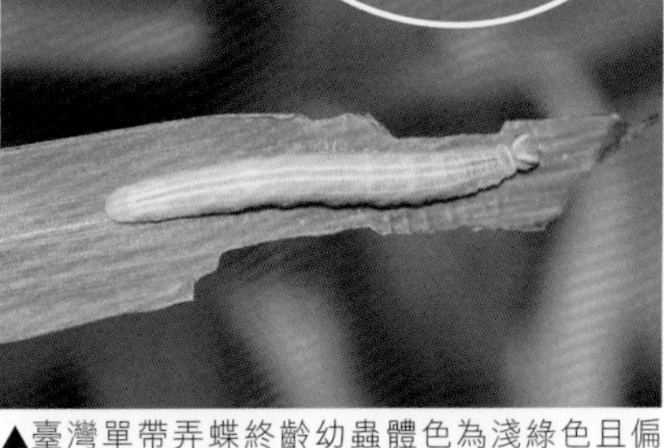

▲臺灣單帶弄蝶終齡幼蟲體色為淺綠色且偏白，頭殼具明顯的8字形白色斑紋，部分個體於斑紋外側具程度不等之黑色斑紋。

▲臺灣單帶弄蝶幼蟲亦攝食柳葉箬、巴拉草、鋪地黍、大黍、兩耳草、蒺藜草、毛馬唐等本書未介紹之禾本科植物，圖為幼蟲利用兩耳草葉片捲製成筒狀蟲巢躲藏。

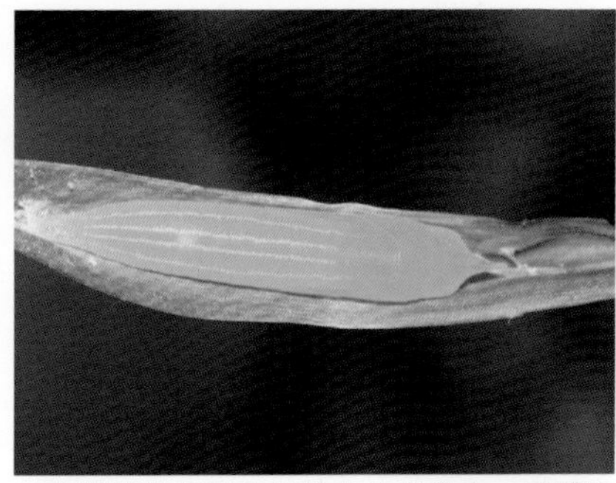

▲臺灣單帶弄蝶化蛹於葉片蟲巢中，蛹體腹部背面具4條白色縱線，該形態有不少近似種。

臺灣大褐弄蝶

▲臺灣大褐弄蝶是臺灣產原生弄蝶亞科成員中體型最大者，其雖廣泛分布全島低海拔地區，但北臺灣地區數量較少。成蝶飛行迅速而不易觀察。（呂晟智攝）

▼臺灣大褐弄蝶將卵單枚產於葉表處，卵為白色並表面具刻紋之半球形，一齡幼蟲體色為乳白色。

▲終齡幼蟲身體呈乳白色，體表密布白色短毛，乳白色的頭殼前方具黑色圓形斑點為其最大辨識特徵。

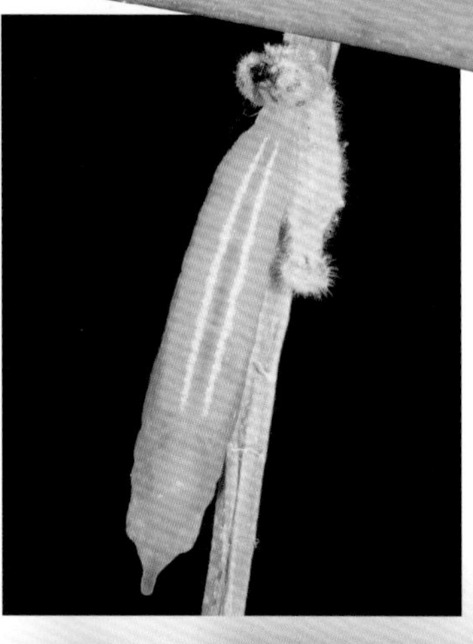

◀臺灣大褐弄蝶蛹體翠綠色，並於背部具兩條顯眼的白色縱線。

竹紅弄蝶

▲竹紅弄蝶幼蟲體色為帶著淺綠的乳白色，體表略透明且無摻雜任何斑紋，頭殼色彩變化甚大，一般多以黑色為底色並摻雜大小不等之淺褐色斑塊於其中。

▲竹紅弄蝶常見於臺灣全島低、中海拔地區，其前翅表面外緣具寬大的黑褐色色彩，後翅腹面具跟底色對比明顯之淺色斑塊，成蝶偏好訪花吸蜜。本屬雄蝶前翅具淺色線形性標，圖為雌蝶。

◀竹紅弄蝶化蛹前會製作更為封閉之巢室躲藏，蛹體為紅褐色，表面摻有少許的具防水功能的白色粉狀代謝物質。

▲切翅單環蝶因前翅翅端處具明顯切角而得名。

▲白尾黑蔭蝶因後翅表面外緣具灰白色淺色斑紋而得名，常見於中、高海拔山區。

▲樹蔭蝶高溫型個體之翅膀底色較淺，眼紋發達而明顯，成蝶偏好於晨昏時刻活動。

▲姬蛇目蝶腹面眼紋排列與小蛇目蝶相似，但縱條眉線為米白色。

▲狹翅弄蝶後翅腹面具9枚大小不等之顯眼白色圓斑。

▲尖翅褐弄蝶前翅翅形較為狹長，後翅腹面近翅基處具1枚白點。

▶臺灣黃斑弄蝶後翅之淺色斑塊無深色翅脈切割。

▲狹翅黃星弄蝶於後翅腹面具弧形排列之淺褐色圓斑。

▲黃紋褐弄蝶後翅腹面具兩枚大小不等或均等之黃褐色斑紋。

終齡幼蟲

▲狹翅黃星弄蝶黃褐色頭殼中具有一對黑色圓點。

▲狹翅弄蝶頭殼具顯眼澄色斑塊，腹部尾端具有黑斑。

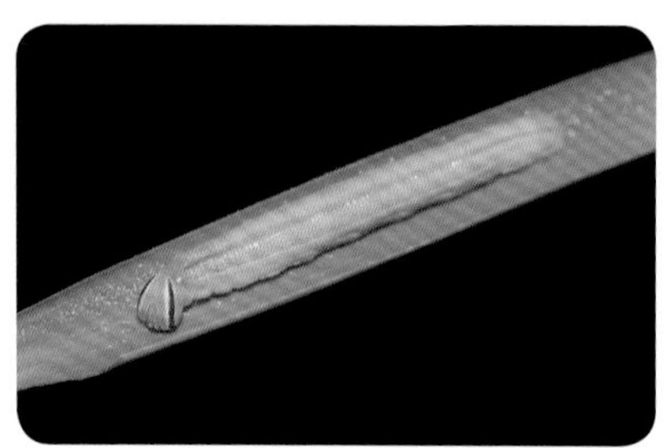

▲尖翅褐弄蝶幼蟲頭殼上具鮮明的紅褐色八字斑紋。

▲墨子黃斑弄蝶幼蟲與台灣黃斑弄蝶相似，本種黑色頭殼之米白色斑紋內緣為不平整之波浪狀。

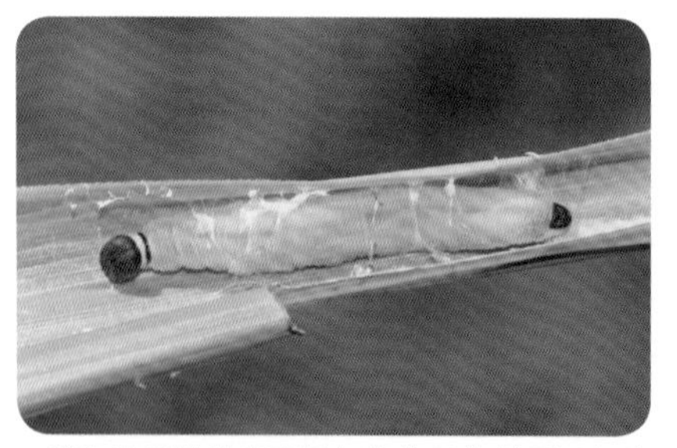

▲黃條褐弄蝶幼蟲頭殼無斑紋且後側具褐色線條，腹部尾端具明顯黑色斑塊。

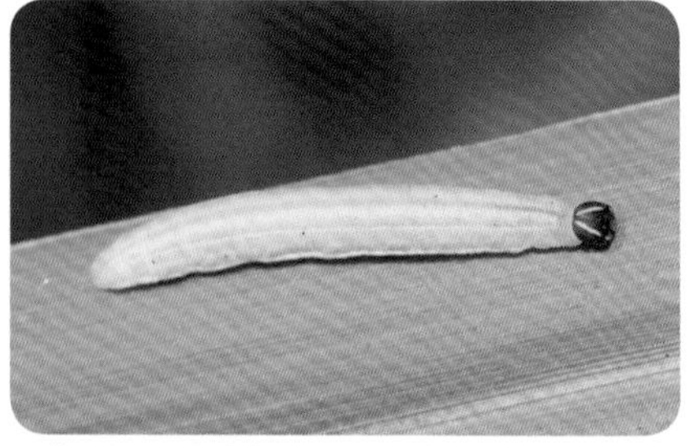

▲黃紋褐弄蝶幼蟲淺綠色的體色摻雜深色縱線，頭殼上具一對褐色的短縱線。（四齡幼蟲）

李氏禾 *Leersia hexandra* Sw.

原生種

科　名｜禾本科Poaceae　**屬　名**｜李氏禾屬

攝食蝶種｜小黃斑弄蝶、姬單帶弄蝶、姬蛇目蝶、波紋玉帶蔭蝶

花序 　葉序 

植物性狀簡介

李氏禾是多年生挺水草本，生長在低海拔水田、沼澤、池塘等濕地。稈圓柱形，節處明顯膨大，上有一圈白色短毛，單葉互生，葉片線形，排成二列，葉舌短，膜質，稈及葉緣粗糙，容易割傷皮膚。花黃白色，圓錐花序頂生，小穗只有一朵小花，小花兩性，雄蕊6枚，果實為闊卵形的穎果，種子黑色。。

▶李氏禾是濕地的指標性植物，有它的存在代表該環境水質不差，因而小黃斑弄蝶屬於可反映濕地生態系健康與否的指標性蝶種。

▶小黃斑弄蝶前翅翅長不到1公分，為臺灣低海拔弄蝶種類中體型最小者。其廣泛分布臺灣全島低海拔地區，尤其以開闊向陽的濕地環境最為常見。

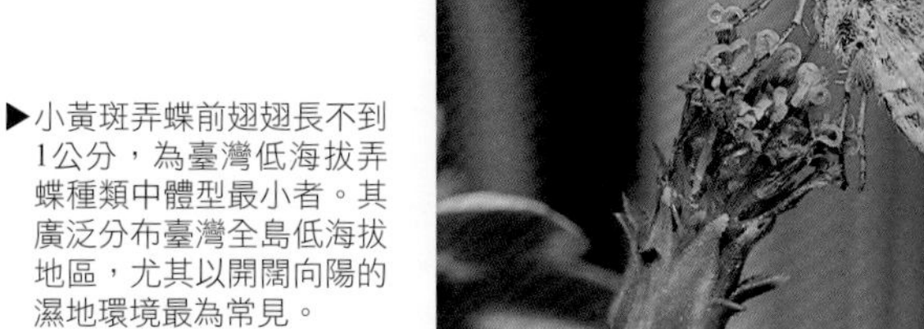

蝴蝶生態啟示錄

濕地在整體生態系上扮演著非常重要的角色，其具有水土保持、調節氣溫、維持生物多樣性等諸多功能，若將濕地的產能加以量化，人們眼中蠻荒的濕地生產力卻遠比農地高出許多。對大多數人而言，李氏禾是很陌生的禾本科植物，因為它主要出現在沼澤、濕地等環境。遠觀李氏禾很難與其他禾本科植物分辨，但當您擅闖其領域包您馬上嚐到苦頭而不想認識都難，原來李氏禾全株密被短毛，如同細刺般能輕易的割傷您的皮膚。

小黃斑弄蝶主要棲息於低海拔潮濕且光線充足的沼澤濕地、水溝、池塘、溪流、農田荒地等環境，上述環境常伴隨著其幼蟲寄主植物——李氏禾分布。小黃斑弄蝶因體型微小、飛行迅速，再加上對棲息環境的特殊選好，使得一般人對牠較為陌生。

小黃斑弄蝶

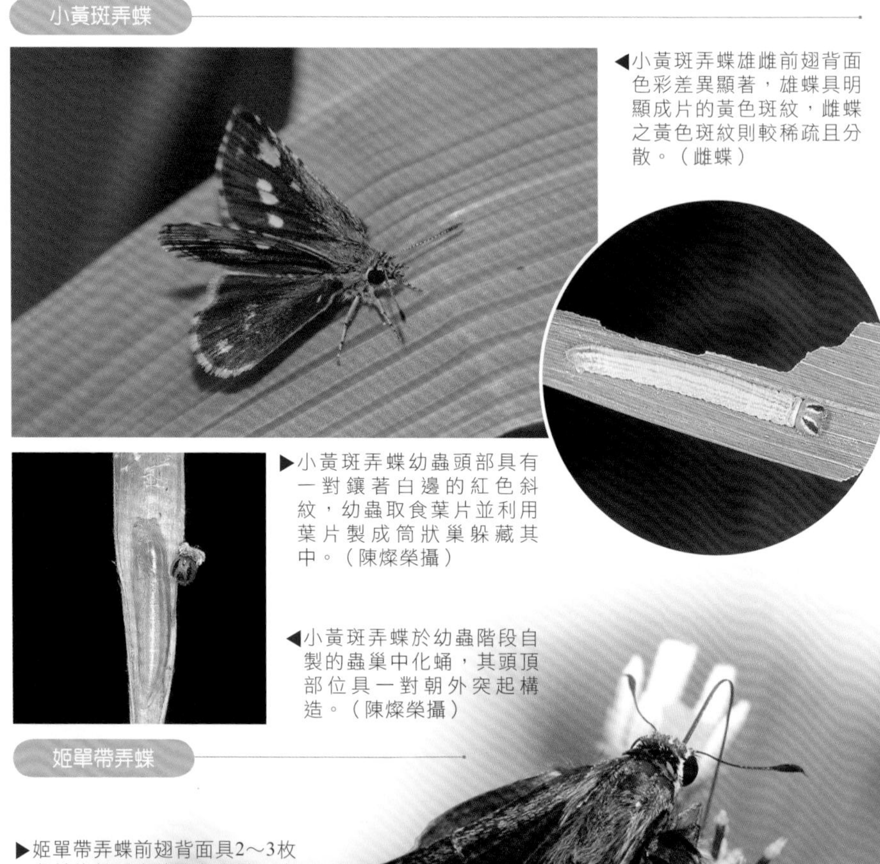

◀小黃斑弄蝶雄雌前翅背面色彩差異顯著，雄蝶具明顯成片的黃色斑紋，雌蝶之黃色斑紋則較稀疏且分散。（雌蝶）

▶小黃斑弄蝶幼蟲頭部具有一對鑲著白邊的紅色斜紋，幼蟲取食葉片並利用葉片製成筒狀巢躲藏其中。（陳燦榮攝）

◀小黃斑弄蝶於幼蟲階段自製的蟲巢中化蛹，其頭頂部位具一對朝外突起構造。（陳燦榮攝）

姬單帶弄蝶

▶姬單帶弄蝶前翅背面具2～3枚與前緣相垂直的白色斑點，中室內則無摻雜其他斑點。其幼蟲攝食李氏禾、稻、稗、象草等禾本科植物，常見於田野、濕地、草原、林緣等環境訪花吸蜜。

竹子 BAMBOOS

栽培種 特有種 原生種 歸化種

科　名｜禾本科Poaceae　　**屬　名**｜

攝食蝶種｜白條斑蔭蝶、臺灣黃斑蔭蝶、永澤黃斑蔭蝶、雌褐蔭蝶、玉帶蔭蝶、姬蛇目蝶、環紋蝶、鳳眼方環蝶、埔里紅弄蝶、黃斑小褐弄蝶、黑紋弄蝶…等

花序　葉序

▲竹子是國人熟悉且常見的植物，其莖部木質且大多具有中空的節。

植物性狀簡介

臺灣原生竹子有40種及3變種，引進栽培的竹子有10餘種，廣泛作為經濟、綠籬、防風、庭園或花盆觀賞。竹子莖木質化，直立或攀緣，大多有節、中空，具有竹籜，單葉互生，葉片扁平，常排成二列，多數具有明顯平行脈，葉鞘頂端常有葉耳與葉舌。圓錐、總狀或穗狀花序，頂生或側生，小穗內由多朵小花組成，雄蕊多為3或6枚，果實為堅果、漿果或穎果。

▶竹子是校園、公園、庭院、郊山等都會綠地廣受人們栽植的植物。（葫蘆竹）

蝴蝶生態啟示錄

竹子屬於單子葉植物，是禾本科植物中唯一能長得高大的多年生常綠植物。對中國人而言，竹子是人們熟悉度極高且被廣為利用的植物，在早期農業社會裡，人們為因應生活及工作所需而善用自然資源，其中竹子被廣泛利用於製造簡單的農業或生活用具（諸如畚箕、竹簍、扇子、樂器、竹床、竹椅），其新生的嫩芽（稱竹筍）除可煮熟攝食，亦可加工製成廣受歡迎的美味食材，此外它也是文學或藝術創作、庭園景觀、建築鷹架、民俗節慶常被人們運用的植物。

在臺灣，幼生期攝食竹子的蝶種主要為埔里紅弄蝶、黑紋弄蝶及蛺蝶科的環紋蝶、鳳眼方環蝶及數種體型較大的蔭蝶（眼蝶亞科種類），後者這些蝴蝶大多具極佳的保護色彩，成蝶不訪花吸蜜，通常棲息於竹林及其周遭略微陰暗之林蔭環境，並以清晨或黃昏時刻為活動高峰時間。

埔里紅弄蝶

▲埔里紅弄蝶為臺灣低海拔地區常見蝶種，雄蝶前翅表面具淺色線形性標，其外緣寬大之黑褐色斑紋中並嵌入橙色斑紋。

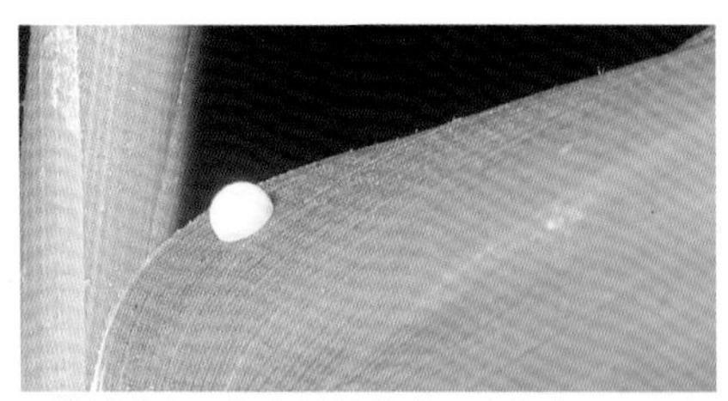

▲雌蝶將卵單枚產於竹葉上，卵為表面具細緻縱痕的米白色半球形。

▲埔里紅弄蝶於竹葉上製作蟲巢並化蛹於其中。

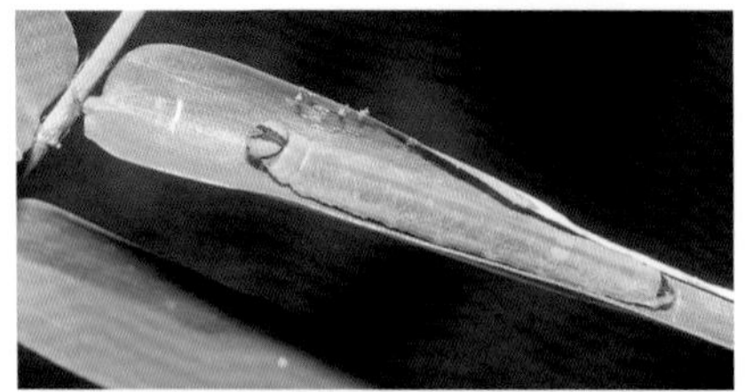

▲埔里紅弄蝶體表為黃綠色，黃褐色頭殼中摻雜著黑色條紋，腹部末端並具有黑色橫紋。（終齡幼蟲）

▲埔里紅弄蝶蛹體形態與同為橙斑弄蝶屬的竹紅弄蝶相似，但兩者攝食寄主植物不同可以區別。

鳳眼方環蝶

▲鳳眼方環蝶為西元1998年6月由臺灣蝶會陳光亮醫師於基隆龍崗步道新紀錄之外來蝶種，2002年6月起臺北盆地具多筆觀察紀錄，至今已往南擴散至花蓮及新竹地區。成蝶偏好於晨昏時刻活動，形態並隨季節具高溫型與低溫型之差異。（高溫型個體，底色較深且後翅前緣假眼紋發達）

▲雌蝶將卵成堆產於寄主植物葉背處，卵產下初期為黃綠色，於孵化前3天左右呈現兩暗紅色不規則圈線，十分美麗。

▲鳳眼方環蝶卵可多達一百多粒群聚，圖中卵粒全遭寄生蜂寄生死亡。

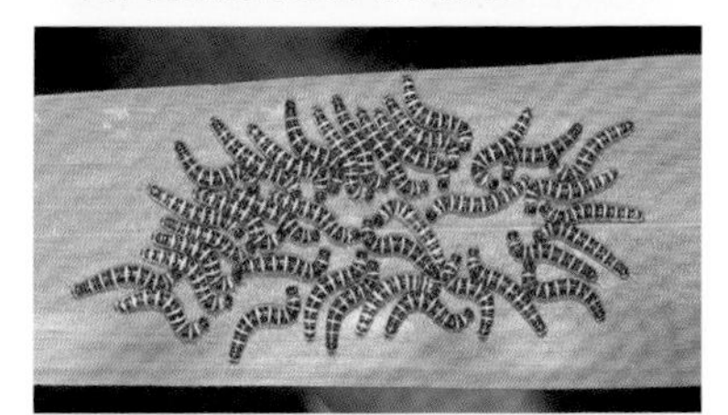

▲幼蟲孵化後群聚生活，一齡與二齡幼蟲體色為紅褐色且體表具明顯白色細毛，二齡幼蟲階段並具白色條紋之警戒色彩。（二齡幼蟲）

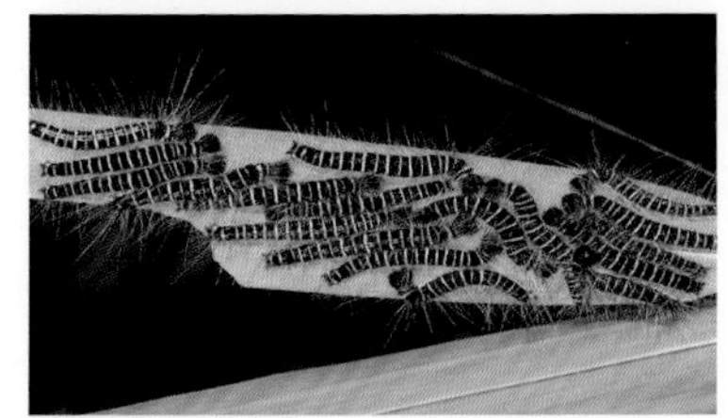

▲三齡幼蟲階段體色轉黑，其黑白對比之警戒意味更濃，其體表白色毛更長，外觀有別於一般人所認知的蝴蝶幼蟲。

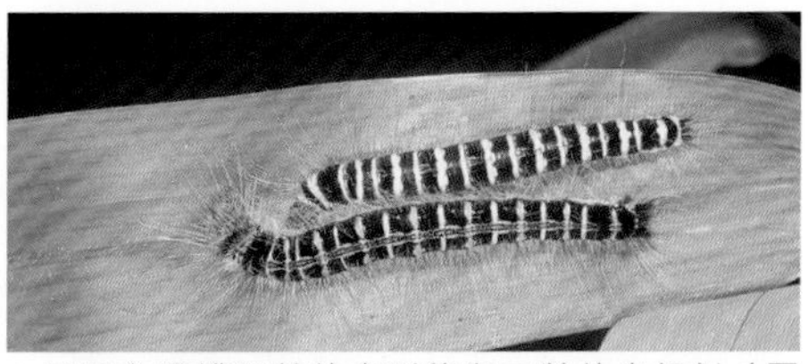

▲鳳眼方環蝶四齡幼蟲形態與三齡幼蟲相似（圖上），俯視剛蛻變之終齡幼蟲（圖下）於背中央具黃褐色縱線，體表部分線條呈為黃褐色且摻雜著紅色斑點。

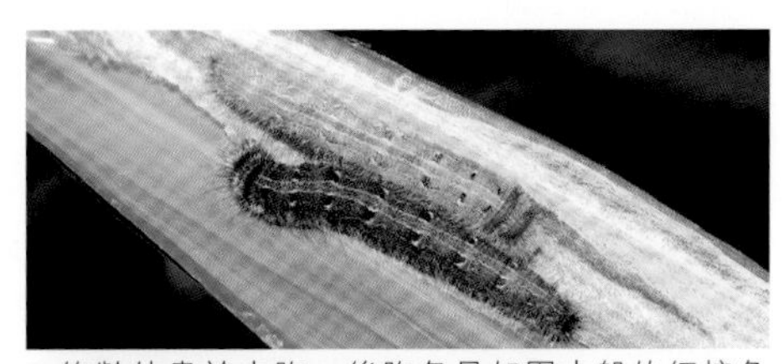

▲終齡幼蟲於中胸、後胸各具如圍巾般的紅棕色毛束，體色隨著攝食成長逐漸變深。

▲鳳眼方環蝶蛹體具綠色及褐色兩型，頭部頂端具明顯突起，其常化蛹於竹子枝幹或鄰近物體下方。

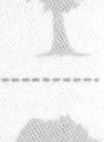

雌褐蔭蝶

◀雌褐蔭蝶為低、中海拔地區常見蝶種，其後翅腹面具完整但略微扭曲的假眼紋，雌蝶並於前翅近翅端處具明顯白色條紋。

▲雌褐蔭蝶二齡幼蟲階段起頭部長有一對細長朝外的突角，體表並具淺綠色之縱條斑紋。幼蟲攝食五節芒、白背芒、包籜矢竹、臺灣矢竹及綠竹……等禾本科植物。

▲雌褐蔭蝶幼蟲偏好埋首平貼於寄主植物葉背近中肋處，四齡幼蟲階段部分個體體背已見較小的紅色及黃色斑紋。（四齡幼蟲）

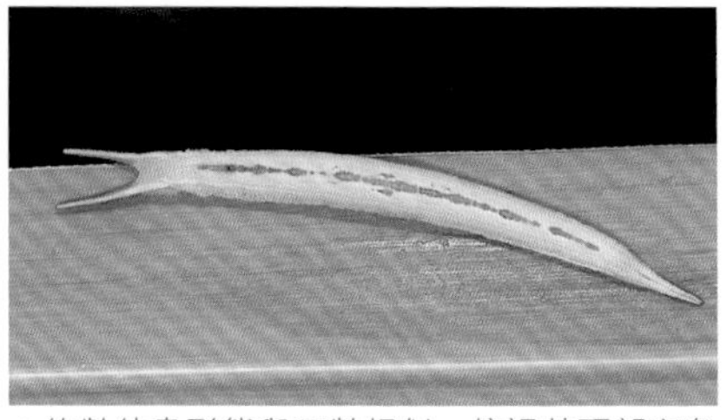

▲終齡幼蟲形態與四齡相似，俯視其頭部突角為粉紅色，並以黃色縱條延伸至頭部。該階段幼蟲體背之紅色及黃色斑紋通常最發達，但存在極大的變異。（終齡幼蟲）

▲終齡幼蟲於化蛹前體色由綠色轉為淺褐色，圖為已選定芒草葉背處進入前蛹階段。

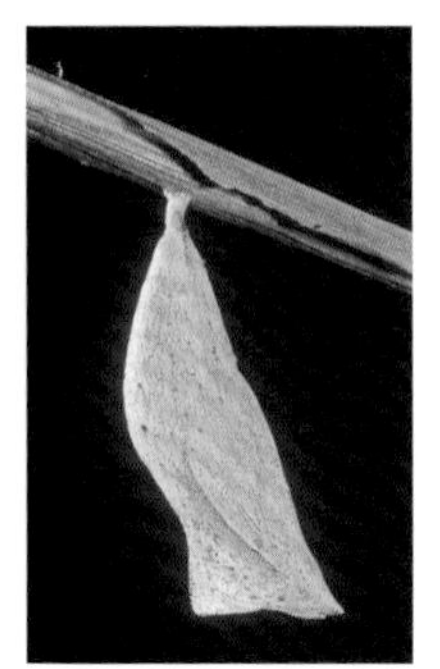

▲雌褐蔭蝶蛹體具綠色及褐色兩型，其體表摻雜著許多褐色斑紋，側視可見胸部背面突起為直角。

環紋蝶

▲環紋蝶為一年一世代蝶種，成蝶主要以5至7月分最容易見到，由於體型碩大、色彩美麗且飛行緩慢，是春夏之交最值得欣賞的蝶種。

▲環紋蝶幼生期階段為群聚，並以棕櫚科黃藤及禾本科的多種竹子與芒草為食。（二齡幼蟲）

▼環紋蝶為一年一世代蝶種中，少數以幼蟲形態渡過秋季、冬季漫長時日，直至隔年春天才化蛹的種類。（終齡幼蟲）

玉帶蔭蝶

▲玉帶蔭蝶為竹林環境常見蝶種，其腹翅具一條縱貫前後翅之白色條紋，與多數大型蔭蝶一樣偏好吸食樹液或腐果。

▲玉帶蔭蝶終齡幼蟲頭部突起不甚明顯，末端為紅色或黃色色彩，體背具細緻的黃色縱條，部分個體則具有摻雜紅色及黃色之長形斑紋。

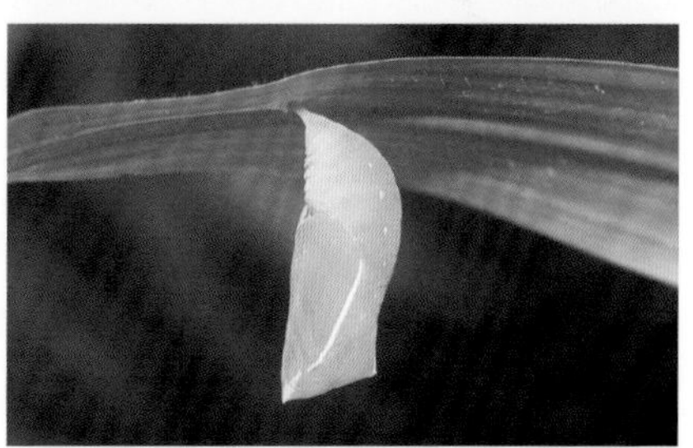

▲玉帶蔭蝶蛹體具綠色及褐色兩型，其蛹體翅緣處具金黃色稜線為最大特色。

永澤黃斑蔭蝶

▲永澤黃斑蔭蝶四齡幼蟲階段前群聚性較明顯，隨著齡期增長老熟幼蟲逐漸分散，並利用竹葉製作蟲巢躲藏，受到干擾常蜷曲身體掉落地表。（終齡幼蟲）

▶永澤黃斑蔭蝶後翅腹面亞外緣具8枚大小不等之假眼紋，清晨與黃昏是牠活動最活躍的時刻。

白條斑蔭蝶

▲白條斑蔭蝶是臺灣產眼蝶亞科蝴蝶中體型最大且沒有假眼紋的種類，其廣泛分布全島底海拔山區森林邊緣環境，外觀與斑蝶亞科的幾種青斑蝶相似。

▲雌蝶將卵單枚產於植物葉背處，卵為表面光滑之白色圓球形。

▲隨著幼蟲成長，三齡幼蟲階段其頭部及腹末突起已逐漸併攏，而形成一個小尖突。

▲剛孵化一齡幼蟲頭部尚無明顯尖突，體色乳白色而逐漸轉綠。

▲四齡至終齡幼蟲（六齡）階段幼蟲形態相似，其具有綠色及褐色兩型，並常停棲於葉表或枝條處，外觀保護效果極佳。（圖為終齡幼蟲）

▶白條斑蔭蝶蛹體模樣宛如一片枯萎下垂的竹葉，蛹與幼蟲兩者形態如此相似算是獨樹一格。（陳燦榮攝）

山棕 *Arenga engleris* Beccari

原生種

科　名｜棕櫚科Palmae　　屬　名｜山棕屬

別　名｜虎尾棕、棕節

攝食蝶種｜紫蛇目蝶、黑星弄蝶、串珠環蝶

花序　葉序

▲山棕常見於較陰濕的森林底層，其葉柄、葉鞘之纖維強韌，傳統上可作為蓑衣、掃帚、棕刷之素材。

植物性狀簡介

山棕是常綠灌木，生長在低海拔森林內。莖幹粗狀，叢生，單葉螺旋狀排列，葉羽狀分裂，線形羽葉可長達2～3公尺，葉背灰色，有一明顯的中脈，葉鞘黑褐色特化成網狀纖維。花黃色，單性花，雌雄同株或異株，穗狀花序，雄花花瓣3，橘黃色，雄蕊多數，非常的香。果實為球形核果，成熟時為橘紅色。

▶紫蛇目蝶前翅腹面翅端處具白色三角形斑紋，翅膀表面具藍紫色物理色澤，飛行姿態雖與小紫斑蝶相似，但本種不訪花吸蜜且偏好棲息於森林邊緣的林蔭環境，尤其以寄主植物附近最為常見。

花期｜1 2 3 4 5 6 7 8 9 10 11 12

觀音棕竹 *Rhapis excelsa* (Thnub.) Henry & Rehder

栽培種

科　名｜棕櫚科Palmae　屬　名｜棕竹屬

別　名｜觀音竹、棕竹

攝食蝶種｜紫蛇目蝶、黑星弄蝶

花序　葉序

▲觀音棕竹葉片掌狀且深裂，為住家環境及庭園或校園綠地常見的觀賞植物。

植物性狀簡介

觀音棕竹是多年常綠性灌木，引進栽培種，可供觀賞用。莖直立叢生，具蔓延性的地下根莖，單葉互生，掌狀深裂，裂片多，表面有縱褶，前端鋸齒緣，葉柄長，葉鞘黑褐色特化成網狀纖維。花淡黃色，單性花，雌雄異株，穗狀花序腋生，雄蕊6枚，果實為球形漿果，成熟時為紅色。

▶黑星弄蝶廣泛分布臺灣全島低海拔地區，其後翅腹面具有5或6枚黑色斑點，為辨識容易且十分普遍易見的蝶種。

花期　1 2 3 4 **5 6 7** 8 9 10 11 12

蝴蝶生態啟示錄

棕櫚科植物主要分布於熱帶及亞熱帶地區，其葉片大型成叢生長於樹幹頂端，樹幹不分枝而筆直生長，由地面樹幹基部到生長葉片的頂端粗細幾乎一致，因這般特殊造型使它成為呈現熱帶南洋風情的熱門景觀植物。臺灣原生棕櫚科植物雖僅5屬7種，然而為滿足都會道路、公園、庭院、學校……等綠美化景觀需求，至今已有超過60種以上的外來種棕櫚科植物被人為引進國內。

在臺灣，僅紫蛇目蝶及黑星弄蝶幼蟲以棕櫚科植物為食，這兩種蝴蝶均攝食原生的山棕、蒲葵及臺灣海棗葉片，亦利用多種人為引進的棕櫚植物，可說同為寡食性蝶種。不過，在都會環境下人們較不容易觀察到紫蛇目蝶，這是因為牠偏好棲息於較陰暗的森林環境，成蝶偏好攝食的樹液及腐果於都市亦較不普遍，加上飛行能力並不是很好。反觀體型微小且不起眼的黑星弄蝶，反而最常在公園或校園綠地棕櫚科植物上觀察到，只要留心觀察，不難發現黏附於葉表的紅褐色卵粒，以及將葉片反折製造蟲巢的幼蟲。

紫蛇目蝶

▲雌蝶將卵單枚產於寄主植物葉背處，卵為黃色的圓球形。

▲紫蛇目蝶幼蟲主要停棲於葉背處，幼蟲以山棕、蒲葵、臺灣海棗、觀音棕竹、檳榔、黃椰子等多種棕櫚科植物葉片為食。（終齡幼蟲）

▲剛孵化之一齡幼蟲體色為黃色，二齡幼蟲階段以後體色逐漸轉綠，並於體背具2條黃色縱線。（二齡幼蟲）

▲紫蛇目蝶幼蟲於頭部及腹末具一對突角，一般體背搭配著兩條較粗及多條細小的黃色條紋，但偶爾可見斑紋變異之個體。（終齡幼蟲）

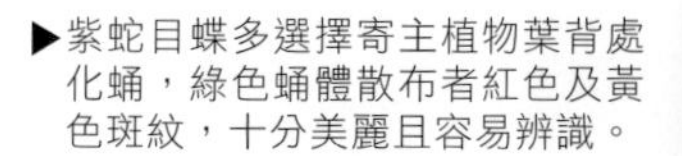

▶紫蛇目蝶多選擇寄主植物葉背處化蛹，綠色蛹體散布者紅色及黃色斑紋，十分美麗且容易辨識。

黑星弄蝶

▲雌蝶偏好將卵單枚產於葉表處，卵為紅褐色的半球形，表面並具有明顯的白色波浪狀縱條稜線。

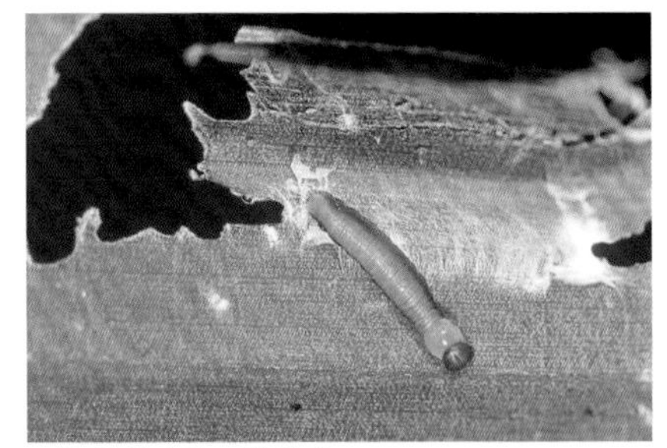

▲準備蛻皮的一齡幼蟲。

▲黑星弄蝶幼蟲會構築蟲巢，並於蟲巢附近有明顯食痕，藉此不難在棕櫚科植物葉片上找到幼蟲蹤跡。（三齡幼蟲）

▲剛孵化一齡幼蟲之頭部及身體為鮮豔的橙紅色。

▲四齡及終齡幼蟲形態相似，體背均具一深綠色縱線，灰白色頭殼具一對明顯黑色條紋。幼蟲除攝食山棕、臺灣海棗、蒲葵、黃藤等原生棕櫚科植物外，亦攝食十餘種人為引進棕櫚科植物。（終齡幼蟲）

◀黑星弄蝶化蛹於密閉的蟲巢中，蛹體外表具許多白色粉狀代謝物質。

臺灣芭蕉 *Musa formosana* (Warb.) Hayata

特有種

科　名	芭蕉科Musaceae	屬　名	芭蕉屬
別　名	山芎蕉		
攝食蝶種	香蕉弄蝶		

▲臺灣芭蕉為臺灣原生的芭蕉屬植物，果實成熟為較短小的紫褐色。

植物性狀簡介

臺灣芭蕉是多年生高大草本，生長在北、中部低海拔山區。具地下莖常成群繁生，假莖是由許多肉質的鞘層層包圍而成，葉螺旋狀排列，葉片窄長，兩面呈綠色，中肋明顯。花黃色，單性花或兩性花，穗狀花序或聚繖花序，花梗彎曲下垂，花被片6，雄蕊5枚，退化雄蕊1枚或無，果實為紡錘狀漿果，成熟時為紫褐色，內含黑色種子多數。

▶香蕉弄蝶為臺灣產體型最大的弄蝶，其廣泛分布臺灣低海拔地區，成蝶複眼為紅褐色，以清晨或黃昏時刻為活動高峰時段。

花期 1 2 3 4 **5 6 7 8 9 10** 11 12

蝴蝶生態啟示錄

香蕉弄蝶為入侵歸化之外來蝶種，西元1986年首次於屏東地區發現，此後兩年即迅速擴散至臺東、臺南、嘉義等縣市，不久之後已遍布臺灣全島低海拔地區，推測其入侵原因應與香蕉種植的人為因素有關。至今，我們不難在野地的臺灣芭蕉或香蕉葉片上，發現香蕉弄蝶幼蟲所製造的蟲巢，不過要發現成蝶的蹤影卻相對地非常困難。原來，其成蝶白晝大多靜靜蟄伏於寄主植物鄰近隱蔽的枝葉處，偶爾則飛去其吸食香蕉或芭蕉花；但每到清晨或黃昏才是牠開始活躍的時刻，此時可見牠們迅速地飛行或追逐，行動敏捷不易觀察，由於成蝶具趨光性，因而有時可於路燈或屋簷燈下發現被燈光趨引而至的成蝶。

▲雌蝶偏好將卵以數個至2、30個群聚產於寄主植物葉背處，剛產及孵化前卵為乳白色，中間階段則為顯眼的紅褐色。

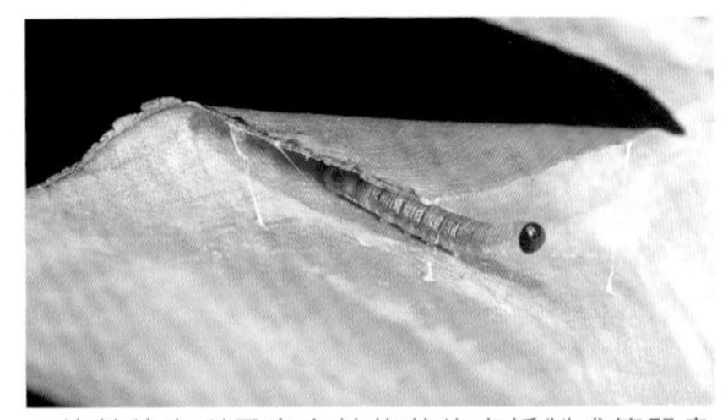

▲幼齡幼蟲利用寄主植物葉緣處折製成簡單蟲巢躲藏其中，三齡幼蟲體表則逐漸出現粉狀代謝物。（二齡幼蟲）

▲隨著幼蟲增長，其建構的蟲巢越趨複雜，常將大面積葉片捲製成雪茄模樣，嚴重時對芭蕉或香蕉生長造成一定程度影響。

▲終齡幼蟲體表覆滿著具防水功能的白色粉末狀的蠟質代謝物質，該階段體型碩大，冬季期間以終齡幼蟲形態躲藏於吐著厚絲的蟲巢中渡冬。

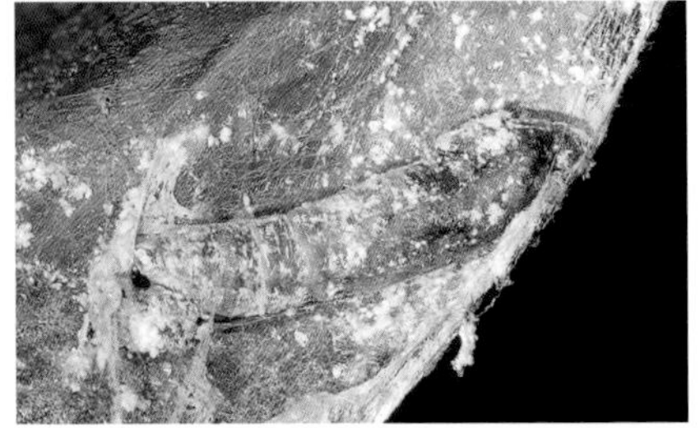

▲蛹體為淺褐色，體表亦散布白色代謝物質，其口器十分修長。

月桃 *Alpinia zerumbet* (Pers.) Burtt & Smith

原生種

科　名｜薑科Zingiberaceae　屬　名｜月桃屬

別　名｜玉桃、虎子花

攝食蝶種｜黑弄蝶、大白紋弄蝶、白波紋小灰蝶

花序  葉序 

▲野地常見的月桃全株是寶，是人們廣泛利用的民俗植物。

植物性狀簡介

月桃是多年生草本，生長在低海拔山區。有地下塊莖，單葉互生，長披針形，葉兩面光滑，葉緣及葉背中肋有細毛，葉鞘甚長。花黃白色，圓錐花序頂生，花序常下垂，花冠筒3片，唇瓣黃色中間帶有紅色斑紋，可孕雄蕊1枚，退化雄蕊2枚。果實為球形蒴果，表面上有多條縱稜，成熟時由綠色轉成紅色，內有灰白色種子多數。

▶白波紋小灰蝶腹翅底色為灰白色，翅表物理鱗粉為青藍色，為近似蝶種中體型最大者。成蝶偏好訪花吸蜜或吸水，含苞待放的寄主植物附近則常見雌蝶徘徊。

花期｜1 2 3 4 5 6 7 8 9 10 11 12

穗花山奈 *Hedychium coronarium* Koenig

科　名｜薑科Zingiberaceae　　**屬　名**｜蝴蝶薑屬

別　名｜野薑花、蝴蝶薑

攝食蝶種｜黑弄蝶、大白紋弄蝶、白波紋小灰蝶

花序　葉序

植物性狀簡介

穗花山奈是多年生草本，引進栽培後，逸出於低海拔濕地、溪流或田野。有地下塊莖，單葉互生，披針形，葉面光滑，葉背有短毛，葉鞘甚長。花白色芳香，穗狀花序頂生，苞片覆瓦狀排列，花2～3朵腋生於苞片，花冠筒細長其裂片狹長，可孕雄蕊1枚，退化雄蕊特化成扁平的花瓣狀。果實為橘紅色蒴果，內有橙紅色種子多數。

▶穗花山奈又稱「野薑花」，由於其花朵像白色的蝴蝶而有「蝴蝶薑」別稱，為人們熟知的植物。

◀黑弄蝶前翅具明顯白色斑紋，該斑紋不與翅緣相連，後翅則漆黑無白色斑紋。成蝶飛行迅速，並常出沒於森林邊緣環境訪花吸蜜，尤其偏好吸食紅色的非洲鳳仙花。

花期　1　2　3　4　5　6　7　8　9　10　11　12

蝴蝶生態啟示錄

月桃及野薑花是人們最為熟悉的薑科植物，它們不僅野地普遍易見，而且植株的根、莖、葉、花及果實都可為人們所利用，譬如，它們的地下莖可作為野炊時薑的替代品；纖維強韌的地上莖與葉鞘可製造繩索；寬大的葉片具特殊香氣，客家人拿來包粽子；外型美麗且氣味芬芳的花朵則具園藝、觀賞或食用用途。對於入門者而言，若僅觀察葉片形態，乍看之下兩者還有些相似，然而由於花形構造不同，在植物分類學隸屬不同的「屬」。

在臺灣本島，攝食薑科植物的蝴蝶為白波紋小灰蝶、大白紋弄蝶、黑弄蝶及連紋黑弄蝶4種，其中白波紋小灰蝶普遍利用月桃及野薑花之花苞，尤其在夏秋季節濕地環境野薑花成片盛開時，最容易觀察到流連徘徊的成蝶。黑弄蝶及連紋黑弄蝶則常見於森林環境，其中前者廣泛分布於低海拔山區，成蝶飛行迅速但容易辨識。大白紋弄蝶成蟲與幼蟲則偏好棲息或活動於較向陽環境，海濱、池塘、草地等環境較為常見。

白波紋小灰蝶

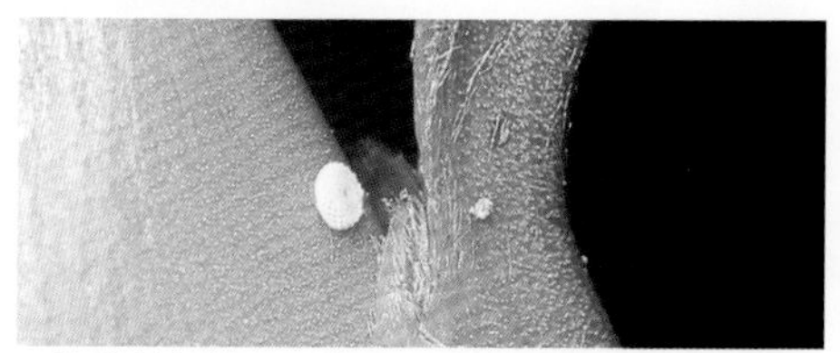

▲雌蝶偏好將卵單枚產於寄主植物花苞、花軸或其鄰近葉緣處，卵為表面具細緻刻紋的白色的扁圓形。

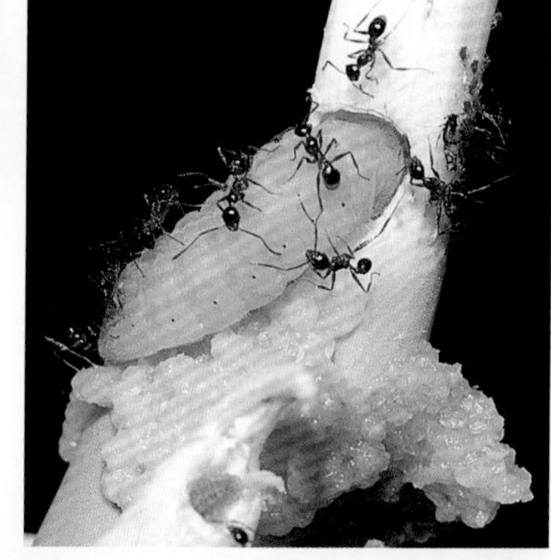

▶白波紋小灰蝶幼蟲攝食月桃、穗花山奈及薑花（球薑）的花部，幼蟲孵化後即鑽入花苞中躲藏及攝食，因此在花苞上發現其蛀食小孔的機會比找到幼蟲容易許多。（終齡幼蟲）

◀扁平且佈滿坑洞的卵粒。

▲幼蟲選擇於寄主植物花苞附近之葉片葉鞘或根部落葉等隱蔽處化蛹。（陳麗玲攝）

黑弄蝶

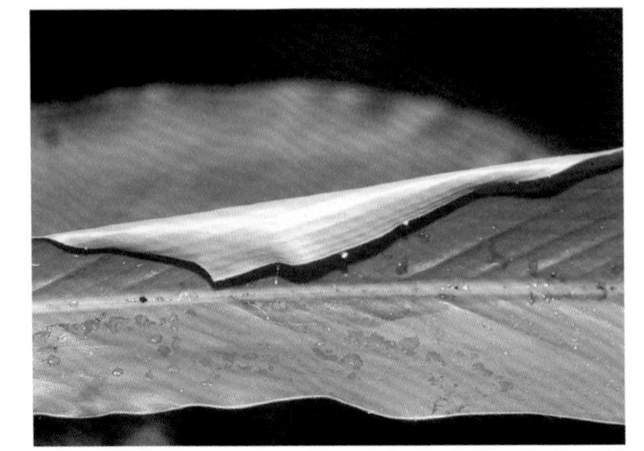

▲黑弄蝶幼蟲以月桃、臺灣月桃、穗花山奈（野薑花）、薑花（球薑）、薑黃、鬱金等薑科植物葉片為食，圖為利用月桃葉片折製蟲巢躲藏情景。

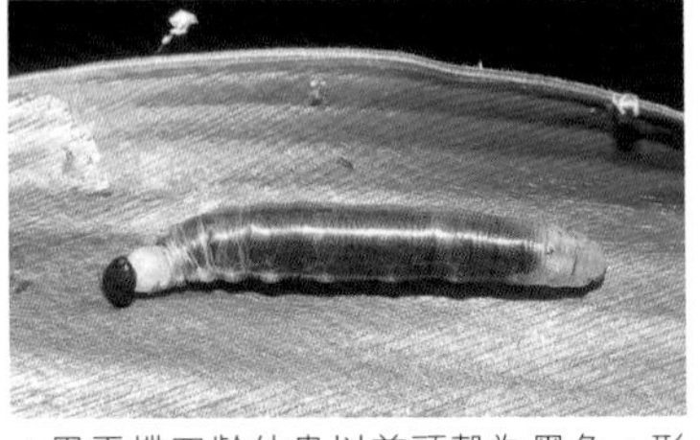

▲黑弄蝶四齡幼蟲以前頭殼為黑色，形態與大白紋弄蝶相似。（四齡幼蟲）

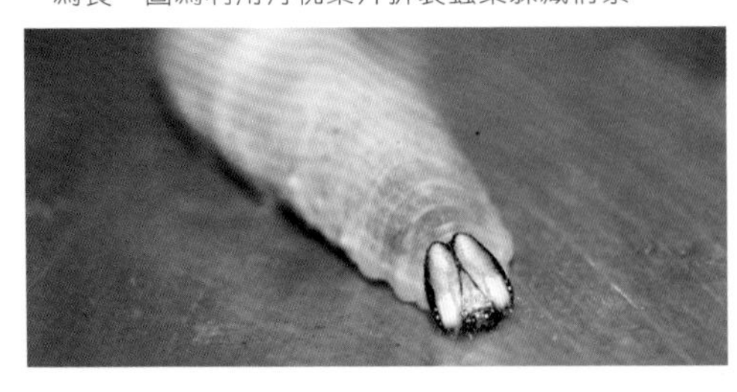

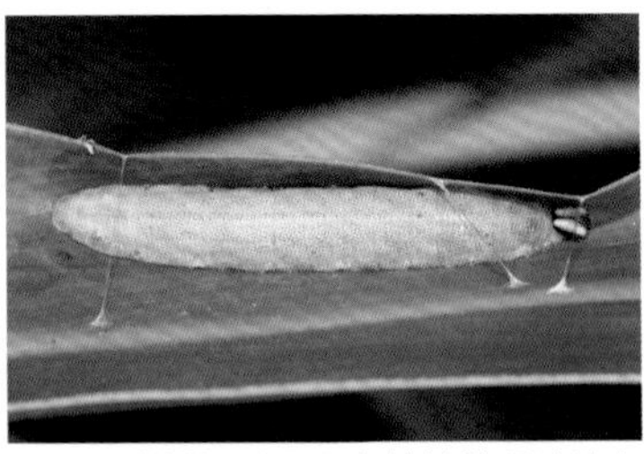

▲黑弄蝶偏好利用分布於林蔭環境的寄主植物，其終齡幼蟲身體為青綠色。

◀黑弄蝶終齡幼蟲階段頭部具明顯的白色斑紋，藉此容易與大白紋弄蝶區分。

大白紋弄蝶

▲大白紋弄蝶前後翅均具有大小不等之白色斑紋，成蝶偏好於陽光充足的環境活動，空間分布與黑弄蝶略有差異。（陳燦榮攝）

▲大白紋弄蝶以月桃、臺灣月桃、薑黃、穗花山奈……等薑科植物葉片為食，圖為海濱地區月桃葉片上所捲製的蟲巢。

◀本種終齡幼蟲黑色頭殼與黑弄蝶明顯不同。

▼大白紋弄蝶雌蝶偏好將卵產於向陽環境的寄主植物，其幼蟲頭殼自始至終均為黑色。

蝶與花的蜜蜜交易 — 蜜源植物選介

「蝶戀花」為古今中外多數人對蝴蝶的第一印象，然而事實上多數蝴蝶的確喜歡翩飛於野地花叢間，而蝴蝶喜愛訪花吸蜜的植物人們稱之為「蜜源植物」。相對於蝴蝶幼生期對「寄主植物」利用的專一或嚴格慎選，成蝶階段對「蜜源植物」的選擇性則顯得廣泛許多，各種蝴蝶雖對特定植物有其喜愛偏好，但這只是選擇上的先後次序。

本篇以圖片或文字列舉出120餘種蝴蝶喜愛攝食的植物，以「臺灣原生蜜源植物」、「非原生蜜源植物」及「非開花誘蝶植物」三大主題呈現。

臺灣原生蜜源植物

許多原生蜜源植物並非稀有罕見，只是它們多數僅於特定季節綻放花朵招蜂引蝶，加上推廣利用不夠普及、來源取得不易、價格較為昂貴、人們主觀意識……等因素，過去國內蝴蝶生態園在經營管理上較少被接受運用。蝴蝶對於原生蜜源植物的依賴程度雖各有差異，但有機會多走訪野地，您將發現原來蝴蝶對蜜源植物的選擇竟是如此廣泛，甚至於不同季節各有其自然律動，而這也突顯臺灣生物多樣性的珍貴價值！

春 山香圓 *Turpinia formosana*

春 虎葛 *Cayratia japonica*

春 小白頭翁 *Anemone vitifolia*

春 森氏紅淡比 *Cleyera japonica var. morii*

春 水芹菜 *Oenanthe javanica*

春 海檬果 *Cerbera manghas*

春 紫花鳳仙花 *Impatiens uniflora*

春 南國小薊 *Cirsium japonicum var. australe*

春 杜鵑花屬 *Rhododendron spp.*

春 懸鉤子屬 *Rubus spp.*

夏 臭娘子 *Premna serratifolia*

夏 有骨消 *Sambucus chinensis*

夏 海州常山 *Clerodendrum trichotomum*

夏 龍船花 *Clerodendrum kaempferi*

夏 玉山假沙梨 *Photinia niitakayamensis*

夏 火筒樹 *Leea guineensis*

夏 大葉溲疏 *Deutzia pulchra*

夏 野當歸 *Angelica dahurica var. formosana*

夏 爬森藤 *Parsonsia laevigata*

春 酸藤 *Ecdysanthera rosea*

夏 射干 *Belamcanda chinensis*

夏 青棉花 *Pileostegia viburnoides*

夏 水金京 *Wendlandia formosana*

夏 漢氏山葡萄 *Ampelopsis brevipedunculata var. hancei*

夏 月橘 *Murraya paniculata var. paniculata*

夏 食茱萸 *Zanthoxylum ailanthoides*

夏 高士佛澤蘭 Eupatorium clematideum var. gracillimum
夏 落新婦 Astilbe longicarpa
夏 臺灣澤蘭 Eupatorium cannabinum var. asiaticum
夏 島田氏澤蘭 Eupatorium shimadai
秋 羅氏鹽膚木 Rhus chinensis var.
秋 賊仔樹 Tetradium glabrifolium
秋 大青 Clerodendrum cyrtophyllum
秋 小花鼠刺 Itea parviflora
秋 雞兒腸 Aster indicus
秋 山豬肝 Symplocos theophrastifolia

秋 山葛 *Pueraria montana*

秋 水黃皮 *Pongamia pinnata*

秋 黃菀 *Senecio nemorensis var. dentatus*

秋 虎杖 *Polygonum cuspidatum*

冬 倒吊蓮 *Kalanchoe integra*

冬 裡白楤木 *Aralia bipinnata*

冬 華九頭獅子草 *Dicliptera chinensis*

冬 槍刀菜 *Hypoetes cumingiana*

冬 臺灣鱗球花 *Lepidagathis formosensis*

冬 大頭艾納香 *Blumea riparia var. megacephala*

冬 臺灣山菊 *Farfugium japonicum var. formosanum*

冬 雙花蟛蜞菊 *Wedelia biflora var. biflora*

此外，以下以文字列舉其他筆者曾觀察過之野地原生蜜源植物（依季節排序）：山櫻花、海桐、夏枯草、野鴉椿、野桐、爵床、火炭母草、苦楝、臺灣老葉兒樹、呂宋莢迷、厚葉石斑木、笑靨花、灰木、毬蘭、濱蘿蔔、串鼻龍、蔓荊、苦藍盤、使君子、臺灣敗醬、臺灣楤木、黃花三七草、藤繡球、江某、大頭茶……等。

非原生蜜源植物

人為因園藝、景觀或其他目的引進的非原生蜜源植物，因多數具備花期長且外觀美麗、栽培容易且生長快速、取得容易且價格便宜等優勢，而成為經營管理實務上經濟實惠且高效率的選擇。這類植物的廣泛種植雖可達招蜂引蝶的短期成效，然而對於臺灣固有自然環境及生物多樣性並無實質助益，甚至造成蝴蝶訪花習性改變、與原生植物的傳花授粉或棲地競爭、民眾錯誤觀念的傳遞等負面影響，本篇列舉部分種類已歸化並造成生態危害，經營管理者在運用上應更深層地思考與評估。

山柑科 夏秋冬 醉蝶花 *Cleome spinosa*

十字花科 秋冬 蘿蔔 *Raphanus sativus*

薔薇科 春 桃花 *Prunus persiva cv.*

豆科 夏 紅粉撲花 *Calliandra emarginata*

酢漿草科 全年 紫花酢漿草 Oxalis corymbosa
大戟科 冬春 聖誕紅 Euphorbia pulcherrima
大戟科 春夏 廣東油桐 Aleurites montana
芸香科 全年 柑橘屬 Citrus spp.
鳳仙花科 全年 非洲鳳仙花 Impatiens walleriana
千屈菜科 全年 細葉雪茄花 Cuphea hyssopifolia
夾竹桃科 全年 尖尾鳳 CAsclepias curassavica
茜草科 全年 繁星花 Pentas lanceolata var. coccinea
茜草科 全年 大王仙丹花 Ixora duffii cv.
茜草科 全年 矮仙丹花 Ixora williamsii cv.

馬鞭草科
全年
金露花 Duranta repens
馬鞭草科
全年
馬櫻丹 Lantna camara
馬鞭草科
全年
長穗木 Stachytarpheta jamaicensis
錦葵科
全年
朱槿 Hibiscus rosa-sinensis
菊科
冬
香澤蘭 Chromolaena odorata
菊科
全年
紫花藿香薊 Ageratum houstonianum
菊科
全年
南美蟛蜞菊 Wedelia trilobata
菊科
秋冬春
大波斯菊 Cosmos bipinnatus
菊科
春夏
白頂飛蓬 Erigeron annuus
菊科
春夏秋
光葉水菊 Gymnocoronis spilanthoides

菊科 全年 大花咸豐草 *Bidens pilosa var. radiata*

菊科 全年 長柄菊 *Tridax procumbens*

菊科 春夏 紅鳳菜 *Gynura bicolor*

石蒜科 冬春 百子蓮 *Agapanthus africanus*

美人蕉科 全年 美人蕉 *Canna indica*

此外，以下以文字列舉其他筆者曾觀察過之非原生蜜源植物：九重葛、千日紅、翅果鐵刀木、槭葉牽牛、藍雪花、唐棉、美人纓、黃鐘花、紅樓花、小花蔓澤蘭、天人菊、醉嬌花……等。

非開花誘蝶植物

許多蝴蝶鮮少訪花吸蜜，而以植物成熟的果實（構樹、榕屬植物、果樹……）、滲出的樹液（青剛櫟、臺灣欒樹……）或枯萎的殘枝敗葉（白水木、狗尾草）為食，這些植物屬原生植物或人為栽植，認識它們將擴展您的賞蝶視野。

殼斗科 青剛櫟 *Quercus glauca*

無患子科 臺灣欒樹 *Koelreuteria henryi*

芸香科　柑橘屬 *Citrus spp.*

桑科　構樹 *Broussonetia papyrifera*

桑科　小葉桑 *Morus australis*

無患子科　荔枝 *Litchi chinensis*

桃金孃科　蓮霧 *Syzygium samarangense*

薔薇科　桃子 *Prunus persiva cv.*

紫草科　白水木 *Tournefortia argentea*

蝴蝶飼養觀察

相信許多人與筆者孩童時一樣，喜歡飼養各類可愛的小動物，透過飼養過程可培育孩子更敏銳的觀察力、責任感及啟發對生物的認知與關懷。在國小三、四年級的自然與生活科技課程上，過去蠶寶寶（家蠶）扮演著引領孩子進行飼養觀察並認識昆蟲外部形態、生活史變態歷程的生命教育教學素材，然而由於蠶寶寶所攝食的桑葉對一般都市家庭而言取得不易，飼養階段尾聲所繁殖數以千百計的蠶蛾及卵粒並無理想的善後處置，社會開放的今日該課程素材選擇已日趨多元。許多適應都市環境的蝶種原本即棲息於都會校園、公園等綠地環境，其飼養原理基本上與蠶寶寶的飼養過程相似，甚至更為容易，因而容易就地取材且飼育後現地放生，不失為生命教育教學上理想的飼養觀察素材。

透過飼養蝴蝶的過程，蝴蝶研究者亦能建立各蝶種之生命表及基礎生態，對於蝴蝶研究及保育工作具有實質幫助。以下，將要點簡述蝴蝶飼養應加以留意的細節要點。

蝴蝶飼養器具

蝴蝶飼養在此所指為幼生期階段的飼養，筆者將其簡單分為直接放置寄主植物及離開寄主植物飼養兩大方式，兩類方式各有其優缺點，而前者方式一般常見於大規模養殖之運用。

倘若您平常即備有許多蝴蝶寄主植物，或居家環境即有寄主植物，能將蝴蝶幼蟲直接放置寄主植物上進行飼養無疑是最符合自然野地的理想情況，然而此種飼養模式也讓幼蟲接受無情的天擇考驗，因此順利羽化成功機率相對地較低。為提升幼蟲存活機率，建議飼養者最好在盆栽外罩上細網以降低捕食性、寄生性天敵的侵犯，或防止幼蟲化蛹前的逃脫。亦可將植栽搬移至室內或網箱內進行維護，並以水盤阻隔避免螞蟻、蜘蛛等獵食者侵犯。

對於一般少量的飼養觀察行為，多數採類似養蠶的方式進行，將幼蟲安置於密閉容器內並定期補充新鮮植物葉片。飼養器材無需特殊器具，筆者常以廢棄的飲料杯碗、包裝盒、容器為飼養容器，容器空間可依據植物葉片與幼蟲大小斟酌選用，太大或太小都不適合，其飼養細節將於後說明。

▲將幼蟲放置寄主植物植栽上，並以網箱防護阻隔示是最理想的展示方式。（特生中心）

蝴蝶飼養條件

蝴蝶飼養首要考量因素是不違反相關法令之規定。現今許多法令對於野生動物或自然環境有其規範，譬如野生動物保育法對於五種保育類蝴蝶的保護，國家公園法、文化資產保存法、森林法、風景特定區管理規則、發展觀光條例則針對特定地域（國家公園、自然保留區、生態保護區、各風景特定區域）有其相關規定。即便過程符合法令，筆者也希望採集飼養過程中能保有永續觀念，衡量自身目的或能力酌量採取。

適合入門飼養的蝴蝶

實務上，飼養蝴蝶最重要的莫過於寄主植物來源的取得與補充，畢竟每種蝴蝶有其特定攝食植物，其中許多植物非得到自然野地才能取得。即便飼養順利成功，羽化後成蝶的處置則是另一個嚴肅課題。因此對於一般入門飼養者，建議先以生活周遭常見蝶種為優先考量，在都會綠地環境，無尾鳳蝶、大鳳蝶、黑鳳蝶、青斑鳳蝶、青帶鳳蝶、淡黃蝶、臺灣紋白蝶、紋白蝶、端紫斑蝶、樺斑蝶、石牆蝶、臺灣單帶弄蝶、黑星弄蝶、沖繩小灰蝶、微小灰蝶……等蝶種，其幼蟲所攝食的寄主植物，都是普遍易見而方便就地取材的飼養觀察對象。

▲無尾鳳蝶是都會地區最容易進行飼養觀察的美麗蝶種。

蝶卵取得與飼育

蝶卵十分微小，雌蝶多數將其產於寄主植物特定組織部位，如非對植物認識或豐富經驗者實在不易察覺，不過，藉由觀察雌蝶徘徊、搜尋寄主植物的特殊行為，不難藉機循著產卵行為找到卵粒。由於野地的雌蝶多數已交尾過，您也可採集雌蝶並將其放置於具寄主植物的網室或網袋內施以人工採卵，不過並非所有蝶種均藉此可輕易達到目的。在人工採卵過程中應留意補充成蝶食物，如超過兩、三天仍舊未見產卵或以達取卵目的，應將雌蝶回歸原自然棲地。

▲於寄主植物上放置網袋可進行雌蝶採卵或幼蟲飼育的防護。

▲寬大的網室是人為環境下飼養成蝶與人工採卵最適宜的方式之一。（埔里蝴蝶牧場）

微小的卵並不適合遭受外力碰撞，因此攜帶過程中應單獨放置硬盒中。為避免剛孵化如螞蟻般大小的一齡幼蟲逃脫或遍尋不著，建議能在打孔的盒蓋上罩上細網，藉此亦可保持空氣流通而不致卵粒發霉，容器空間則無需太大或放置過多葉片。非休眠的蝶卵一般數天即可孵化。

◀市面販售的觀察盒於盒蓋加上細網，即成為培育卵及幼齡幼蟲的理想器材。

幼蟲飼養

幼蟲期為蝴蝶攝食成長的重要階段，該時期幼蟲會不斷地攝食成長及排泄糞便，持續地補充寄主植物及日常管理極為重要，其過程雖然有趣卻也繁瑣，在此簡單列舉說明如下：

1.植物的供給

飼育蝴蝶方式可採一般飼育蠶寶寶方式，每日投遞補充新鮮葉片於容器中。但筆者建議在條件許可情況下，若能以剪取植物一段枝葉替代單獨投遞葉片其效果更佳，此時為維持植物鮮度，並可於枝條剪取處施以棉花、衛生紙或插花容器，此時亦需留意避免幼蟲發生溺斃情事。

▲底片盒作為維持植物鮮度的插水容器，並加上細網及盒蓋，飼養蝴蝶可多利用廢棄物及巧思。

2.植物篩選與保存植物

▲攝食都會地區公園中疑似遭噴藥的樟樹葉片而死亡的黃星鳳蝶幼蟲。

於菜園、公園、馬路等人為環境取得的寄主植物，應特別留意是否有農藥或化學藥劑殘留之問題，除應特別洗淨或消毒外，在飼養時可先選擇數隻幼蟲進行試探是否攝食無恙。採集剩餘未使用的寄主植物應先進行陰乾，再以密封袋放置冰箱冷藏保鮮。

3.需有盒蓋但切勿密封

飼養幼蟲的容器最好加上盒蓋，因這可減少水分散失以維持植物鮮度，尤其在氣候乾燥的夏季或該植物本身即容易枯萎情況下，效果更為顯著。然而，盒蓋也不適合完全密封，尤其當盒中放置為維持植物鮮度而的濕棉花、衛生紙或容器時，將導致濕度過高或糞便發霉。

4.糞便清理

如幼蟲飼養密度較高，或容器較為封閉、幼蟲達終齡階段等情況，應至少每日清理糞便一次，以避免糞便發霉導致衛生不良或病變發生。飼養過程中如發現病變或異常個體，應立即隔離飼養，以避免所有個體遭受感染。

5.幼蟲移動

多數幼蟲靜止停棲於葉片處，是以腹足末端的原足鉤緊密鉤附於絲座上，因此移動幼蟲時不應太過施力拉扯，而採輕碰其腹部末端促使自動前移；體型較小的幼齡幼蟲不宜以手觸碰，可採用柔軟的毛筆輕撥，或放任原本停棲葉片枯萎，而於一旁安置新鮮葉片，即可輕易引導幼蟲自行爬附過去。幼蟲於蛻皮前則不適合移動。

6.野地幼蟲遭寄生普遍

如幼蟲來源取自野地，其蟲體遭受寄生蜂、寄生蠅的寄生是極為普遍的自然現象，飼養者應有心理準備。

◀幼蟲頭部後方與胸部交接處如見腫大即為幼蟲即將蛻皮的跡象，此時應避免觸碰及干擾。（黃三線蝶）

▲利用珠針穿過蛹體腹末的絲座處，模擬垂掛姿態以進行羽化展示。

蛹的飼養

在人為飼養環境下蝴蝶可選擇化蛹環境十分有限，當終齡幼蟲變色或開始頻繁四處移動時，即為即將化蛹的跡象，此時即便在人為飼養環境下，我們依舊可以精心為其布置較為理想的化蛹環境（如較多茂密的新鮮枝葉、枯枝、落葉），讓牠在較佳的環境化蛹。前蛹及剛蛻變的初蛹階段並不適合觸碰與過多干擾，該階段在野地情況下則是非常容易遭受寄生性天敵侵犯的時刻。

部分種類的蛹體觸摸時會適度扭動腹部，甚至發出聲音，在拿取觀察或展示時應以手防護以免其掉落或碰撞。蝶蛹分為「帶蛹」及「垂蛹」兩類型，兩種形態的蛹羽化方式並不相同，但預留其羽化舒展翅膀的空間是必要條件，對於屬帶蛹形態的鳳蝶及粉蝶科大型蝴蝶而言，較大空間及可供羽化時體軀抽離蛹殼攀附展翅的粗糙表面是必需的。由於蝴蝶屬白晝活動，將羽化容器放置暗處或外表以深色布幕遮蔽，可讓羽化的蝴蝶更為沈靜而不致鼓動折翅。羽化後的蛹殼丟棄甚為可惜，風乾後可放置密封容器中，作為日後種類鑑定或教學使用的輔助教材。

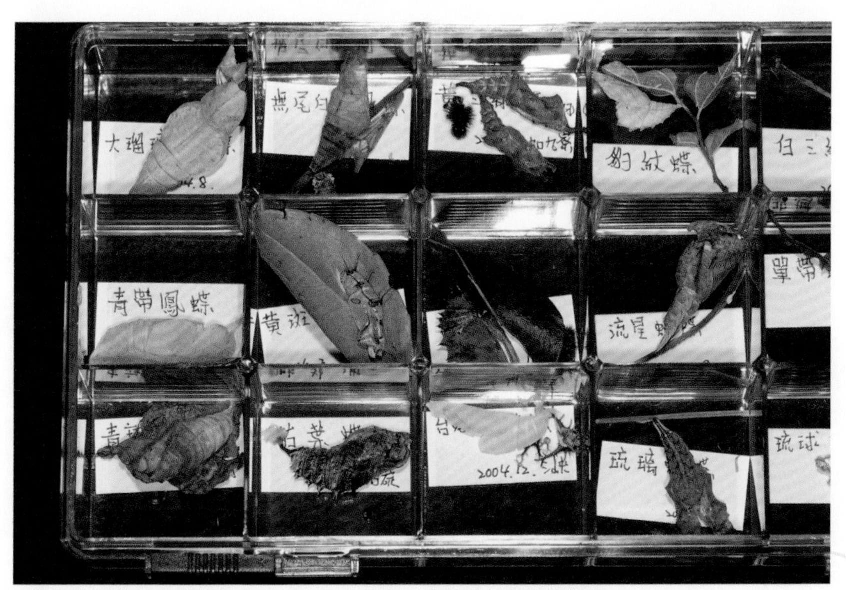

▲將羽化過後的各式蝶蛹有系統地風乾保存，也是別具意義的收藏。

成蝶飼養

成蝶的飼養必需具備：可供隱蔽及活動的理想空間、合適的攝食食物、適宜光源及溫度……等多重要素，以鳳蝶科種類為例，羽化後若無提供理想安置環境而僅放置於狹隘空間內，約兩、三天時間即可能導致殘翅或餓死，因此對一般人而言，成蝶的飼養遠不如幼生期階段容易著手進行。

成蝶羽化後如需短暫時間的飼養，依蝶種食性可藉由1：10至1：7左右的稀釋蜂蜜或果糖水，或略微發酵的成熟水果加以人工餵食。倘若成蝶無主動伸出吸管口器進食時，可一手固定蝴蝶翅膀基部，另一手利用牙籤或尖細器具將其蜷曲的口器伸直觸碰液體，引導其吸食。

蝴蝶羽化野放評估

飼養蝴蝶最美且動人的畫面，莫過觀察蝴蝶破蛹而出的羽化歷程，並親手將其野放回歸屬於牠的藍天綠地一刻，這樣的情愫是飼養蠶寶寶所無法感受到的。然而，將蝴蝶野放這看似浪漫的行為，卻牽涉到生態保育嚴肅課題，譬如，野放環境是否符合該蝶種生存的棲地類型、地理分布、海拔分布呢？近年，更隨著分子生物及遺傳多樣性研究的進步，研究者瞭解到即便是廣泛分布臺灣全島的蝶種，透過粒線體DNA的研究分析得知其彼此間卻保有不同分化程度的基因獨特性，也就是形態相似的同一物種卻存在著遺傳多樣性的價值。因此，筆者建議如要將採集飼養的蝴蝶野放時，應當回到其採集的原棲地進行，否則應考慮將成蝶放置於網室飼養或製成標本。若要避免上述顧慮，不妨就地取材飼養當地環境蝶種，一樣可達到觀察及教學目的。

▲大白斑蝶綠島亞種之成蝶形態雖與臺灣本島產的差異不大，但其幼蟲不具白色條紋而有顯著差異。

▲大白斑蝶為近年最受歡迎的飼養蝶種，然而也因此在許多非原生環境見到零星的逸出或遭野放個體。

蝴蝶棲地營造DIY

棲地破壞是全球生態保育所面臨的主要威脅之一，其規模大如整片山林的建設開發，小如路旁了除草行為，對蝴蝶及相關生態均有程度不一的影響。人們除了降低對環境的衝擊與保留自然棲地外，若能在人為活動頻繁的環境中營造出生物棲所，透過建立生態廊道彌補日趨破碎棲地的概念，未嘗不是民眾可以參與的方式。

「蝴蝶園」意指以蝴蝶及其相關生態為展示主題，作為環境教育、休閒遊憩、社區營造、科學研究等目的之場域，近年常見於各校園、生態農場、主題遊樂園、社區、展覽館、研究中心……等單位，其依園區與外界互動連結與否簡單分為「封閉式蝴蝶園」及「開放式蝴蝶園」兩種經營類型，前者通常採「溫室」或「網室」形態，其中溫室形態蝴蝶園常見於溫帶地區，地處亞熱帶及熱帶交接處的臺灣則多採網室的經營形態。

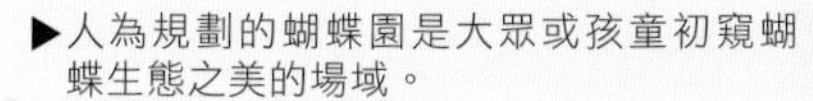

▶人為規劃的蝴蝶園是大眾或孩童初窺蝴蝶生態之美的場域。

「封閉式蝴蝶園」經營管理

只要曾置身蝴蝶園賞蝶的朋友，一定都被那五顏六色、數量繁多且不畏生人的蝴蝶給深深著迷，人們可以輕易就近生態觀察，老師則把教材準備範圍縮小到特定展示蝶種，對生態攝影者更是輕而易舉。蝴蝶易於親近、教育推動容易、外在影響因素較少、短期成效顯著……等優點，正是蝴蝶網室的魅力所在。只是，大家在一窩蜂想建構蝴蝶網室的同時，也應當體認到一些現實條件。譬如，蝴蝶網室裡的蝴蝶並非在網室內自然繁衍的結果，通常都是藉由人為方式於他處飼養蝴蝶幼生期，然後將蛹或成蝶移至網室內進行展示。因此，要經營一個封閉式蝴蝶園並非想像中容易，其必需密集且持續性地人為介入經營才得以呈現，其中牽涉到人力、經費、活體補充……等要素，這些都是規劃者應評估考量的。

◀臺灣的封閉式蝴蝶園多採網室型態經營。（日月潭蝴蝶園）

倘若您準備要規劃一個蝴蝶網室，可參考以下幾點：

1. 硬體設備

網室可採用R管、鋼骨、木材等材質為骨架，外頭圍上能透風透光的細孔隙網布，其高度面積視目的需求與能力量力而為，一般常見約3～5公尺，頂部可呈現圓弧形以增加空間之運用，網布與骨架間應儘量避免死角縫細以減少蝶隻受困其中。

2. 植物選擇

網室內所種植的植物一般著重於蜜源植物，其中常見以花期長、顏色美、易於照顧的園藝植物為主。部分植物可採盆栽方式種植，以便於展示輪替或日常維護管理之調整，尤其寄主植物更是如此。為提供視覺景觀及蝴蝶遮風避雨功能，可依植物屬性規劃出高低層次效果。

3. 人工餌臺

由於部分蝶種形態或習性較為隱蔽，該類蝴蝶亦偏好吸食樹液、腐果等非蜜源植物，此時可在網室內略陰暗處設置展示功能的人工餌臺，其上頭放置成熟發酵的鳳梨、香蕉……等水果以吸引蝴蝶留戀駐足。倘若網室內蜜源不足時，也可調製人工稀釋蜂蜜或果糖水作為補充。

4. 日常維護

定時灑水、硬體維護、植物修剪、土壤施肥、專人管理、物種飼育……等瑣碎事物需定期進行。

▲蝴蝶網室一般以成蝶為展示主題，因此多以蜜源植物為栽植選擇。（錦吉昆蟲館）

▲以稀釋的人工蜜水補充網室內蜜源植物之不足。

▶蝴蝶園內如展示非原生或該棲地未有蝶種，應更加謹慎以杜絕逃逸造成生態危害。（果園鳳蝶）

「開放式蝴蝶園」經營管理

▲人們生活周遭很多植物即為蝴蝶賴以維生的植物，透過解說牌的設置會讓人更加明瞭。

封閉式蝴蝶園乃人為營造出的封閉環境，其所承載的資源有限，與外界生態環境幾乎無連結，因而需透過人為密集經營管理才得以呈現。相較之下，開放式蝴蝶園利用社區、校園、公園、庭院或陽臺等綠地，以營造生物多樣性角度藉由改善棲地條件著手，透過種植蝴蝶喜愛的蜜源或寄主植物以吸引蝴蝶前來繁衍與棲息，其與當地環境緊密連結，也為遭受破壞而隔離的破碎棲地建構起生態廊道，是較符合生態保育及環境教育的方式。除此之外，開放式蝴蝶園還有較低密集人為經營管理、無需大量經費亦可執行、組成蝶種較為多樣……等優點。

倘若您準備要規劃一個開放式蝴蝶園，可參考以下幾點：

1.基礎調查

規劃前的評估工作，除了考量人力、經費、目標……等條件外，別忘了先對規劃營造環境所擁有的自然資源做過基礎調查，透過瞭解當地具備的潛在物種，以作為日後營造具體方向。

2.植栽選擇與位置

植栽選擇上概略分為幼蟲攝食的「寄主植物」與成蝶訪花吸蜜的「蜜源植物」兩大類，一般普遍觀念以為只要將相關植物栽種後蝴蝶即自動前來，然而事實上蝴蝶對於植物的利用並非如此單純，植栽位置（全日照、半日照、遮陰……）、植株高矮（幼苗、老樹……）、組織部位（嫩葉、開花、果實……）、季節、整體環境……等因素，都在在影響著您所種植的植物是否獲得蝴蝶青睞前來。蝴蝶對於蜜源植物的專一程度較低，而都會綠地不乏許多人為栽種的花花草草，相對而言蝴蝶寄主植物是較缺乏的。

▶外來引進的光葉水菊為近年廣為種植吸引斑蝶的蜜源植物，然而卻潛藏生態危機，經營者操作上應當三思而後行。

3.四季原生植物特色

▲只要您願意，也可利用居家庭園種植蝴蝶喜愛植物。

倘若欲營造環境為已開發的都會綠地（如公園、庭園、校園），基於美觀、經費、便利等實務考量，植栽選擇上難免使用外來引進的園藝植物是無可厚非；然而，若棲地條件屬於半自然或原始的自然環境，維護生物多樣性及當地原有生態特色是基本原則，因此著手於經營管理必需更加嚴謹，建議此時應當在清楚調查當地資源情況與審慎評估後再著手進行。原生植物因花期較短、推廣不普及、價格昂貴、取得不易等因素，過去在經營管理上較少被採納運用，然而隨著生態保育意識的提升，多採用原生物種的觀念已逐漸被人們接納與重視，而且這才更能凸顯出四季自然之美與在地生態特色。

▲位居臺北都會區狹小巷弄的臺灣蝶會會館，在放置植物盆栽後短短一個多月，即吸引了黑星弄蝶、臺灣單帶弄蝶、樺斑蝶、無尾鳳蝶前來繁殖。

4.多樣棲地型態

各類蝴蝶各有其偏好棲息的環境型態，經營者在有限的空間若能規劃或保留草原、濕地、森林等各類型棲地，即可吸引越多蝶種棲息其中，亦可藉由草本、藤本、灌木、喬木植物之特性搭配出之高低層次。

◀春秋季節利用小盆種植十字花科的蔬菜，不難吸引紋白蝶前來產卵繁殖，這是都會校園都可嘗試的教學設計。

蝴蝶園的加分元素

無論您決定採用封閉式或開放式蝴蝶園，以下幾點是您可參考增添的元素：

1.解說教育

理想的蝴蝶園不僅模擬呈現出自然美感，提供蝴蝶適合的棲息環境，並應扮演蝴蝶生態教育的角色。適時加上解說牌，除了讓參觀者對蝴蝶生態有更深層認識外，也更清楚呈現經營者想表達的展示內容。此外，在環境中增添與蝴蝶相關的圖像、造型物將更讓人感受到經營者的用心。

▲有機會實際觀察蝴蝶羽化歷程，是一趟賞蝶之旅最深刻的回憶。（動物園昆蟲館）

2.幼蟲活體

蝴蝶園雖以成蝶為展示主角，然而造型逗趣或模樣駭人的蝴蝶幼生期往往成為讓人驚嘆的焦點，牠也是解說教育上絕佳的題材。規劃上可將幼蟲連同寄主植物植栽放置網室內，若於開放空間則可將其放置於箱網中，此時別忘了加上解說告示牌，否則善於藏匿的幼蟲對多數民眾而言可是很容易忽略視而不見的。

▲棲地營造外再加上蝴蝶意象的創意與呈現，將讓人有置身其境之感。（臺北市劍南蝴蝶步道）

3.羽化平臺

蝴蝶羽化過程為其一生中最精彩與奧妙之處，一般在野地難得一見，但在人為飼養環境下因數量較多而容易觀察。經營者可設計一個專門放置蝶蛹供觀察羽化過程的平臺，除了讓民眾輕易觀察各類型蝴蝶蛹體的奇特外觀，幸運者也將目睹其難得的羽化歷程。

◀將固有的公共空間加上解說設計，也能讓人感受到規劃者的巧思。（茂林生態公園）

臺灣產蝴蝶食草對照表 （列舉本書介紹180種）

本表彙整本書列舉180種蝴蝶幼蟲寄主植物（食草），參考依據相關書籍文獻、筆者及友人觀察或人為飼養記錄，其中少數飼養記錄於自然情況下是否被接受利用值得後續探討，歡迎各界討論指教。

弄蝶科 Hesperiidae

常用名	中文名	學名	頁碼	寄主植物
鸞褐弄蝶	橙翅傘弄蝶	*Burara jaina formosana*	185	黃褥花科：猿尾藤
鐵色絨毛弄蝶	鐵色絨弄蝶	*Hasora badra*	142	豆科：臺灣魚藤（蕗藤）、疏花魚藤
沖繩絨毛弄蝶	尖翅絨弄蝶	*Hasora chromus*	147	豆科：水黃皮
淡綠弄蝶	長翅弄蝶	*Badamia exclamationis*	187	黃褥花科：猿尾藤
大綠弄蝶	綠弄蝶	*Choaspes benjaminii formosanus*	193	清風藤科：筆羅子、山豬肉
埔里小黃紋弄蝶	埔里星弄蝶	*Celaenorrhinus horishanus*	245	爵床科：臺灣馬藍、曲莖馬藍
大白裙弄蝶	小紋颯弄蝶	*Satarupa majasra*	178	芸香科：賊仔樹、食茱萸、吳茱萸
大黑星弄蝶	臺灣瑟弄蝶	*Seseria formosana*	98	樟科：假長葉楠、大葉楠、豬腳楠（紅楠）、香楠、臺灣檫樹、黃肉樹（小梗木薑子）、銳葉新木薑子、樟樹、山胡椒、錫蘭肉桂、大香葉樹（大葉釣樟）、內冬子、天台烏藥、陰香
白裙弄蝶	白裙弄蝶	*Tagiades cohaerens*	261	薯蕷科：大薯（田薯）、裡白葉薯榔、日本薯蕷（野山藥）、大薯、華南薯蕷

常用名	蘭嶼白裙弄蝶	中文名	熱帶白裙弄蝶	學名	*Tagiades trebellius martinus*	頁碼	261
寄主植物	薯蕷科：大薯（田薯）、裡白葉薯榔、日本薯蕷（野山藥）、大薯、華南薯蕷、恆春山藥						

常用名	玉帶弄蝶	中文名	玉帶弄蝶	學名	*Daimio tethys niitakana*	頁碼	257
寄主植物	薯蕷科：大薯（田薯）、裡白葉薯榔、日本薯蕷（野山藥）、大薯、華南薯蕷、恆春山藥						

常用名	白弄蝶	中文名	白弄蝶	學名	*Abraximorpha davidii ermasis*	頁碼	121
寄主植物	薔薇科：榿葉懸鉤子、變葉懸鉤子、臺灣懸鉤子、斯氏懸鉤子、高梁泡、小梣葉懸鉤子、羽萼懸鉤子、苦懸鉤子						

常用名	小黃斑弄蝶	中文名	小黃星弄蝶	學名	*Ampittia dioscorides etura*	頁碼	282
寄主植物	禾本科：李氏禾						

常用名	狹翅黃星弄蝶	中文名	黃星弄蝶	學名	*Ampittia virgata myakei*	頁碼	280
寄主植物	禾本科：白背芒（芒）、五節芒、臺灣芒						

常用名	狹翅弄蝶	中文名	白斑弄蝶	學名	*Isoteinon lamprospillus formosanus*	頁碼	279
寄主植物	禾本科：白背芒（芒）、五節芒、臺灣芒、臺灣蘆竹、求米草、白茅、象草						

常用名	黑弄蝶	中文名	袖弄蝶	學名	*Notocrypta curvifascia*	頁碼	296
寄主植物	薑科：月桃、臺灣月桃、山月桃、穗花山奈（野薑花）、薑花（球薑）、薑黃、鬱金						

常用名	阿里山黑弄蝶	中文名	連紋袖弄蝶	學名	*Notocrypta feisthamelii arisana*	頁碼	34
寄主植物	薑科：山薑。						

常用名	大白紋弄蝶	中文名	薑弄蝶	學名	*Udaspes folus*	頁碼	298
寄主植物	薑科：月桃、臺灣月桃、穗花山奈（野薑花）、薑黃						

常用名	黑星弄蝶	中文名	黑星弄蝶	學名	*Suastus gremius*	頁碼	290
寄主植物	棕櫚科：山棕、黃藤、蒲葵、臺灣海棗、檳榔、黃椰子、圓葉蒲葵、酒瓶椰子、棍棒椰子、加拿大海棗、海棗、羅比親王海棗、觀音棕竹、棕竹、大王椰子、華盛頓棕櫚、壯幹椰子						

常用名	香蕉弄蝶	中文名	蕉弄蝶	學名	*Erionota torus*	頁碼	293
寄主植物	芭蕉科：臺灣芭蕉、香蕉、日本香蕉（粉蕉）、烹調蕉						

常用名	臺灣黃斑弄蝶	中文名	黃斑弄蝶	學名	*Potanthus confucius angustatus*	頁碼	279
寄主植物	禾本科：毛馬唐、白茅、印度鴨嘴草、五節芒、白背芒（芒）、兩耳草、棕葉狗尾草（颱風草）、象草。						

常用名	墨子黃斑弄蝶	中文名	墨子黃斑弄蝶	學名	*Potanthus motzui*	頁碼	273
寄主植物	禾本科：棕葉狗尾草（颱風草）、毛馬唐、剛莠竹、五節芒、象草						

常用名	竹紅弄蝶	中文名	寬邊橙斑弄蝶	學名	*Telicota ohara formosana*	頁碼	278
寄主植物	禾本科：棕葉狗尾草（颱風草）、象草、舖地黍						

常用名	埔里紅弄蝶	中文名	竹橙斑弄蝶	學名	*Teliicota bambusae horisha*	頁碼	284
寄主植物	禾本科：綠竹、佛竹、孟宗竹、桂竹等多種竹類						

常用名	姬單帶弄蝶	中文名	小稻弄蝶	學名	*Parnara bada*	頁碼	282
寄主植物	禾本科：兩耳草、李氏禾、稻、象草、稗						

常用名	臺灣單帶弄蝶	中文名	禾弄蝶	學名	*Borbo cinnara*	頁碼	277
寄主植物	禾本科：白背芒（芒）、五節芒、巴拉草、舖地黍、大黍、兩耳草、竹葉草、象草、牧地狼尾草、蒺藜草、棕葉狗尾草（颱風草）、毛馬唐、馬唐、牛筋草、扁穗牛鞭草、稗、菰（茭白筍）						

常用名	尖翅褐弄蝶	中文名	尖翅褐弄蝶	學名	*Pelopidas agna*	頁碼	279
寄主植物	禾本科：白背芒（芒）、五節芒、象草、兩耳草、稻、鴨草（鴨母草）、印度鴨嘴草、毛馬唐、巴拉草、稗						

常用名	臺灣大褐弄蝶	中文名	巨褐弄蝶	學名	*Pelopidas conjuncta*	頁碼	278
寄主植物	禾本科：白背芒（芒）、五節芒、象草、菰（茭白筍）、甘蔗、薏仁						

常用名	黃紋褐弄蝶	中文名	黃紋孔弄蝶	學名	*Polytremis lubricans kuyaniana*	頁碼	280
寄主植物	禾本科：白背芒（芒）、五節芒						

常用名	達邦褐弄蝶	中文名	碎紋孔弄蝶	學名	*Polytremis eltola tappana*	頁碼	269
寄主植物	禾本科：蘆竹、臺灣蘆竹、柳葉箬						

鳳蝶科 Papilionidae

常用名	中文名	學名	頁碼	寄主植物
黃裳鳳蝶	黃裳鳳蝶	*Troides aeacus formosanus*	105	馬兜鈴科：港口馬兜鈴、異葉馬兜鈴、瓜葉馬兜鈴、蜂窩馬兜鈴
珠光鳳蝶	珠光裳鳳蝶	*Troides magellanus sonani*	104	馬兜鈴科：港口馬兜鈴
曙鳳蝶	曙鳳蝶	*Atrophaneura horishana*	100	馬兜鈴科：大葉馬兜鈴
大紅紋鳳蝶	多姿麝鳳蝶	*Byasa polyeuctes termessus*	103	馬兜鈴科：異葉馬兜鈴、瓜葉馬兜鈴、大葉馬兜鈴、港口馬兜鈴、蜂窩馬兜鈴
臺灣麝香鳳蝶	長尾麝鳳蝶	*Byasa impediens febanus*	99	馬兜鈴科：異葉馬兜鈴、瓜葉馬兜鈴、大葉馬兜鈴、港口馬兜鈴
麝香鳳蝶	麝鳳蝶	*Byasa alcinous mansonensis*	106	馬兜鈴科：異葉馬兜鈴、港口馬兜鈴、瓜葉馬兜鈴
紅紋鳳蝶	紅珠鳳蝶	*Pachliopta aristolochiae interposita*	102	馬兜鈴科：異葉馬兜鈴、港口馬兜鈴、瓜葉馬兜鈴、蜂窩馬兜鈴
青帶鳳蝶	青鳳蝶	*Graphium sarpedon connectens*	94	樟科：豬腳楠（紅楠）、香楠、青葉楠、大葉楠、樟樹、牛樟、香桂、土肉桂、錫蘭肉桂
寬青帶鳳蝶	寬青帶鳳蝶	*Graphium cloanthus kuge*	25	樟科：香楠、樟樹
青斑鳳蝶	木蘭青鳳蝶	*Graphium doson postianus*	88	木蘭科：烏心石、白玉蘭、含笑花、南洋含笑花
綠斑鳳蝶	翠斑青鳳蝶	*Graphium agamemnon*	87	木蘭科：烏心石、白玉蘭、含笑花、南洋含笑花。番荔枝科：山刺番荔枝、番荔枝（釋迦果）、鷹爪花、恆春哥納香、長葉暗羅

常用名	斑鳳蝶	中文名	斑鳳蝶	學名	*Chilasa agestor matsumurae*	頁碼	96
寄主植物	樟科：豬腳楠（紅楠）、大葉楠、樟樹、土肉桂						

常用名	黃星鳳蝶	中文名	黃星斑鳳蝶	學名	*Chilasa epycides melanoleucus*	頁碼	97
寄主植物	樟科：大香葉樹（大葉釣樟）、山胡椒、樟樹						

常用名	無尾鳳蝶	中文名	花鳳蝶	學名	*Papilio demoleus*	頁碼	175
寄主植物	芸香科：過山香、烏柑仔、石苓舅、臺灣香檬、柑橘、酸橙、來母、柚、黎檬、香櫞、佛手柑、金柑						

常用名	柑橘鳳蝶	中文名	柑橘鳳蝶	學名	*Papilio xuthus*	頁碼	175
寄主植物	芸香科：柑橘、柚、食茱萸、胡椒木						

常用名	玉帶鳳蝶	中文名	玉帶鳳蝶	學名	*Papilio polytes polytes*	頁碼	174
寄主植物	芸香科：烏柑仔、飛龍掌血、食茱萸、過山香、石苓舅、柑橘、柚、黎檬、甜橙。樟科：樟樹						

常用名	黑鳳蝶	中文名	黑鳳蝶	學名	*Papilio protenor protenor*	頁碼	175
寄主植物	芸香科：雙面刺、藤花椒、翼柄花椒、飛龍掌血、食茱萸、賊仔樹、阿里山茵芋、深紅茵芋、山黃皮、吳茱萸、柚、黎檬、甜橙						

常用名	白紋鳳蝶	中文名	白紋鳳蝶	學名	*Papilio helenus fortunius*	頁碼	174
寄主植物	芸香科：賊仔樹、飛龍掌血、食茱萸						

常用名	臺灣白紋鳳蝶	中文名	大白紋鳳蝶	學名	*Papilio nephelus chaonulus*	頁碼	175
寄主植物	芸香科：賊仔樹、飛龍掌血、過山香						

常用名	無尾白紋鳳蝶	中文名	無尾白紋鳳蝶	學名	*Papilio castor formosanus*	頁碼	179
寄主植物	芸香科：石苓舅						

常用名	臺灣鳳蝶	中文名	臺灣鳳蝶	學名	*Papilio thaiwanus*	頁碼	96
寄主植物	芸香科：飛龍掌血、柑橘、柚。樟科：樟樹						

常用名	大鳳蝶	中文名	大鳳蝶	學名	*Papilio memnon heronus*	頁碼	174
寄主植物	芸香科：臺灣香檬、柑橘、柚、黃皮						

常用名	烏鴉鳳蝶	中文名	翠鳳蝶	學名	*Papilio bianor thrasymedes*	頁碼	175
寄主植物	芸香科：賊仔樹、食茱萸、柑橘、胡椒木						

常用名	雙環鳳蝶	中文名	雙環翠鳳蝶	學名	*Papilio hopponis*	頁碼	175
寄主植物	芸香科：飛龍掌血、食茱萸						

常用名	琉璃紋鳳蝶	中文名	臺灣琉璃翠鳳蝶	學名	*Papilio hermosanus*	頁碼	175
寄主植物	芸香科：飛龍掌血、雙面刺						

常用名	大琉璃紋鳳蝶	中文名	琉璃翠鳳蝶	學名	*Papilio paris nakaharai*	頁碼	184
寄主植物	芸香科：山刈葉、三腳虌						

粉蝶科 Pieridae

常用名	紅肩粉蝶	中文名	豔粉蝶	學名	*Delias pasithoe curasena*	頁碼	77
寄主植物	桑寄生科：大葉桑寄生、忍冬葉桑寄生、木蘭桑寄生、恆春桑寄生、蓮華池桑寄生。檀香科：檀香						

常用名	紅紋粉蝶	中文名	白豔粉蝶	學名	*Delias hyparete luzonensis*	頁碼	79
寄主植物	桑寄生科：大葉桑寄生、埔姜桑寄生（李棟山桑寄生）						

常用名	紋白蝶	中文名	白粉蝶	學名	*Pieris rapae crucivora*	頁碼	113
寄主植物	十字花科：葶藶、焊菜（細葉碎米薺）、濱蘿蔔、高麗菜、甘藍（含芥藍、花椰菜等變種）、結球白菜、油菜。山柑科：平伏莖白花菜、白花菜、向天黃、西洋白花菜（醉蝶花）、加羅林魚木。金蓮花科：金蓮花						

常用名	臺灣紋白蝶	中文名	緣點白粉蝶	學名	*Pieris canidia*	頁碼	115
寄主植物	十字花科：葶藶、薺、臭薺、獨行菜（小團扇薺）、焊菜（細葉碎米薺）、臺灣碎米薺、水花菜、臺灣假山葵、濱萊服（濱蘿蔔）、蘿蔔、高麗菜、結球白菜。鐘萼木科：鐘萼木。山柑科：加羅林魚木						

常用名	輕海紋白蝶	中文名	飛龍白粉蝶	學名	*Talbotia naganum karumii*	頁碼	192
寄主植物	鐘萼木科：鐘萼木						

常用名	淡紫粉蝶	中文名	淡褐脈粉蝶	學名	*Cepora nandina eunama*	頁碼	112
寄主植物	山柑科：毛瓣蝴蝶木、小刺山柑、蘭嶼山柑						

常用名	鑲邊尖粉蝶	中文名	鑲邊尖粉蝶	學名	*Appias olferna peducaea*	頁碼	112
寄主植物	山柑科：平伏莖白花菜、白花菜、西洋白花菜（醉蝶花）、向天黃、魚木						

常用名	尖翅粉蝶	中文名	尖粉蝶	學名	*Appias albina semperi*	頁碼	165
寄主植物	大戟科：鐵色、臺灣假黃楊						

常用名	臺灣粉蝶	中文名	異色尖粉蝶	學名	*Appias lyncida formosana*	頁碼	111
寄主植物	山柑科：小刺山柑、多花山柑、山柑、魚木、毛瓣蝴蝶木						

常用名	雲紋粉蝶	中文名	雲紋尖粉蝶	學名	*Appias indra aristoxemus*	頁碼	164
寄主植物	大戟科：鐵色、臺灣假黃楊						

常用名	黑點粉蝶	中文名	纖粉蝶	學名	*Leptosia nina niobe*	頁碼	108
寄主植物	山柑科：小刺山柑、蘭嶼山柑、平伏莖白花菜、魚木、毛瓣蝴蝶木						

常用名	雌白黃蝶	中文名	異粉蝶	學名	*Ixias pyrene insignis*	頁碼	107
寄主植物	山柑科：毛瓣蝴蝶木						

常用名	端紅蝶	中文名	橙端粉蝶	學名	*Hebomoia glaucippe formosana*	頁碼	109
寄主植物	山柑科：小刺山柑、多花山柑、魚木、毛瓣蝴蝶木						

常用名	水青粉蝶	中文名	細波遷粉蝶	學名	*Catopsilia pyranthe*	頁碼	150
寄主植物	豆科：望江南、毛決明、黃槐、阿伯勒、翼柄決明（翅果鐵刀木）						

常用名	淡黃蝶	中文名	遷粉蝶	學名	*Catopsilia pomona*	頁碼	136
寄主植物	豆科：鐵刀木、決明、阿伯勒、翼柄決明（翅果鐵刀木）、黃槐						

常用名	大黃裙粉蝶	中文名	黃裙遷粉蝶	學名	*Catopsilia scylla cornelia*	頁碼	128
寄主植物	豆科：決明、黃槐、異柄決明（翅果鐵刀木）						

常用名	紅點粉蝶	中文名	圓翅鉤粉蝶	學名	*Gonepteryx amintha formosana*	頁碼	198
寄主植物	鼠李科：桶鉤藤、中原氏鼠李						

常用名	荷氏黃蝶	中文名	黃蝶	學名	*Eurema hecabe.*	頁碼	136
寄主植物	豆科：合歡、山合歡、合萌、敏感合萌、決明、麻六甲合歡、黃槐、鐵刀木、翼柄決明（翅果鐵刀木）、阿伯勒、金龜樹、田菁、印度田菁。大戟科：紅仔珠						

常用名	臺灣黃蝶	中文名	亮色黃蝶	學名	*Eurema blanda arsakia*	頁碼	138
寄主植物	豆科：合歡、頷垂豆、搭肉刺、蓮實藤、恆春皂莢、大葉合歡、麻六甲合歡、黃槐、鐵刀木、盾柱木、耳莢相思樹						

灰蝶科 Lycaenidae

常用名	銀斑小灰蝶	中文名	銀灰蝶	學名	*Curtis acuta formosana*	頁碼	146
寄主植物	豆科：老荊藤、水黃皮、山葛（葛藤）、紫藤						

常用名	紅邊黃小灰蝶	中文名	紫日灰蝶	學名	*Heliophorus ila matsumurae*	頁碼	83
寄主植物	蓼科：火炭母草、酸模屬植物						

常用名	紫小灰蝶	中文名	日本紫灰蝶	學名	*Arhopala japonica*	頁碼	46
寄主植物	殼斗科：青剛櫟、白背櫟						

常用名	凹翅紫小灰蝶	中文名	凹翅紫灰蝶	學名	*Mahathala ameria hainani*	頁碼	160
寄主植物	大戟科：扛香藤						

常用名	歪紋小灰蝶	中文名	尖灰蝶	學名	*Amblopala avidiena y-fasciata*	頁碼	124
寄主植物	豆科：合歡						

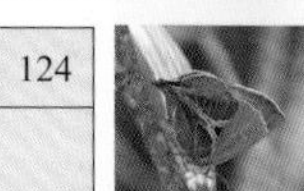

常用名	恆春小灰蝶	中文名	玳灰蝶	學名	*Deudorix epijarbas menesicles*	頁碼	190
寄主植物	無患子科：無患子、荔枝、龍眼。山龍眼科：山龍眼。柿樹科：軟毛柿、柿。豆科：菊花木						

常用名	綠底小灰蝶	中文名	綠灰蝶	學名	*Artipe eryx horiella*	頁碼	234
寄主植物	茜草科：山黃梔						

常用名	嘉義小灰蝶	中文名	閃灰蝶	學名	*Sinthusa chandrana kuyaniana*	頁碼	120
寄主植物	薔薇科：羽萼懸鉤子、臺灣懸鉤子、高山懸鉤子						

常用名	墾丁小灰蝶	中文名	燕灰蝶	學名	*Rapala varuna formosana*	頁碼	190
寄主植物	鼠李科：桶鉤藤。榆科：山黃麻。千屈菜科：九芎。豆科：相思樹。無患子科：無患子、克蘭樹						

常用名	平山小灰蝶	中文名	霓彩燕灰蝶	學名	*Rapala nissa hirayamana*	頁碼	130
寄主植物	榆科：山黃麻。千屈菜科：九芎。殼斗科：高山櫟。豆科：波葉山螞蝗、毛胡枝子。虎耳草科：鼠刺。五加科：裡白楤木						

常用名	蓬萊烏小灰蝶	中文名	臺灣洒灰蝶	學名	*Satyrium formosanum*	頁碼	189
寄主植物	無患子科：無患子						

常用名	臺灣雙尾燕蝶	中文名	虎灰蝶	學名	*Spindasis lohita formosana*	頁碼	156
寄主植物	大戟科：細葉饅頭果。殼斗科：青剛櫟。清風藤科：山豬肉						

常用名	埔里波紋小灰蝶	中文名	大娜波灰蝶	學名	*Nacaduba kurava therasia*	頁碼	204
寄主植物	紫金牛科：樹杞、臺灣山桂花、小葉樹杞、春不老						

常用名	姬波紋小灰蝶	中文名	波灰蝶	學名	*Prosotas nora formosana*	頁碼	34
寄主植物	豆科：毛胡枝子、菊花木、美洲含羞草、小實孔雀豆、金合歡、鴨腱藤、絨葉括根。虎耳草科：鼠刺						

常用名	琉璃波紋小灰蝶	中文名	雅波灰蝶	學名	*Jamides bochus formosanus*	頁碼	129
寄主植物	豆科：大葛藤、山葛（葛藤）、老荊藤、賽芻豆、小槐花、水黃皮、黃野百合、波葉山螞蝗、鵲豆（扁豆）、望江南、曲毛豇豆、爪哇大豆、樹豆						

常用名	白波紋小灰蝶	中文名	淡青雅波灰蝶	學名	*Jamides alecto dromicus*	頁碼	295
寄主植物	薑科：月桃、山月桃、穗花山奈（野薑花）、薑花（球薑）						

常用名	淡青長尾波紋小灰蝶	中文名	青珈波灰蝶	學名	*Catochrysops panormus exiguus*	頁碼	126
寄主植物	豆科：山葛（葛藤）、小槐花、樹豆、佛萊明豆						

常用名	波紋小灰蝶	中文名	豆波灰蝶	學名	*Lampides boeticus*	頁碼	132
寄主植物	豆科：大葛藤、山葛（葛藤）、黃野百合、波葉山螞蝗、大葉野百合、南美豬屎豆、濱刀豆、賽芻豆、紫藤、田菁、鵲豆（扁豆）、太陽麻						

常用名	角紋小灰蝶	中文名	細灰蝶	學名	*Leptotes plinius*	頁碼	208
寄主植物	藍雪花科：烏面馬、藍雪花。豆科：毛胡枝子、闊葉大豆、野木藍、田菁、水黃皮、臺灣灰毛豆、細花乳豆						

常用名	沖繩小灰蝶	中文名	藍灰蝶	學名	*Zizeeria maha okinawana*	頁碼	151
寄主植物	酢漿草科：酢漿草（黃花酢漿草）						

常用名	臺灣小灰蝶	中文名	莧藍灰蝶	學名	*PZizeeria karsandra*	頁碼	85
寄主植物	莧科：刺莧、野莧菜、凹葉野莧菜。蒺藜科：蒺藜、臺灣蒺藜						

常用名	微小灰蝶	中文名	折列藍灰蝶	學名	*Zizina otis riukuensis*	頁碼	141
寄主植物	豆科：蠅翼草、假地豆、穗花木藍、煉莢豆（山地豆）、三葉木藍						

常用名	迷你小灰蝶	中文名	迷你藍灰蝶	學名	*Zizula hylax*	頁碼	246
寄主植物	爵床科：賽山藍、大安水蓑衣、華九頭獅子草、蘆利草。馬鞭草科：馬櫻丹						

常用名	臺灣黑燕蝶	中文名	臺灣玄灰蝶	學名	*Tongeia hainani*	頁碼	118
寄主植物	景天科：倒吊蓮、落地生根、鵝鑾鼻燈籠草、小燈籠草						

常用名	霧社黑燕蝶	中文名	密點玄灰蝶	學名	*Tongeia filicaudis mushanus*	頁碼	118
寄主植物	景天科：落地生根、火焰草、星果佛甲草						

常用名	姬黑星小灰蝶	中文名	黑點灰蝶	學名	*Neopithecops zalmora*	頁碼	180
寄主植物	芸香科：石苓舅						

常用名	臺灣黑星小灰蝶	中文名	黑星灰蝶	學名	*Megisba malaya sikkima*	頁碼	158
寄主植物	大戟科：野桐、白匏子、扛香藤、血桐。鼠李科：桶鉤藤。榆科：山黃麻						

常用名	臺灣琉璃小灰蝶	中文名	靛色琉灰蝶	學名	*Acytolepsis puspa myla*	頁碼	190
寄主植物	薔薇科：山櫻花、山白櫻 、桃樹、月季花。大戟科：刺杜密、粗糠柴、錫蘭饅頭果、細葉饅頭果、菲律賓饅頭果。黃褥花科：猿尾藤。無患子科：龍眼、荔枝、無患子。槭樹科：樟葉槭、臺灣紅榨槭。榆科：石朴(臺灣朴樹)。豆科：盾柱木、翼柄決明（翅果鐵刀木）。殼斗科：麻櫟、小西氏石櫟、狹葉櫟。蘇鐵科：蘇鐵（琉球蘇鐵）						

常用名	埔里琉璃小灰蝶	中文名	細邊琉灰蝶	學名	*Celastrina lavendularis himilcon*	頁碼	33
寄主植物	無患子科：賽欒華。豆科：鹿藿、山黑扁豆。槭樹科：樟葉槭						

常用名	恆春琉璃小灰蝶	中文名	綺灰蝶	學名	*Chilades laius koshuensis*	頁碼	168
寄主植物	芸香科：烏柑仔						

常用名	東陞蘇鐵小灰蝶	中文名	蘇鐵綺灰蝶	學名	*Chilades pandava peripatria*	頁碼	39
寄主植物	蘇鐵科：臺東蘇鐵、蘇鐵（琉球蘇鐵）、光果蘇鐵						

常用名	臺灣姬小灰蝶	中文名	東方晶灰蝶	學名	*Freyeria putli formosanus*	頁碼	140
寄主植物	豆科：穗花木藍、毛木藍、三葉木藍、太魯閣木藍						

蛺蝶科 Nymphalidae

常用名	長鬚蝶	中文名	東方喙蝶	學名	*Libythea lepita formosana*	頁碼	55
寄主植物	榆科：石朴（臺灣朴樹）、朴樹（沙朴）、沙楠子樹						

常用名	黑脈樺斑蝶	中文名	虎斑蝶	學名	*Danaus genutia*	頁碼	218
寄主植物	夾竹桃科：牛皮消、臺灣牛皮消、薄葉牛皮消、蘭嶼牛皮消、爬森藤						

常用名	樺斑蝶	中文名	金斑蝶	學名	*Danaus chrysippus*	頁碼	211
寄主植物	夾竹桃科：尖尾鳳（馬利筋）、釘頭果、臺灣牛皮消、薄葉牛皮消、魔星						

常用名	淡小紋青斑蝶	中文名	淡紋青斑蝶	學名	*Tirumala limniace limniace*	頁碼	220
寄主植物	夾竹桃科：華他卡藤						

常用名	小紋青斑蝶	中文名	小紋青斑蝶	學名	*Tirumala septentronis*	頁碼	221
寄主植物	夾竹桃科：布朗藤						

常用名	姬小紋青斑蝶	中文名	絹斑蝶	學名	*Parantica aglea maghaba*	頁碼	215
寄主植物	夾竹桃科：歐蔓、臺灣牛皮消、布朗藤、乳藤						

常用名	小青斑蝶	中文名	斯氏絹斑蝶	學名	*Parantica swinhoei*	頁碼	226
寄主植物	夾竹桃科：絨毛芙蓉蘭						

常用名	青斑蝶	中文名	大絹斑蝶	學名	*Parantica sita niphonica*	頁碼	224
寄主植物	夾竹桃科：臺灣牛彌菜、絨毛芙蓉蘭、毬蘭、歐蔓、臺灣牛皮消						

常用名	琉球青斑蝶	中文名	旖斑蝶	學名	*Ideopsis similis*	頁碼	216
寄主植物	夾竹桃科：歐蔓、臺灣歐蔓、疏花歐蔓、絨毛芙蓉蘭						

常用名	斯氏紫斑蝶	中文名	雙標紫斑蝶	學名	*Euploea sylvester swinhoei*	頁碼	228
寄主植物	夾竹桃科：武靴藤（羊角藤）						

常用名	端紫斑蝶	中文名	異紋紫斑蝶	學名	*Euploea mulciber barsine*	頁碼	63
寄主植物	桑科：榕樹、天仙果、菲律賓榕、薜荔、澀葉榕、白肉榕（島榕）、九重吹（九丁榕）、珍珠蓮、牛奶榕、濱榕。夾竹桃科：爬森藤、隱鱗藤、細梗絡石、大錦蘭、小錦蘭、舌瓣花						

常用名	圓翅紫斑蝶	中文名	圓翅紫斑蝶	學名	*Euploea eunice hobsoni*	頁碼	64
寄主植物	桑科：大葉雀榕、雀榕、菲律賓榕、榕樹（正榕）、白肉榕（島榕）、九重吹（九丁榕）、珍珠蓮、澀葉榕、薜荔、垂榕。夾竹桃科：尖尾鳳（馬利筋）						

常用名	小紫斑蝶	中文名	小紫斑蝶	學名	*Euploea tulliolus koxinga*	頁碼	66
寄主植物	桑科：盤龍木						

常用名	大白斑蝶	中文名	大白斑蝶	學名	*Idea leuconoe clara*	頁碼	210
寄主植物	夾竹桃科：爬森藤						

常用名	細蝶	中文名	苧麻珍蝶	學名	*Acraea issoria formosana*	頁碼	73
寄主植物	蕁麻科：青苧麻、密花苧麻、水麻、糯米團、水雞油						

常用名	樺蛺蝶	中文名	波蛺蝶	學名	*Ariadne ariadne pallidior*	頁碼	162
寄主植物	大戟科：篦麻						

常用名	黑端豹斑蝶	中文名	斐豹蛺蝶	學名	*Argyreus hyperbius*	頁碼	200
寄主植物	堇菜科：小堇菜、喜岩堇菜、箭葉堇菜、臺北堇菜、如意草、臺灣堇菜、短毛堇菜（菲律賓堇菜）、三色堇、香堇菜						

常用名	紅擬豹斑蝶	中文名	珐蛺蝶	學名	*Phalanta phalantha*	頁碼	44
寄主植物	楊柳科：水柳、水社柳、垂柳。大風子科：魯花樹						

常用名	臺灣黃斑蛺蝶	中文名	黃襟蛺蝶	學名	*Cupha erymanthis*	頁碼	41
寄主植物	楊柳科：水柳、水社柳、垂柳。大風子科：魯花樹						

常用名	孔雀蛺蝶	中文名	眼蛺蝶	學名	*Junonia almana*	頁碼	236
寄主植物	玄參科：旱田草、泥花草、定經草（心葉母草）、水丁黃。爵床科：大安水蓑衣、異葉水蓑衣、賽山藍、易生木。馬鞭草科：鴨舌癀						

常用名	眼紋擬蛺蝶	中文名	鱗紋眼蛺蝶	學名	*Junonia lemonias aenaria*	頁碼	240
寄主植物	爵床科：臺灣鱗球花、卵葉鱗球花、柳葉鱗球花、臺灣馬藍、賽山藍						

常用名	孔雀青蛺蝶	中文名	青眼蛺蝶	學名	*Junonia orithya*	頁碼	238
寄主植物	爵床科：爵床。馬鞭草科：鴨舌癀（過江藤）。紫薇科：火焰木。玄參科：泥花草、通泉草、毛蟲婆婆納						

常用名	黑擬蛺蝶	中文名	黯眼蛺蝶	學名	*Junonia iphita*	頁碼	245
寄主植物	爵床科：臺灣馬藍、曲莖馬藍、蘭嵌馬藍、長穗馬藍、賽山藍、大安水蓑衣、易生木						

常用名	枯葉蝶	中文名	枯葉蝶	學名	*Kallima inachis formosana*	頁碼	239
寄主植物	爵床科：大安水蓑衣、臺灣馬藍、腺萼馬藍、曲莖馬藍、臺灣鱗球花、賽山藍、易生木						

常用名	黃帶枯葉蝶	中文名	黃帶隱蛺蝶	學名	*Yoma sabina podium*	頁碼	247
寄主植物	爵床科：賽山藍、蘆利草						

常用名	紅蛺蝶	中文名	大紅蛺蝶	學名	*Vanessa indica*	頁碼	72
寄主植物	蕁麻科：青苧麻、咬人貓						

常用名	姬紅蛺蝶	中文名	小紅蛺蝶	學名	*Vanessa cardui*	頁碼	255
寄主植物	菊科：艾、鼠麴草、紅面番。錦葵科：華錦葵、冬葵						

常用名	黃蛺蝶	中文名	黃鉤蛺蝶	學名	*Polygonia c-aureum lunulata*	頁碼	68
寄主植物	大麻科：葎草						

常用名	琉璃蛺蝶	中文名	琉璃蛺蝶	學名	*Kaniska canace drilon*	頁碼	265
寄主植物	菝葜科：菝葜、假菝葜、平柄菝葜、糙莖菝葜、耳葉菝葜、臺灣土茯苓、大武牛尾菜。百合科：臺灣油點草						

常用名	黃三線蝶	中文名	散紋盛蛺蝶	學名	*Symbrenthia lilaea formasanus*	頁碼	76
寄主植物	蕁麻科：水麻、青苧麻、水雞油、密花苧麻、長梗紫麻						

常用名	姬黃三線蝶	中文名	花豹盛蛺蝶	學名	*Symbrenthia hypselis scatinia*	頁碼	76
寄主植物	蕁麻科：冷清草、闊葉樓梯草、赤車使者、水雞油、水麻						

常用名	雌紅紫蛺蝶	中文名	雌擬幻蛺蝶	學名	*Hypolimnas misippus*	頁碼	80
寄主植物	馬齒莧科：馬齒莧。車前草科：車前草						

常用名	琉球紫蛺蝶	中文名	幻蛺蝶	學名	*Hypolimnas bolina kezia*	頁碼	254
寄主植物	旋花科：甘薯（地瓜）、甕菜、海牽牛、紅花野牽牛。錦葵科：金午時花、賽葵。菊科：金腰箭。桑科：榕樹						

常用名	琉球三線蝶	中文名	豆環蛺蝶	學名	*Neptis hylas lulculenta*	頁碼	131
寄主植物	豆科：山葛（葛藤）、大葛藤、波葉山螞蝗、大葉山螞蝗、細花乳豆、阿勃勒、田菁。錦葵科：野棉花。榆科：山黃麻						

常用名	小三線蝶	中文名	小環蛺蝶	學名	*Neptis sappho formosana*	頁碼	127
寄主植物	豆科：毛胡枝子、山葛（葛藤）、老荊藤						

常用名	臺灣三線蝶	中文名	細帶環蛺蝶	學名	*Neptis nata lutatia*	頁碼	48
寄主植物	榆科：山黃麻、石朴（臺灣朴樹）、朴樹（沙朴）。大戟科：刺杜密。豆科：波葉山螞蝗、菊花木、水黃皮、菲律賓紫檀、印度黃檀。馬鞭草科：杜虹花。鼠李科：光果翼核木。使君子科：使君子						

常用名	埔里三線蝶	中文名	蓬萊環蛺蝶	學名	*Neptis taiwana*	頁碼	93
寄主植物	樟科：樟樹、長葉木薑子、假長葉楠、豬腳楠（紅楠）、臺灣雅楠、黃肉樹（小梗木薑子）						

常用名	臺灣星三線蝶	中文名	殘眉線蛺蝶	學名	*Limenitis sulpitia tricula*	頁碼	248
寄主植物	忍冬科：忍冬（金銀花）、裡白忍冬、阿里山忍冬						

常用名	白三線蝶	中文名	玄珠帶蛺蝶	學名	*Athyma perius*	頁碼	153
寄主植物	大戟科：細葉饅頭果、披針葉饅頭果、菲律賓饅頭果、裡白饅頭果						

常用名	單帶蛺蝶	中文名	異紋帶蛺蝶	學名	*Athyma selenophora laela*	頁碼	232
寄主植物	茜草科：毛玉葉金花、鉤藤、水金京、水錦樹、臺灣鉤藤、風箱樹。						

常用名	臺灣單帶蛺蝶	中文名	雙色帶蛺蝶	學名	*Athyma cama zoroastres*	頁碼	156
寄主植物	大戟科：裡白饅頭果、細葉饅頭果、菲律賓饅頭果、披針葉饅頭果						

常用名	紫單帶蛺蝶	中文名	紫俳蛺蝶	學名	*Parasarpa dudu jinamitra*	頁碼	251
寄主植物	忍冬科：忍冬（金銀花）、裡白忍冬、阿里山忍冬						

常用名	閃電蝶	中文名	紅玉翠蛺蝶	學名	*Euthalia irrubescens fulguralis*	頁碼	78
寄主植物	桑寄生科：大葉桑寄生、埔姜桑寄生（李棟山桑寄生）						

常用名	臺灣綠蛺蝶	中文名	臺灣翠蛺蝶	學名	*Euthalia formosana*	頁碼	47
寄主植物	殼斗科：青剛櫟、錐果櫟、三斗石櫟。大戟科：粗糠柴						

常用名	石牆蝶	中文名	網絲蛺蝶	學名	*Cyrestis thyodamas formosana*	頁碼	65
寄主植物	桑科：大葉雀榕（大葉赤榕）、雀榕、菲律賓榕、榕樹（正榕）、天仙果、澀葉榕、薜荔、珍珠蓮、白肉榕（島榕）、山豬枷、大冇榕（稜果榕）、牛奶榕						

常用名	流星蛺蝶	中文名	流星蛺蝶	學名	*Dichorragia nesimachus formosanus*	頁碼	194
寄主植物	清風藤科：筆羅子、山豬肉						

常用名	黃領蛺蝶	中文名	絹蛺蝶	學名	*Calinaga buddha formosana*	頁碼	56
寄主植物	桑科：小葉桑						

常用名	豹紋蝶	中文名	白裳貓蛺蝶	學名	*Timelaea albescens formosana*	頁碼	53
寄主植物	榆科：石朴（臺灣朴樹）、朴樹（沙朴）、沙楠子樹						

常用名	臺灣小紫蛺蝶	中文名	金鎧蛺蝶	學名	*Chitoria chrysolora*	頁碼	54
寄主植物	榆科：石朴（臺灣朴樹）、朴樹（沙朴）、沙楠子樹						

常用名	國姓小紫蛺蝶	中文名	普氏白蛺蝶	學名	*Helcyra plesseni*	頁碼	50
寄主植物	榆科：沙楠子樹						

常用名	白蛺蝶	中文名	白蛺蝶	學名	*Helcyra superba takamukui*	頁碼	50
寄主植物	榆科：沙楠子樹						

常用名	雌黑黃斑蛺蝶	中文名	燦蛺蝶	學名	*Sephisa chandra androdamas*	頁碼	47
寄主植物	殼斗科：青剛櫟						

常用名	紅星斑蛺蝶	中文名	紅斑脈蛺蝶	學名	*Hestina assimilis formosana*	頁碼	51
寄主植物	榆科：石朴（臺灣朴樹）、朴樹（沙朴）、沙楠子樹						

常用名	大紫蛺蝶	中文名	大紫蛺蝶	學名	*Sasakia charonda formosana*	頁碼	52
寄主植物	榆科：朴樹（沙朴）						

常用名	雙尾蝶	中文名	雙尾蛺蝶	學名	*Polyura eudamippus formosana*	頁碼	145
寄主植物	豆科：頷垂豆、老荊藤、疏花魚藤、臺灣魚藤（蕗藤）、阿勃勒。鼠李科：光果翼核木、小刺鼠李。榆科：櫸木。薔薇科：墨點櫻桃						

常用名	環紋蝶	中文名	箭環蝶	學名	*Stichophthalma howqua formosana*	頁碼	286
寄主植物	禾本科：白背芒（芒）、五節芒、綠竹、桂竹、孟宗竹、麻竹。棕櫚科：黃藤						

常用名	串珠環蝶	中文名	串珠環蝶	學名	*Faunis eumeus eumeus*	頁碼	267
寄主植物	菝葜科：菝葜、假菝葜、平柄菝葜、臺灣土茯苓。百合科：船子草、臺灣油點草、麥門冬。棕櫚科：山棕、觀音棕竹、黃椰子、臺灣海棗						

常用名	鳳眼方環蝶	中文名	方環蝶	學名	*Discophora sondaica tulliana*	頁碼	285
寄主植物	禾本科：佛竹、蓬萊竹、刺竹、金絲竹、綠竹、桂竹、葫蘆竹等各種竹類						

常用名	小波紋蛇目蝶	中文名	小波眼蝶	學名	*Ypthima baldus zodina*	頁碼	274
寄主植物	禾本科：棕葉狗尾草（颱風草）、白背芒（芒）、兩耳草、柳葉箬						

常用名	大波紋蛇目蝶	中文名	寶島波眼蝶	學名	*Ypthima formosana*	頁碼	270
寄主植物	禾本科：棕葉狗尾草（颱風草）、白背芒（芒）、五節芒、兩耳草、柳葉箬						

常用名	臺灣波紋蛇目蝶	中文名	密紋波眼蝶	學名	*Ypthima multistriata*	頁碼	276
寄主植物	禾本科：棕葉狗尾草（颱風草）、白背芒（芒）、五節芒、柳葉箬、竹葉草、求米草、狗牙根、兩耳草						

常用名	白尾黑蔭蝶	中文名	大幽眼蝶	學名	*Zophoessa dura neoclides*	頁碼	279
寄主植物	禾本科：白背芒（芒）、臺灣矢竹、玉山箭竹						

常用名	玉帶蔭蝶	中文名	長紋黛眼蝶	學名	*Lethe europa pavida*	頁碼	287
寄主植物	禾本科：孟宗竹、綠竹、佛竹、桂竹等多種竹類						

常用名	雌褐蔭蝶	中文名	曲紋黛眼蝶	學名	*Lethe chandica ratnacri*	頁碼	286
寄主植物	禾本科：白背芒（芒）、五節芒、臺灣矢竹、包籜矢竹、綠竹、蓬萊竹、刺竹、佛竹、麻竹						

常用名	大玉帶黑蔭蝶	中文名	臺灣黛眼蝶	學名	*Lethe mataja*	頁碼	271
寄主植物	禾本科：白背芒（芒）						

常用名	永澤黃斑蔭蝶	中文名	褐翅蔭眼蝶	學名	*Neope muirheadi nagasawae*	頁碼	287
寄主植物	禾本科：佛竹、綠竹、桂竹、麻竹等多種竹類						

常用名	小蛇目蝶	中文名	眉眼蝶	學名	*Mycalesis francisca formosana*	頁碼	272
寄主植物	禾本科：白茅、五節芒、白背芒（芒）、棕葉狗尾草（颱風草）、竹葉草						

常用名	姬蛇目蝶	中文名	稻眉眼蝶	學名	*Mycalesis gotama nanda*	頁碼	279
寄主植物	禾本科：白背芒（芒）、五節芒、開卡蘆、李氏禾、稗、柳葉箬、稻、菰（茭白筍）、竹						

常用名	切翅單環蝶	中文名	切翅眉眼蝶	學名	*Mycalesis zonata*	頁碼	279
寄主植物	禾本科：棕葉狗尾草（颱風草）、馬唐						

常用名	樹蔭蝶	中文名	暮眼蝶	學名	*Melanitis leda*	頁碼	279
寄主植物	禾本科：白背芒（芒）、五節芒、象草、大黍、稻、菰（茭白筍）、巴拉草、棕葉狗尾草（颱風草）						

常用名	黑樹蔭蝶	中文名	森林暮眼蝶	學名	*Melanitis phedima polishana*	頁碼	275
寄主植物	禾本科：棕葉狗尾草（颱風草）、白背芒（芒）、五節芒、柳葉箬、象草、臺灣蘆竹						

常用名	白條斑蔭蝶	中文名	臺灣斑眼蝶	學名	*Penthema formosanum*	頁碼	288
寄主植物	禾本科：桂竹、苞籜矢竹、佛竹、綠竹、桂竹、麻竹、孟宗、蓬萊竹等多種竹類						

常用名	紫蛇目蝶	中文名	藍紋鋸眼蝶	學名	*Elymnias hypermnestra hainana*	頁碼	289
寄主植物	棕櫚科：山棕、臺灣海棗、蒲葵、檳榔、黃椰子、圓葉蒲葵、酒瓶椰子、棍棒椰子、海棗、羅比親王海棗、射葉椰子、海桃椰子、觀音棕竹、大王椰子、棕竹、可可椰子						

中名索引

學名下方為攝食蝶種名錄

學名索引

學名下方為攝食蝶種名錄

參考文獻

- 臺灣蝴蝶保育學會。1996~2007。蝶季刊。臺灣蝴蝶保育學會。
- 白水隆。1960。原色臺灣蝶類圖鑑。保育社。
- 呂福原等。1999~2001。臺灣樹木解說(第1~5冊)。行政院農業委員會。
- 李俊延。1990。臺灣蝶類圖說（二）。臺灣省立博物館。
- 李俊延、王效岳。1995。臺灣蝶類圖說（三）。臺灣省立博物館。
- 李俊延、王效岳。1997。臺灣蝶類圖說（四）。臺灣省立博物館。
- 李俊延、張玉珍。1988。臺灣蝶類圖說（一）。臺灣省立博物館。
- 李俊延、王效岳。1999。蝴蝶花園。宜蘭縣自然史教育館
- 李俊延、王效岳。2002。臺灣蝴蝶圖鑑。貓頭鷹出版社。
- 沈秀雀等。2005。自然保育季刊第51期。生物特有中心。
- 林春吉。2004。彩蝶生態全記錄。綠世界出版社。
- 林柏昌、郭祺財、陳世揚等。2003。臺灣常見的蝴蝶。臺灣蝴蝶保育學會。
- 林柏昌、吳文德、李苑慈、陳威光。2006。美濃黃蝶翠谷蝶相調查報告。臺灣蝴蝶保育學會。
- 林柏昌。2006。大地舞姬探索北縣賞蝶手冊。臺北縣政府。
- 洪裕榮。2008。蝴蝶家族。個人出版。
- 徐堉峰。1999。臺灣蝶圖鑑第一卷。國立鳳凰谷鳥園。
- 徐堉峰。2003。臺灣蝶圖鑑第二卷。國立鳳凰谷鳥園。
- 徐堉峰。2004。近郊蝴蝶。聯經出版事業股份有限公司。
- 徐堉峰。2006。臺灣蝶圖鑑第三卷。國立鳳凰谷鳥園。
- 張碧員、張蕙芬。1997。臺灣野花365天（春夏篇）（秋冬篇）。大樹文化事業股份有限公司。
- 張永仁。1995。賞蝶篇（上）（下）。陽明山國家公園管理處。
- 張永仁。2000。臺灣賞蝶地圖。晨星出版有限公司。
- 張永仁。2000。臺灣賞蝶圖鑑。晨星出版有限公司。
- 張永仁。2002。野花圖鑑。遠流出版事業股份有限公司。
- 張永仁。2005。蝴蝶100。遠流出版事業股份有限公司。
- 陳建志、吳文德等。2003。九年一貫蝴蝶生態保育種子教師研習營。臺灣蝴蝶保育學會。
- 陳燦榮。2006。彩蝶飛臺北蝴蝶導覽手冊。臺北縣生命關懷協會。
- 楊建業、饒戈、丘紹文。2007。香港蝴蝶圖誌（卷一）。香港鱗翅目學會
- 楊遠波、劉和義、呂勝由、彭鏡毅等。1999～2003。臺灣維管束植物簡誌（第2～5冊）。行政院農業委員會。
- 鄭武燦。2000。臺灣植物圖鑑（上）（下）。國立編譯館。
- 濱野榮次。1987。臺灣蝶類生態大圖鑑 中文版。牛頓出版社。
- 薛聰賢。1998～2005。臺灣花卉實用圖鑑（第1～15冊）。臺灣普綠出版。

台灣自然圖鑑 004

蝴蝶食草圖鑑

作者	林柏昌、林有義
主編	徐惠雅
特約編輯	許裕苗
校對	林柏昌、林有義、許裕苗
總策畫	民享環境生態調查有限公司
發行人	陳銘民
發行所	晨星出版有限公司 台中市407工業區30路1號 TEL：(04) 23595820　FAX：(04) 23550581 E-mail：morning@morningstar.com.tw http：//www.morningstar.com.tw 行政院新聞局局版台業字第2500號
法律顧問	甘龍強律師
承製	知己圖書股份有限公司　TEL：(04) 23581803
初版	西元2008年4月10日 西元2010年2月10日（四刷）
總經銷	知己圖書股份有限公司 郵政劃撥：15060393 〈台北公司〉台北市106羅斯福路二段95號4F之3 TEL：(02) 23672044　FAX：(02) 23635741 〈台中公司〉台中市407工業區30路1號 TEL：(04) 23595819　FAX：(04) 23597123

定價590元

（如有缺頁或破損，請寄回更換）

ISBN　978-986-177-202-8

Published by Morning Star Publishing Inc.

Printed in Taiwan

國家圖書館出版品預行編目資料

蝴蝶食草圖鑑 / 林柏昌、林有義著. －－ 初版.－－
台中市：晨星, 2008. 04
面；公分. －－（台灣自然圖鑑；04）
含索引

ISBN 978-986-177-202-8（平裝）

1.植物圖鑑　2.蝴蝶

370.25　　97003824

◆讀者回函卡◆

以下資料或許太過繁瑣，但卻是我們瞭解您的唯一途徑
誠摯期待能與您在下一本書中相逢，讓我們一起從閱讀中尋找樂趣吧！

姓名：＿＿＿＿＿＿＿＿ 性別：□男 □女 生日： ／ ／

教育程度：＿＿＿＿＿＿

職業：□學生 □教師 □內勤職員 □家庭主婦
□SOHO族 □企業主管 □服務業 □製造業
□醫藥護理 □軍警 □資訊業 □銷售業務
□其他＿＿＿＿＿＿＿＿

E-mail：＿＿＿＿＿＿＿＿＿＿＿＿ 聯絡電話：＿＿＿＿＿＿

聯絡地址：□□□＿＿＿＿＿＿＿＿＿＿＿＿＿＿＿＿＿＿

購買書名：蝴蝶食草圖鑑

・**本書中最吸引您的是哪一篇文章或哪一段話呢**？＿＿＿＿＿＿＿＿

・**誘使您購買此書的原因**？

□於＿＿＿＿書店尋找新知時 □看＿＿＿＿報時瞄到 □受海報或文案吸引
□翻閱＿＿＿＿雜誌時 □親朋好友拍胸脯保證 □＿＿＿＿電台DJ熱情推薦
□其他編輯萬萬想不到的過程：＿＿＿＿＿＿＿＿＿＿＿＿

・**對於本書的評分**？（請填代號：1. 很滿意 2. OK啦！ 3. 尚可 4. 需改進）

封面設計＿＿＿＿ 版面編排＿＿＿＿ 內容＿＿＿＿ 文／譯筆＿＿＿＿

・**美好的事物、聲音或影像都很吸引人，但究竟是怎樣的書最能吸引您呢**？

□價格殺紅眼的書 □內容符合需求 □贈品大碗又滿意 □我誓死效忠此作者
□晨星出版，必屬佳作！ □千里相逢，即是有緣 □其他原因，請務必告訴我們！

＿＿＿＿＿＿＿＿＿＿＿＿＿＿＿＿＿＿＿＿＿＿＿＿

・**您與眾不同的閱讀品味，也請務必與我們分享**：

□哲學 □心理學 □宗教 □自然生態 □流行趨勢 □醫療保健
□財經企管 □史地 □傳記 □文學 □散文 □原住民
□小說 □親子叢書 □休閒旅遊 □其他＿＿＿＿＿＿＿＿

以上問題想必耗去您不少心力，爲免這份心血白費
請務必將此回函郵寄回本社，或傳眞至（04）2359-7123，感謝！
若行有餘力，也請不吝賜教，好讓我們可以出版更多更好的書！

・**其他意見**：

晨星出版有限公司 編輯群，感謝您！

請填妥後對折裝訂，直接投郵即可，免貼郵票。

廣告回函
台灣中區郵政管理局
登記證第267號
免貼郵票

407
台中市工業區30路1號
晨星出版有限公司

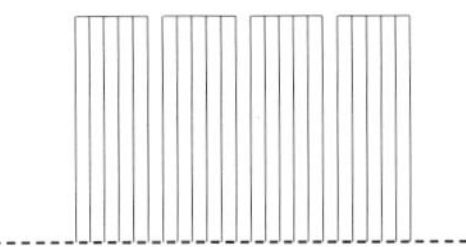

請沿虛線摺下裝訂，謝謝！

更方便的購書方式：

(1) 網站：http://www.morningstar.com.tw
(2) 郵政劃撥　帳號：15060393
　　　　　　　戶名：知己圖書股份有限公司
　請於通信欄中註明欲購買之書名及數量
(3) 電話訂購：如爲大量團購可直接撥客服專線洽詢

◎ 如需詳細書目可上網查詢或來電索取。
◎ 客服專線：04-23595819#230　傳眞：04-23597123
◎ 客戶信箱：service@morningstar.com.tw